普通高等学校省级规划教材

第2版

高等数学 〔下册〕

费为银　梁　勇　邓寿年　王立伟　周金明 ◎ 编著

Advanced Mathematics

中国科学技术大学出版社

内 容 简 介

本《高等数学》分上、下两册出版,下册内容为:多元函数微分法及其应用、重积分、曲线积分与曲面积分、无穷级数、微分方程.全书结构严谨,内容丰富,语言流畅,适合高等院校"高等数学"课程教学需要,也可供相关自学者、工程技术人员参考使用.

图书在版编目(CIP)数据

高等数学.下册/费为银等编著.—2 版.—合肥:中国科学技术大学出版社,2016.2
(2016.12 重印)
ISBN 978-7-312-03905-8

Ⅰ.高… Ⅱ.费… Ⅲ.高等数学—高等学校—教材 Ⅳ.O13

中国版本图书馆 CIP 数据核字(2016)第 008974 号

出版	中国科学技术大学出版社
	安徽省合肥市金寨路 96 号,邮编:230026
	网址:http://press.ustc.edu.cn
印刷	安徽国文彩印有限公司
发行	中国科学技术大学出版社
经销	全国新华书店
开本	787 mm×1092 mm 1/16
印张	14.75
字数	378 千
版次	2009 年 9 月第 1 版 2016 年 2 月第 2 版
印次	2016 年 12 月第 9 次印刷
定价	29.50 元

再版前言

数学是研究客观世界数量关系与空间形式的一门科学.高等数学因为科学技术的发展而有了更加丰富的内涵和外延,它内容丰富,理论严谨,应用广泛,影响深远,是高等学校中最重要的基础课之一.

本书以《高等教育面向21世纪教学内容和课程体系改革计划》和教育部非数学专业数学基础课教学指导委员会制定的最新《高等学校工科本科基础课教学要求》(数学部分)为依据,以"必需、够用"为原则确定内容和深度,参考近年《全国硕士研究生入学统一考试大纲》编写而成.

结合长期的教学实践经验,我们努力在本《高等数学》中体现以下特点:

(1) 直观性.对重要概念的引入重视其几何意义与实际背景,基本概念的叙述准确,基本定理的证明简明易懂,基本方法的应用详细易学.

(2) 应用性.注重高等数学的思想和方法在解决实际问题方面的应用,既培养学生抽象思维和逻辑思维能力,更培养学生综合利用所学知识分析和解决问题的能力.

(3) 通俗性.语言简明通俗,叙述详略得当,例题丰富全面,配备大量各种难度与类型的习题,增强可接受性,期望能较好地培养学生的自学能力.

(4) 完整性.注重与中学知识的衔接,增加了极坐标与参数方程的介绍,也注重本课程知识间的前后呼应,使结构更严谨;在深入挖掘传统精髓内容的同时,力争做到与后续课程内容的结合,使内容具有近代数学的气息.

(5) 方便性.优化部分章节的知识点顺序,使内容更紧凑,难点分散,也使教与学双方在使用上更方便,从讲述和训练两个层面体现因材施教的原则.

(6) 文化性.对重要的数学家与数学方法做了简单介绍,提高学生阅读兴趣的同时,也可对数学文化的传播产生潜移默化的影响.

本书是安徽省高等学校"十一五"省级规划教材,是安徽省精品课程"工科高等数学系列课程"的研究成果,分上、下两册出版.上册第1、2章由费为银、许峰编写,第3章由王传玉编写,第4、5、6章由项立群编写,第7章由万上海编写;下册第8章由周金明编写,第9、10章由梁勇编写,第11章由王立伟编写,第12章由邓寿年编写.全书由费为银统稿.

本次再版,我们采纳了一些教师的建议,对2009年第1版《高等数学》进行了重新编写,在内容处理、例题选择、习题设置方面进行了优化,尝试增加了部分实际问题与解答以及一些阅读材料,版式设计也做了进一步优化.

本书参考了众多专家学者编著的微积分教材与大学数学教材,在此谨向他们表示衷心的感谢.

限于编者水平,书中存在不妥之处与错误之处在所难免,欢迎广大专家、同行及读者批评指正.

编　者

2015年5月

目录

第8章 多元函数微分法及其应用

《高等数学》上册中主要讨论一元函数的极限、连续、导数、微分和积分等概念,但在实际生活和理论研究中,我们经常会发现一个对象可能取决于多个因素,而不是单一因素,在数学上体现为一个变量依赖于多个变量的情况,这样的函数即为多元函数. 例如,三角形的面积公式 $S = \frac{1}{2}ab\sin C$,描述了三角形的面积 S 与两边 a,b 及其夹角 C 的正弦的函数关系.

多元函数是一元函数的推广,既有一元函数的许多性质,也产生了某些性质本质上的差别,两者之间关系密切,学习中应把握共性、认清差异.

本章以二元函数为主要对象,介绍多元函数微分法及其应用.

8.1 多元函数的基本概念

8.1.1 平面点集的一些概念

多元函数与一元函数之间的关系充分体现在二元函数与一元函数的关系中. 二元函数与一元函数之间存在着许多质的差异,二元函数与三元函数以及三元以上函数之间往往只存在着量的变化,因此本章着重讨论二元函数微分学,掌握了二元函数微分学的理论与方法之后,不难推广到三元以及三元以上的函数情形中去.

平面点集是指平面上满足条件 T 的点 (x,y) 的集合,可记为
$$E = \{(x,y) \mid (x,y) \text{ 满足条件 } T\}$$
例如,$\{(x,y) \mid 0 \leqslant x \leqslant 1, 0 \leqslant y \leqslant 1-x\}$ 表示以 $(0,0),(1,0),(0,1)$ 为顶点的三角形边上的点与所有三角形内部点的总体(见图8.1).

1. 邻域

称平面点集 $\{(x,y) \mid (x-x_0)^2 + (y-y_0)^2 < \delta^2\}$ 为平面上点 $P_0(x_0,y_0)$ 的 δ 邻域,记作 $U(P_0,\delta)$,即 $U(P_0,\delta) = \{(x,y) \mid (x-x_0)^2 + (y-y_0)^2 < \delta^2\}$. 事实上,$U(P_0,\delta)$ 是以点 P_0 为圆心,δ 为半径的圆的所有点的全体. 若在 $U(P_0,\delta)$ 中去掉 P_0,得到的是点 P_0 的去心邻域(或空心邻域),记作 $\mathring{U}(P_0,\delta)$,即

$$\mathring{U}(P_0,\delta) = \{(x,y) \mid 0 < (x-x_0)^2 + (y-y_0)^2 < \delta^2\}$$

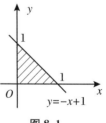

图 8.1

在不需要强调邻域的半径 δ 时，$U(P_0)$ 表示 P_0 的某个邻域，$\overset{\circ}{U}(P_0)$ 表示 P_0 的某个去心邻域.

2. 内点

设 E 为一平面点集，若存在点 P 的一个邻域，使得 $U(P) \subset E$，就称 P 是 E 的内点（见图 8.2(a)）.

3. 聚点

设 E 为一平面点集，若点 P 的任意邻域内总有点集 E 的无穷多个点，称该点为 E 的聚点.

4. 边界点

设 E 为一平面点集，若点 P 的任意邻域内既有属于 E 的点，又有不属于 E 的点，称 P 点是点集 E 的边界点（见图 8.2(b)）.

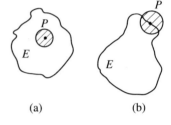

图 8.2

由上述定义可知：

(1) 内点一定是聚点.

(2) 边界点一定不是内点.

(3) 内点在点集 E 中.

(4) 聚点和边界点可能在点集 E 中，也可能不在点集 E 中.

5. 有界点集与无界点集

设 E 是平面上的一个点集，若存在 $M > 0$ 使得点集 E 中的所有点都在以原点为圆心，M 为半径的圆盘内，就称 E 为**有界点集**，否则称点集 E 为**无界点集**.

6. 开集、闭集、连通集、区域

若点集 E 中的所有点均是 E 的内点，称点集 E 为开集. 开集连同其边界一起称为**闭集**.

设 E 为一个平面点集，P_1，P_2 是 E 中任意的两点，若 P_1，P_2 可用一条完全包含于点集 E 中的折线连接起来，称 E 为**连通集**.

连通的开集称为开区域，开区域连同其边界一起称为闭区域. 例如：

$$E_1 = \{(x,y) \mid x^2 + y^2 \leqslant 4\}$$

为一闭区域（见图 8.3(a)）；

$$E_2 = \{(x,y) \mid 1 < x^2 + y^2 < 4\}$$

为开区域（见图 8.3(b)）.

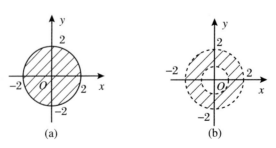

图 8.3

8.1.2 二元函数

定义 1 设有三个变量 x, y, z, D 为平面上一个非空点集, 如果 (x, y) 在 D 中任取一个确定的点, 变量 z 按照一定的对应法则 f 总有惟一确定的数值和它对应, 就称 z 是 x, y 的函数或称 f 是定义在 D 上的二元函数, 记作

$$z = f(x, y)$$

点集 D 称为该二元函数的定义域, x, y 是自变量, z 是因变量, 函数值的集合

$$\{z \mid z = f(x, y), (x, y) \in D\}$$

称为该二元函数的值域.

由定义可知, 对于任意一点 $(x, y) \in D$, 对应的函数值 $z = f(x, y)$ 惟一, 从而可确定空间中的一点 (x, y, z). 于是当 (x, y) 在 D 中变化时, 可得到一个空间点集

$$\{(x, y, z) \mid z = f(x, y), (x, y) \in D\}$$

此点集称为二元函数 $z = f(x, y)$ 在空间中的图形.

例 1 函数 $z = \sqrt{1 - x^2 - y^2}$ 的图形是以原点 O 为球心的单位球面的上半部分 (或称上半球面), 其定义域为 $\{(x, y) \mid x^2 + y^2 \leqslant 1\}$, 是一有界闭区域, 值域为 $[0, 1]$.

例 2 函数 $z = 1 + 2x - 3y$ 的图形是空间中的一个平面, 其定义域为整个 xOy 坐标面, 值域为 $(-\infty, +\infty)$.

8.1.3 n 维空间与 n 维函数

一维有序数组 x 表示数轴上的一个点, 二维有序数组 (x, y) 表示平面上的一个点, 三维有序数组 (x, y, z) 表示空间内的一个点, 但四维有序数组甚至 $n(n > 4)$ 维有序数组没有直观的几何形象. 为了讨论 n 元函数, 我们称 n 维有序数组 $(x_1, x_2, \cdots, x_n)$ 的全体为 n 维空间, 记作 $\mathbf{R}^n$.

设 $P_1(x_1, x_2, \cdots, x_n), P_2(y_1, y_2, \cdots, y_n)$ 为 n 维空间 $\mathbf{R}^n$ 中的任意两点, 类似一维、二维和三维空间中点的距离计算公式, P_1, P_2 两点间的距离定义为

$$|P_1 P_2| = \sqrt{(x_1 - y_1)^2 + (x_2 - y_2)^2 + \cdots + (x_n - y_n)^2}$$

类似也可定义 n 维空间中的邻域、内点、聚点、边界点、连通集、开集、闭集、开区域、闭区域等概念, 此处不再一一叙述.

定义 2 设有 $n + 1$ 个变量 $x_1, x_2, \cdots, x_n, u$, D 为 n 维空间 $\mathbf{R}^n$ 中的一个非空点集, 如果 $(x_1, x_2, \cdots, x_n)$ 在 D 中任取一个确定的点, 变量 u 按照一定的对应法则 f 总有惟一确定的数值和它对应, 就称 u 是 $x_1, x_2, \cdots, x_n$ 的函数或称 f 是定义在 D 上的 n 元函数, 记作

$$u = f(x_1, x_2, \cdots, x_n)$$

非空点集 D 是该 n 元函数的定义域, $x_1, x_2, \cdots, x_n$ 是自变量, u 是因变量, 函数值的集合

$$\{u \mid u = f(x_1, x_2, \cdots, x_n), (x_1, x_2, \cdots, x_n) \in D\}$$

称为 n 元函数的值域. 当 $n \geqslant 2$ 时, n 元函数也称为多元函数.

《《 **习题 8.1** 》》

A

1. 求下列函数的定义域,并作图表示.

(1) $z = \arcsin \dfrac{x}{3} + \sqrt{xy}$;　　　　　　(2) $z = \ln(y^2 - 4x + 8)$;

(3) $z = x + \sqrt{y}$;　　　　　　　　　　(4) $z = \sqrt{x - \sqrt{y}}$;

(5) $z = \sqrt{R^2 - x^2 - y^2} + \dfrac{1}{\sqrt{x^2 + y^2 - r^2}} (R > r > 0)$;　　　(6) $z = \dfrac{1}{\sqrt{\ln xy}}$.

2. 试用不等式表示由抛物线 $y = x^2$ 和 $y^2 = x$ 所围成的区域(含边界).

3. 设 $f(x,y) = xy + \dfrac{x}{y}$,求 $f\left(\dfrac{1}{2}, 3\right)$ 及 $f(1, -1)$.

4. 设 $f(x,y) = x^2 + y^2 - xy\tan\dfrac{x}{y}$,求 $f(tx, ty)$.

B

1. 已知 $f\left(x + y, \dfrac{y}{x}\right) = x^2 - y^2$,求 $f(x,y)$.

2. 若 $f(x,y) = 2x + 3y$,试求 $f(xy, f(x,y))$.

8.2　二元函数的极限与连续

8.2.1　二元函数的极限

定义 1　设 $P_0(x_0, y_0)$ 为二元函数 $z = f(x,y)$ 的定义域 D 的聚点,A 为常数,若对任意给定的 $\varepsilon > 0$,总存在 $\delta > 0$,使得当点 $P(x,y) \in D \bigcap \mathring{U}(P_0, \delta)$,即 $0 < \sqrt{(x-x_0)^2 + (y-y_0)^2} < \delta$ 且 $P(x,y) \in D$ 时,恒有

$$|f(x,y) - A| < \varepsilon$$

成立,就称常数 A 为二元函数 $f(x,y)$ 当 $(x,y) \to (x_0, y_0)$ 时的极限,记作

$$\lim_{(x,y) \to (x_0, y_0)} f(x,y) = A \quad \text{或} \quad \lim_{\substack{x \to x_0 \\ y \to y_0}} f(x,y) = A$$

上述极限也称为**二重极限**.

例 1　证明 $\lim\limits_{\substack{x \to 0 \\ y \to 0}} \dfrac{x^2 y}{x^2 + y^2} = 0$.

证　对于任意给定的 $\varepsilon > 0$,由于

$$\left|\dfrac{x^2 y}{x^2 + y^2} - 0\right| = \left|\dfrac{x^2 y}{x^2 + y^2}\right| \leqslant |y| \leqslant \sqrt{x^2 + y^2}$$

取 $\delta = \varepsilon$，则当 $0 < \sqrt{(x-0)^2 + (y-0)^2} < \delta$ 时，有

$$\left| \frac{x^2 y}{x^2 + y^2} - 0 \right| < \varepsilon$$

恒成立，故由定义知

$$\lim_{\substack{x \to 0 \\ y \to 0}} \frac{x^2 y}{x^2 + y^2} = 0$$

由例1和定义1可知二元函数 $f(x, y)$ 在 (x_0, y_0) 处是否有极限以及极限存在时为何值与 (x_0, y_0) 处函数是否定义无关，这与一元函数的极限完全相同. 事实上，二元函数具有一元函数的某些性质，如一元函数极限的惟一性、局部有界性、局部保号性、夹逼准则以及四则运算性质，均可以推广到二元函数极限情形下. 但从一元函数极限到二元函数极限也产生了一些本质的区别，如一元函数极限中，自变量 $x \to x_0$ 可转化为 x 从 x_0 的左、右两侧趋近 x_0 来考察，即可用左极限和右极限来确定一元函数的极限，而在二元函数极限中，点 $P(x, y)$ 在平面点集 D 上无限趋于 $P_0(x_0, y_0)$ 的方式有无穷多种，路径也有无穷多条，只有当点 P 以任意方式在 D 上趋于定点 P_0 时，$f(x, y)$ 都以 A 为极限，才有 $\lim\limits_{\substack{x \to x_0 \\ y \to y_0}} f(x, y) = A$，反之若存在两条不同路径，点 $P(x, y)$ 在 D 上分别沿此两条路径无限趋于点 $P_0(x_0, y_0)$ 时，$f(x, y)$ 趋于不同值，则极限 $\lim\limits_{\substack{x \to x_0 \\ y \to y_0}} f(x, y)$ 就不存在.

例 2 设 $f(x, y) = \dfrac{xy}{x^2 + y^2}$，问 $f(x, y)$ 在点 $(0, 0)$ 处的极限是否存在？

解 取 $y = kx$，则 $\lim\limits_{\substack{x \to 0 \\ y \to 0}} \dfrac{xy}{x^2 + y^2} = \lim\limits_{x \to 0} \dfrac{kx^2}{x^2 + k^2 x^2} = \dfrac{k}{1 + k^2}$.

当 $k = 0$ 时，有 $\lim\limits_{\substack{x \to 0 \\ y \to 0}} f(x, y) = 0$.

当 $k = 1$ 时，有 $\lim\limits_{\substack{x \to 0 \\ y \to 0}} f(x, y) = \dfrac{1}{2}$.

因为 $0 \neq \dfrac{1}{2}$，故极限 $\lim\limits_{\substack{x \to 0 \\ y \to 0}} \dfrac{xy}{x^2 + y^2}$ 不存在.

例 3 设二元函数 $f(x, y) = \dfrac{x^2 y}{x^4 + y^2}$，考查 $\lim\limits_{\substack{x \to 0 \\ y \to 0}} f(x, y)$ 及累次极限 $\lim\limits_{y \to 0}(\lim\limits_{x \to 0} f(x, y))$ 与 $\lim\limits_{x \to 0}(\lim\limits_{y \to 0} f(x, y))$.

解 取两条不同路径，有

$$\lim_{\substack{x \to 0 \\ y = x}} \frac{x^2 y}{x^4 + y^2} = \lim_{\substack{x \to 0 \\ y = x}} \frac{x^2 \cdot x}{x^4 + x^2} = 0$$

$$\lim_{\substack{x \to 0 \\ y = x^2}} \frac{x^2 y}{x^4 + y^2} = \frac{1}{2}$$

因为 $0 \neq \dfrac{1}{2}$，故 $\lim\limits_{\substack{x \to 0 \\ y \to 0}} \dfrac{x^2 y}{x^4 + y^2}$ 不存在. 而

$$\lim_{y \to 0}\left(\lim_{x \to 0} \frac{x^2 y}{x^4 + y^2} \right) = \lim_{x \to 0}\left(\lim_{y \to 0} \frac{x^2 y}{x^4 + y^2} \right) = 0$$

事实上,有如下结论:

定理 1 如果 $\lim\limits_{\substack{x \to x_0 \\ y \to y_0}} f(x,y)$，$\lim\limits_{x \to x_0}\big[\lim\limits_{y \to y_0} f(x,y)\big]$ 和 $\lim\limits_{y \to y_0}\big[\lim\limits_{x \to x_0} f(x,y)\big]$ 都存在,则三者相等.

8.2.2 多元函数的连续性

下面给出二元函数连续的定义.

定义 2 设二元函数 $z = f(x,y)$ 的定义域为 D，(x_0,y_0) 为 D 的聚点，$(x_0,y_0) \in D$，若 $\lim\limits_{\substack{x \to x_0 \\ y \to y_0}} f(x,y) = f(x_0,y_0)$，则称二元函数 $f(x,y)$ 在 (x_0,y_0) 处连续，点 (x_0,y_0) 称为二元函数 $f(x,y)$ 的连续点，否则称点 (x_0,y_0) 为二元函数 $f(x,y)$ 的间断点.

下面从增量的角度来理解二元函数的连续性，即取 $\Delta x = x - x_0$，$\Delta y = y - y_0$，则有 $x = x_0 + \Delta x$，$y = y_0 + \Delta y$，且 $x \to x_0$，$y \to y_0$ 等价于 $\Delta x \to 0$，$\Delta y \to 0$，因此

$$\lim_{\substack{x \to x_0 \\ y \to y_0}} f(x,y) = \lim_{\substack{\Delta x \to 0 \\ \Delta y \to 0}} f(x_0 + \Delta x, y_0 + \Delta y)$$

记 $\Delta z = f(x_0 + \Delta x, y_0 + \Delta y) - f(x_0, y_0)$，$\Delta z$ 表示当自变量 (x,y) 在点 (x_0,y_0) 处分别取得增量 Δx，Δy 时二元函数 $f(x,y)$ 在点 (x_0,y_0) 处的全增量，定义 2 表明若 $\lim\limits_{\substack{\Delta x \to 0 \\ \Delta y \to 0}} \Delta z = 0$，则 $f(x,y)$ 在 (x_0,y_0) 处连续.

可以证明:

(1) 二元连续函数的和、差、积、商(分母不为 0)仍为连续函数.

(2) 二元连续函数的复合函数仍为连续函数.

(3) 一切二元初等函数在其定义区域(包含定义域内的区域)内(上)是连续的.

例 4 讨论二元函数

$$f(x,y) = \begin{cases} (x^2 + y^2)\sin\dfrac{1}{x^2 + y^2}, & (x,y) \neq (0,0) \\ 0, & (x,y) = (0,0) \end{cases}$$

在 $(0,0)$ 处的连续性.

解 令 $u = x^2 + y^2$. 当 $(x,y) \to (0,0)$ 时，$u \to 0$. 有

$$\lim_{\substack{x \to 0 \\ y \to 0}} (x^2 + y^2)\sin\frac{1}{x^2 + y^2} = \lim_{u \to 0} u\sin\frac{1}{u} = 0 \quad \text{(有界函数与无穷小的乘积)}$$

而 $f(0,0) = 0$，所以有 $\lim\limits_{\substack{x \to 0 \\ y \to 0}} f(x,y) = f(0,0)$. 故二元函数 $f(x,y)$ 在 $(0,0)$ 处连续.

定理 2（**最值定理**）若二元函数 $f(x,y)$ 在有界闭区域 E 上连续,则二元函数 $f(x,y)$ 在 E 上必有最大值和最小值.

定理 3（**有界定理**）若二元函数 $f(x,y)$ 在有界闭区域 E 上连续,则二元函数必在 E 上有界.

定理 4（**介值定理**）若二元函数 $f(x,y)$ 在有界闭区域 E 上连续,并且取得最大值 M 和最小值 m，$M > m$，则对于介于 M，m 之间的任意实数 C，必存在一点 $(\xi,\eta) \in E$，使得 $f(\xi,\eta) = C$.

定理5 （零点定理）若二元函数 $f(x,y)$ 在有界闭区域 E 上连续,并且存在点 $(x_1,y_1),(x_2,y_2)\in E$,使得 $f(x_1,y_1)\cdot f(x_2,y_2)<0$,则至少存在一点 $(\xi,\eta)\in E$,使得 $f(\xi,\eta)=0$.

习题 8.2

A

1. 证明下列极限不存在.

(1) $\lim\limits_{\substack{x\to 0\\y\to 0}}\dfrac{x+y}{x-y}$;

(2) $\lim\limits_{\substack{x\to 0\\y\to 0}}\dfrac{y^2+x}{y^2-x}$;

(3) $\lim\limits_{\substack{x\to 0\\y\to 0}}\dfrac{x^2y^2}{x^2y^2+(x-y)^2}$.

2. 求下列各极限.

(1) $\lim\limits_{\substack{x\to 0\\y\to 1}}\dfrac{1-xy}{x^2+y^2}$;

(2) $\lim\limits_{\substack{x\to 0\\y\to 0}}\dfrac{xy}{|x|+|y|}$;

(3) $\lim\limits_{\substack{x\to 1\\y\to 0}}\dfrac{\ln(x+e^y)}{\sqrt{x^2+y^2}}$;

(4) $\lim\limits_{\substack{x\to 0\\y\to 0}}\dfrac{\sqrt{1+xy}-1}{\sqrt{x^2+y^2}}$;

(5) $\lim\limits_{\substack{x\to 0\\y\to 0}}\dfrac{2-\sqrt{xy+4}}{xy}$;

(6) $\lim\limits_{\substack{x\to 0\\y\to 0}}\dfrac{1-\cos\sqrt{x^2+y^2}}{\ln(1+x^2+y^2)}$.

3. 讨论函数 $\dfrac{x^2-y^2}{x^2+y^2}$ 在 $(0,0)$ 点处的二重极限和两个累次极限 $\lim\limits_{x\to 0}\left(\lim\limits_{y\to 0}\dfrac{x^2-y^2}{x^2+y^2}\right)$ 与 $\lim\limits_{y\to 0}\left(\lim\limits_{x\to 0}\dfrac{x^2-y^2}{x^2+y^2}\right)$.

4. 讨论下列函数在 $(0,0)$ 点是否连续.

(1) $f(x,y)=\begin{cases}x\sin\dfrac{1}{y}+y\sin\dfrac{1}{x}, & xy\neq 0\\ 0, & xy=0\end{cases}$;

(2) $f(x,y)=\begin{cases}\dfrac{(x+y)^2}{x^2+y^2}, & x^2+y^2\neq 0\\ 0, & x^2+y^2=0\end{cases}$.

B

1. 试求函数 $f(x,y)=\begin{cases}\dfrac{\ln(1+xy)}{x}, & x\neq 0\\ y, & x=0\end{cases}$ 的定义域,并证明此函数在其定义域内是连续的.

2. 求下列函数的间断点.

(1) $u=\dfrac{z}{\sin x\sin y}$;

(2) $u=\ln(1-x^2-y^2-z^2)$.

3. 设二元函数 $f(x,y)$ 在有界闭区域 D 上连续,点 $(x_i,y_i)\in D(i=1,2,\cdots,n)$,证明至少存在一点 $(\xi,\eta)\in D$,使得 $f(\xi,\eta)=\dfrac{1}{n}(f(x_1,y_1)+f(x_2,y_2)+\cdots+f(x_n,y_n))$.

8.3 偏导数

8.3.1 偏导数的定义与计算

在研究一元函数时,通过研究函数的变化率引入了导数,对于多元函数来说,我们也需要研究它的变化率. 但考虑到多元函数的自变量不是一个,因此自变量与函数的关系要比一元函数复杂得多. 本节首先考虑多元函数关于其中一个自变量的变化率. 例如,对于二元函数 $z = f(x, y)$,我们可以先固定 y,即把 y 看作是常量,此时二元函数就成了关于 x 的一元函数,其对应的变化率就是 z 关于 x 的导数,称此导数为二元函数 $z = f(x, y)$ 关于 x 的偏导数. 当 y 固定时,设函数 $f(x, y)$ 关于 x 的增量 $f(x + \Delta x, y) - f(x, y) = \Delta_x z$,称其为函数关于 x 的偏增量.

定义1 设二元函数 $z = f(x, y)$ 在点 $P_0(x_0, y_0)$ 的某邻域内有定义. 当 y 固定在 y_0,而 x 在 x_0 处有增量 Δx 时,函数 $z = f(x, y)$ 有偏增量 $\Delta_x z = f(x_0 + \Delta x, y_0) - f(x_0, y_0)$. 若极限

$$\lim_{\Delta x \to 0} \frac{\Delta_x z}{\Delta x} \tag{1}$$

存在,则称此极限为 $z = f(x, y)$ 在点 (x_0, y_0) 处对 x 的**偏导函数**,记作 $\left.\dfrac{\partial z}{\partial x}\right|_{(x_0, y_0)}$,$\left.\dfrac{\partial f}{\partial x}\right|_{(x_0, y_0)}$ 或 $z_x(x_0, y_0)$,$f_x(x_0, y_0)$. 即(1)式可表示为

$$f_x(x_0, y_0) = \lim_{\Delta x \to 0} \frac{\Delta_x z}{\Delta x} = \lim_{\Delta x \to 0} \frac{f(x_0 + \Delta x, y_0) - f(x_0, y_0)}{\Delta x}$$

若 $z = f(x, y)$ 在区域 D 内每一点 (x, y) 处对 x 的偏导函数均存在,则此偏导函数为 x,y 的函数,称为 $z = f(x, y)$ 对 x 的偏导函数,记作 $\dfrac{\partial z}{\partial x}$,$\dfrac{\partial f}{\partial x}$ 或 $z_x(x, y)$,$f_x(x, y)$.

类似的,可以定义 $z = f(x, y)$ 对自变量 y 的偏导函数,记作 $\dfrac{\partial z}{\partial y}$,$\dfrac{\partial f}{\partial y}$ 或 $z_y(x, y)$,$f_y(x, y)$.

由偏导函数的定义可知 $z = f(x, y)$ 在点 (x_0, y_0) 处对 x 的偏导函数 $f_x(x_0, y_0)$ 就是偏导函数 $f_x(x, y)$ 在点 (x_0, y_0) 处的取值,$f_y(x_0, y_0)$ 是 $f_y(x, y)$ 在点 (x_0, y_0) 的函数值,以后在不至于混淆的地方把偏导函数简称为偏导数.

因为二元函数 $z = f(x, y)$ 的偏导数其实是关于一个变量的导数,因此并不需要采用什么新方法来求偏导数,只要使用一元函数微分法就足够了. 求 $f_x(x, y)$ 时,只要将 y 视为常量而对 $f(x, y)$ 关于 x 求导数;求 $f_y(x, y)$ 时,只要将 x 视为常量而对 $f(x, y)$ 关于 y 求导即可.

例1 求 $z = x^2 + 3xy$ 在点 $(1, 2)$ 处的偏导数.

解 先将 y 视为常量,对 x 求导,有

$$\frac{\partial z}{\partial x} = 2x + 3y$$

再把 x 视为常量,对 y 求导,有

$$\frac{\partial z}{\partial y} = 3x$$

将点 $(1,2)$ 代入上面两式,即有

$$\frac{\partial z}{\partial x}\Big|_{(1,2)} = 2 \times 1 + 3 \times 2 = 8, \quad \frac{\partial z}{\partial y}\Big|_{(1,2)} = 3 \times 1 = 3$$

偏导数的概念也可以推广到二元以上的函数.

例 2 求三元函数 $u = x^3 y - 3z + x^z$ 的偏导数.

解 视 y,z 为常量,对 x 求导,有

$$\frac{\partial u}{\partial x} = 3x^2 y + zx^{z-1}$$

视 x,z 为常量,对 y 求导,有

$$\frac{\partial u}{\partial y} = x^3$$

视 x,y 为常量,对 z 求导,有

$$\frac{\partial u}{\partial z} = -3 + x^z \ln x$$

例 3 已知一定量理想气体的状态方程为 $PV = RT$,其中 T 表示温度,V 表示体积,P 表示压强,R 为一个常数. 试证明:

$$\frac{\partial P}{\partial V} \cdot \frac{\partial V}{\partial T} \cdot \frac{\partial T}{\partial P} = -1$$

证 由方程 $PV = RT$ 知

$$P = \frac{RT}{V}, \quad \frac{\partial P}{\partial V} = -\frac{RT}{V^2}$$

$$V = \frac{RT}{P}, \quad \frac{\partial V}{\partial T} = \frac{R}{P}$$

$$T = \frac{PV}{R}, \quad \frac{\partial T}{\partial P} = \frac{V}{R}$$

因此

$$\frac{\partial P}{\partial V} \cdot \frac{\partial V}{\partial T} \cdot \frac{\partial T}{\partial P} = \left(-\frac{RT}{V^2}\right) \cdot \frac{R}{P} \cdot \frac{V}{R} = -\frac{RT}{PV} = -1$$

对于一元函数而言,我们知道 $\dfrac{\mathrm{d}y}{\mathrm{d}x}$ 可看作微分 $\mathrm{d}y$ 与自变量的微分 $\mathrm{d}x$ 的微商,但例 3 表明偏导数的记号是一个整体记号,不可分开看成分子与分母之比的分式.

例 4 证明二元函数 $f(x,y) = \begin{cases} \dfrac{xy}{x^2 + y^2}, & x^2 + y^2 \neq 0 \\ 0, & x^2 + y^2 = 0 \end{cases}$ 在 $(0,0)$ 处的偏导数均存在,但在 $(0,0)$ 处不连续.

证 由偏导数的定义知

$$f_x(0,0) = \lim_{\Delta x \to 0} \frac{f(0 + \Delta x, 0) - f(0,0)}{\Delta x} = \lim_{\Delta x \to 0} \frac{\frac{\Delta x \cdot 0}{(\Delta x)^2 + 0^2} - 0}{\Delta x} = 0$$

同理

$$f_y(0,0) = 0$$

而选择路径 $y = kx$ 趋于$(0,0)$时有

$$\lim_{\substack{x \to 0 \\ y \to 0}} f(x,y) = \lim_{\substack{x \to 0 \\ y \to 0}} \frac{xy}{x^2 + y^2} = \lim_{x \to 0} \frac{x \cdot kx}{x^2 + k^2 x^2} = \frac{k}{1 + k^2}$$

极限与 k 有关,故极限不存在,从而 $z = f(x,y)$ 在$(0,0)$处不连续.

下面我们讨论二元函数偏导数的几何意义.设二元函数 $z = f(x,y)$ 在 $p_0(x_0, y_0)$ 处

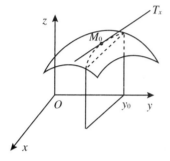

图 8.4

有偏导数.点 $M_0(x_0, y_0, f(x_0, y_0))$ 为曲面 $z = f(x,y)$ 上一点,过点 M_0 作空间平面 $y = y_0$,此平面与曲面的交线设为 Γ,其方程为

$$\begin{cases} z = f(x, y_0) \\ y = y_0 \end{cases}$$

该曲线为一元函数 $z = f(x, y_0)$ 的图像,而 $z = f(x, y_0)$ 在 x 处的导数为

$$\frac{\mathrm{d}f(x, y_0)}{\mathrm{d}x}\bigg|_{x = x_0} = f_x(x_0, y_0)$$

所以,偏导数 $f_x(x_0, y_0)$ 在几何上表示空间曲线 Γ 在点 $M_0(x_0, y_0, f(x_0, y_0))$ 处的切线 T_x 关于 x 轴的斜率(见图8.4).

同理,偏导数 $f_y(x_0, y_0)$ 在几何上表示空间曲线 $z = f(x_0, y), x = x_0$ 在点 M_0 处的切线 T_y 关于 y 轴的斜率.

8.3.2 高阶偏导数

设二元函数 $z = f(x,y)$ 有偏导数 $f_x(x,y), f_y(x,y)$.若这两个偏导数关于 x 或 y 的偏导数存在,则称 $f_x(x,y), f_y(x,y)$ 的偏导数为 $z = f(x,y)$ 的二阶偏导数. 按照对变量求导次序不同,$z = f(x,y)$ 有下面四个二阶偏导数:

$$\frac{\partial}{\partial x}\left(\frac{\partial z}{\partial x}\right) = \frac{\partial^2 z}{\partial x^2} = f_{xx}(x,y), \qquad \frac{\partial}{\partial y}\left(\frac{\partial z}{\partial x}\right) = \frac{\partial^2 z}{\partial x \partial y} = f_{xy}(x,y)$$

$$\frac{\partial}{\partial x}\left(\frac{\partial z}{\partial y}\right) = \frac{\partial^2 z}{\partial y \partial x} = f_{yx}(x,y), \qquad \frac{\partial}{\partial y}\left(\frac{\partial z}{\partial y}\right) = \frac{\partial^2 z}{\partial y^2} = f_{yy}(x,y)$$

其中,称 $\frac{\partial^2 z}{\partial x \partial y}, \frac{\partial^2 z}{\partial y \partial x}$ 为二元函数 $z = f(x,y)$ 的混合偏导数.如这四个偏导数对 x 和 y 的偏导数仍分别存在,则称之为 $z = f(x,y)$ 的三阶偏导数,其记号与二阶偏导数相仿. 同样可得二元函数 $z = f(x,y)$ 的 n 阶偏导数. 二阶及二阶以上的偏导数统称为**高阶偏导数**.

例 5 求二元函数 $z = xye^{x+y}$的所有二阶偏导数及 $\frac{\partial^3 z}{\partial x^2 \partial y}$.

解 根据求偏导数方法,有

$$\frac{\partial z}{\partial x} = ye^{x+y} + xye^{x+y} \cdot 1 = (1 + x)ye^{x+y}$$

$$\frac{\partial z}{\partial y} = xe^{x+y} + xye^{x+y} \cdot 1 = (1+y)xe^{x+y}$$

$$\frac{\partial^2 z}{\partial x^2} = \frac{\partial}{\partial x}\left(\frac{\partial z}{\partial x}\right) = ye^{x+y} + (1+x)ye^{x+y} = y(2+x)e^{x+y}$$

$$\frac{\partial^2 z}{\partial y^2} = \frac{\partial}{\partial y}\left(\frac{\partial z}{\partial y}\right) = xe^{x+y} + (1+y)xe^{x+y} \cdot 1 = x(2+y)e^{x+y}$$

$$\frac{\partial^2 z}{\partial x \partial y} = \frac{\partial}{\partial y}\left(\frac{\partial z}{\partial x}\right) = (1+x)e^{x+y} + (1+x)ye^{x+y} \cdot 1 = (1+x)(1+y)e^{x+y}$$

$$\frac{\partial^2 z}{\partial y \partial x} = \frac{\partial}{\partial x}\left(\frac{\partial z}{\partial y}\right) = (1+y)e^{x+y} + (1+y)xe^{x+y} \cdot 1 = (1+y)(1+x)e^{x+y}$$

$$\frac{\partial^3 z}{\partial x^2 \partial y} = \frac{\partial}{\partial y}\left(\frac{\partial^2 z}{\partial x^2}\right) = (2+x)e^{x+y} + (2+x)ye^{x+y} \cdot 1 = (2+x)(1+y)e^{x+y}$$

从例 5 可以发现 $\frac{\partial^2 z}{\partial x \partial y} = \frac{\partial^2 z}{\partial y \partial x}$，即二阶混合偏导数相等，这表明对函数 $z = xye^{x+y}$ 来说，二阶混合偏导数对自变量 x 和 y 求导的次序无关. 但是，并不是所有二元函数的两个二阶混合偏导数都是相等的. 例如考虑函数：

$$f(x,y) = \begin{cases} \dfrac{x^3 y}{x^2 + y^2}, & x^2 + y^2 \neq 0 \\ 0, & x^2 + y^2 = 0 \end{cases}$$

直接计算得（分段点处用定义求偏导）

$$f_x(x,y) = \begin{cases} \dfrac{x^2 y(x^2 + 3y^2)}{(x^2 + y^2)^2}, & x^2 + y^2 \neq 0 \\ 0, & x^2 + y^2 = 0 \end{cases}$$

$$f_y(x,y) = \begin{cases} \dfrac{x^3(x^2 - y^2)}{(x^2 + y^2)^2}, & x^2 + y^2 \neq 0 \\ 0, & x^2 + y^2 = 0 \end{cases}$$

而

$$f_{xy}(0,0) = \lim_{\Delta y \to 0} \frac{f_x(0,\Delta y) - f_x(0,0)}{\Delta y} = 0$$

$$f_{yx}(0,0) = \lim_{\Delta x \to 0} \frac{f_y(\Delta x,0) - f_y(0,0)}{\Delta x} = 1$$

显然

$$f_{xy}(0,0) \neq f_{yx}(0,0)$$

定理 1 若二元函数 $z = f(x,y)$ 的二阶混合偏导数 $f_{xy}(x,y)$ 与 $f_{yx}(x,y)$ 在 (x_0, y_0) 处都连续，则 $f_{xy}(x_0, y_0) = f_{yx}(y_0, x_0)$.

例 6 设 $z = f(x + ay) + g(x - ay)$，$f, g$ 具有二阶连续导数. 证明：$\dfrac{\partial^2 z}{\partial y^2} = a^2 \dfrac{\partial^2 z}{\partial x^2}$.

证 有

$$\frac{\partial z}{\partial x} = f'(x + ay) + g'(x - ay)$$

$$\frac{\partial z}{\partial y} = f'(x + ay) \cdot a + g'(x - ay)(-a)$$

$$\frac{\partial^2 z}{\partial x^2} = f''(x + ay) + g''(x - ay)$$

$$\frac{\partial^2 z}{\partial y^2} = f''(x + ay) \cdot a^2 + g''(x - ay)(-a)^2$$

$$= a^2[f''(x + ay) + g''(x - ay)] = a^2 \frac{\partial^2 z}{\partial x^2}$$

得 $\dfrac{\partial^2 z}{\partial y^2} = a^2 \dfrac{\partial^2 z}{\partial x^2}$.

习题 8.3

A

1. 求下列函数在指定点处的偏导数.

(1) 设 $f(x, y) = (1 + xy)^y$, 求 $f_x(1,1)$ 和 $f_y(1,1)$;

(2) 设 $f(x, y) = \ln\left(x + \dfrac{y}{2x}\right)$, 求 $f_x(1,0)$;

(3) 设 $z = x + y - \sqrt{x^2 + y^2}$, 求 $\dfrac{\partial z}{\partial x}\Big|_{\substack{x=3 \\ y=4}}$;

(4) 设 $z = x + (y - 1)\arcsin\sqrt{\dfrac{x}{y}}$, 求 $\dfrac{\partial z}{\partial x}\Big|_{y=1}$.

2. 求下列函数对每个自变量的偏导数.

(1) $z = xy + \dfrac{x}{y}$;

(2) $z = x^3 + y^3 - 3xy$;

(3) $z = \dfrac{x + y}{x - y}\sin\dfrac{x}{y}$;

(4) $z = \arctan\sqrt{x^y}$;

(5) $z = x\sqrt{y} + \dfrac{y}{\sqrt[3]{x}}$;

(6) $z = \dfrac{e^{xy}}{e^x + e^y}$;

(7) $z = \dfrac{x}{\sqrt{x^2 + y^2}}$;

(8) $z = \ln\tan\dfrac{x}{y}$.

3. 求下列函数的二阶偏导数.

(1) $z = \sin^2(ax + by)$;

(2) $z = y^{\ln x}$;

(3) $z = x^y$;

(4) $z = \arctan\dfrac{x + y}{1 - xy}$.

4. 设 $z = x\ln(xy)$, 求 $\dfrac{\partial^2 z}{\partial x^2}$ 和 $\dfrac{\partial^2 z}{\partial x \partial y}$.

5. 设 $z = \ln\left(\sqrt{x^2 + y^2}\right)$, 求 $\dfrac{\partial^2 z}{\partial x^2} + \dfrac{\partial^2 z}{\partial y^2}$.

6. 设 $z = \ln(\sqrt{x} + \sqrt{y})$, 证明 $x\dfrac{\partial z}{\partial x} + y\dfrac{\partial z}{\partial y} = \dfrac{1}{2}$.

7. 设 $z = e^{xy^{-2}}$, 证明 $2x\dfrac{\partial z}{\partial x} + y\dfrac{\partial z}{\partial y} = 0$.

8. 验证 $z = e^x\cos y$ 满足方程 $\dfrac{\partial^2 z}{\partial x^2} + \dfrac{\partial^2 z}{\partial y^2} = 0$.

B

1. 设 $r = \sqrt{x^2 + y^2 + z^2}$,验证 $\dfrac{\partial^2 r}{\partial x^2} + \dfrac{\partial^2 r}{\partial y^2} + \dfrac{\partial^2 r}{\partial z^2} = \dfrac{2}{r}$.

2. 若对任意 $t > 0$,$f(x, y, z)$ 满足 $f(tx, ty, tz) = t^k f(x, y, z)$,则称 $f(x, y, z)$ 为 k 次齐次函数. 设 $f(x, y, z)$ 为 k 次齐次函数,试证 $xf_x + yf_y + zf_z = kf$.

3. 如果二元函数 $z = f(x, y)$ 在区域 D 内的两个偏导数 $f_x(x, y)$ 和 $f_y(x, y)$ 有界,试证在区域 D 内函数 $z = f(x, y)$ 连续.

8.4 全微分及其应用

8.4.1 全微分的定义

上节讨论的偏导数是函数在只有一个自变量变化时的瞬时变化率,但在实际问题中,常常需要知道函数的全面变化情况,即当自变量 x,y 分别有微小改变量 Δx,Δy 时,相应的函数改变量 Δz 与自变量的改变量 Δx,Δy 之间有什么样的依赖关系,全微分就是解决这类问题的有力工具.

例如,矩形面积 z 与其长 x、宽 y 的关系为 $xy = z$,如果测量 x,y 时产生误差 Δx,Δy,由此计算面积得

$$z + \Delta z = (x + \Delta x)(y + \Delta y)$$

$$\Delta z = (x + \Delta x)(y + \Delta y) - xy = y\Delta x + x\Delta y + \Delta x\Delta y$$

当 Δx,Δy 很小时,常略去 $\Delta x\Delta y$,就以 $y\Delta x + x\Delta y$ 近似表达 Δz. 而 $y\Delta x + x\Delta y$ 是 Δx,Δy 的线性函数,当 $\Delta x \to 0$,$\Delta y \to 0$ 或 $\rho = \sqrt{(\Delta x)^2 + (\Delta y)^2} \to 0$ 时,$\Delta z - (y\Delta x + x\Delta y) = \Delta x\Delta y$ 是 ρ 的高阶无穷小,记为 $o(\rho)$.

因此 Δz 可分解成关于 Δx,Δy 的线性部分(称线性主部)和关于 ρ 的高阶无穷小两部分,我们称线性主部(或近似表达式)$y\Delta x + x\Delta y$ 为函数 $z = xy$ 在点 (x, y) 处的全微分,记为

$$\mathrm{d}z = y\Delta x + x\Delta y$$

定义 1 当 $z = f(x, y)$ 的自变量 x,y 在点 (x_0, y_0) 处分别取得改变量 Δx,Δy 时,如果全改变量 $\Delta z = f(x_0 + \Delta x, y_0 + \Delta y) - f(x_0, y_0)$ 能分解成两个部分:一部分是 Δx,Δy 的线性式 $A\Delta x + B\Delta y$(A,B 与 Δx,Δy 无关),另一部分是比 $\rho = \sqrt{(\Delta x)^2 + (\Delta y)^2}$ 更高阶的无穷小量 $o(\rho)$,则称 $f(x, y)$ 在 (x_0, y_0) 处可微,并称线性部分 $A\Delta x + B\Delta y$ 为 $z = f(x, y)$ 在 (x_0, y_0) 处的全微分,记为

$$\mathrm{d}z\big|_{(x_0, y_0)} = A\Delta x + B\Delta y$$

由定义,有

$$\Delta z = \mathrm{d}z + o(\rho) = A\Delta x + B\Delta y + o(\rho), \quad \rho \to 0$$

其中 $\rho = \sqrt{(\Delta x)^2 + (\Delta y)^2}$.

8.4.2 函数可微的必要与充分条件

当函数 $f(x,y)$ 在点 (x_0,y_0) 处的全微分 $\mathrm{d}z = A\Delta x + B\Delta y$ 存在时，$A=?$，$B=?$

下面我们讨论二元函数可微与连续、可微与偏导数存在的关系，同时给出 A，B 与 $f(x,y)$ 的关系.

定理 1　若 $z=f(x,y)$ 在点 (x_0,y_0) 处可微，则它在 (x_0,y_0) 处连续.

证　要证 $f(x,y)$ 在点 (x_0,y_0) 连续，即证

$$\lim_{(\Delta x,\Delta y)\to(0,0)}\left[f(x_0+\Delta x,y_0+\Delta y)-f(x_0,y_0)\right]=0$$

已知 $z=f(x,y)$ 在 (x_0,y_0) 可微，因而当 $\rho=\sqrt{(\Delta x)^2+(\Delta y)^2}\to0$ 时，有

$$\Delta z=f(x_0+\Delta x,y_0+\Delta y)-f(x_0,y_0)=A\Delta x+B\Delta y+o(\rho)$$

因而有

$$\lim_{(\Delta x,\Delta y)\to(0,0)}\Delta z=0$$

定理 2　若 $z=f(x,y)$ 在点 (x_0,y_0) 可微，则它在点 (x_0,y_0) 的各个偏导数都存在，且 $\mathrm{d}z=f_x(x_0,y_0)\mathrm{d}x+f_y(x_0,y_0)\mathrm{d}y$.

证　由假设，有

$$\Delta z=A\Delta x+B\Delta y+o(\rho)$$

当 $\Delta y=0$ 时，上式可转化为

$$\Delta_x z=A\Delta x+o(|\Delta x|),\quad \Delta x\to0$$

因此

$$\lim_{\Delta x\to0}\frac{\Delta_x z}{\Delta x}=A+\lim_{\Delta x\to0}\frac{o(|\Delta x|)}{\Delta x}=A$$

即

$$f_x(x_0,y_0)=A$$

同理可得

$$f_y(x_0,y_0)=B$$

因此

$$\mathrm{d}z\big|_{(x_0,y_0)}=f_x(x_0,y_0)\Delta x+f_y(x_0,y_0)\Delta y$$

特别的，当 $f(x,y)=x$ 时，有

$$f_x(x,y)=1,\quad f_y(x,y)=0$$

则有 $\mathrm{d}z=\Delta x$.同理，当 $f(x,y)=y$ 时，有 $\mathrm{d}z=\Delta y$.即是说自变量的微分与自变量的改变量是相等的. 因此 $z=f(x,y)$ 在 (x,y) 可微，必有

$$\mathrm{d}z=f_x(x,y)\mathrm{d}x+f_y(x,y)\mathrm{d}y=\frac{\partial z}{\partial x}\mathrm{d}x+\frac{\partial z}{\partial y}\mathrm{d}y \tag{1}$$

这个定理说明：在可微条件下，用偏导数作为 $\mathrm{d}x$，$\mathrm{d}y$ 的系数，就可以把全微分表示出来.

然而给定的函数在一定点是否可微是不容易判断的，因偏导数存在时函数不一定连续，当然更不能保证全微分存在.但偏导数若具备一定条件，就可保证函数的可微性，这就是下面的定理.

定理 3 （函数可微的充分条件）设函数 $z = f(x, y)$ 在点 (x, y) 的某一邻域内其偏导数 $f_x(x, y), f_y(x, y)$ 均存在,且这两个偏导数都在点 (x, y) 连续,则函数 $z = f(x, y)$ 在点 (x, y) 可微.

证 取 $\Delta x, \Delta y$ 充分小,使 $(x + \Delta x, y + \Delta y)$ 为该邻域内的任意一点,则函数对应的全增量

$$\begin{aligned}\Delta z &= f(x + \Delta x, y + \Delta y) - f(x, y)\\ &= [f(x + \Delta x, y + \Delta y) - f(x, y + \Delta y)] + [f(x, y + \Delta y) - f(x, y)]\end{aligned}$$

对于第一个方括号内的表达式,由于 $y + \Delta y$ 是不变的,由一元函数拉格朗日中值定理可得

$$f(x + \Delta x, y + \Delta y) - f(x, y + \Delta y) = f_x(x + \theta_1 \Delta x, y + \Delta y)\Delta x, \quad 0 < \theta_1 < 1$$

同理,对于第二个方括号内的表达式,有

$$f(x, y + \Delta y) - f(x, y) = f_y(x, y + \theta_2 \Delta y)\Delta y, \quad 0 < \theta_2 < 1$$

因为偏导数连续,故

$$\lim_{\substack{\Delta x \to 0 \\ \Delta y \to 0}} f_x(x + \theta_1 \Delta x, y + \Delta y) = f_x(x, y)$$

$$\lim_{\Delta y \to 0} f_y(x, y + \theta_2 \Delta y) = f_y(x, y)$$

所以可设

$$f_x(x + \theta_1 \Delta x, y + \Delta y) = f_x(x, y) + \alpha_1(\Delta x, \Delta y) \tag{2}$$

$$f_y(x, y + \theta_2 \Delta y) = f_y(x, y) + \alpha_2(\Delta x, \Delta y) \tag{3}$$

其中 $\lim\limits_{\substack{\Delta x \to 0 \\ \Delta y \to 0}} \alpha_1(\Delta x, \Delta y) = \lim\limits_{\substack{\Delta x \to 0 \\ \Delta y \to 0}} \alpha_2(\Delta x, \Delta y) = 0$.

由(2)、(3)两式可得在偏导数连续的假设下,函数的全增量可表示为

$$\Delta z = f_x(x, y)\Delta x + f_y(x, y)\Delta y + \alpha_1 \Delta x + \alpha_2 \Delta y$$

易知

$$\frac{|\alpha_1 \Delta x + a_2 \Delta y|}{\sqrt{(\Delta x)^2 + (\Delta y)^2}} \leqslant \frac{|\alpha_1 \Delta x|}{\sqrt{(\Delta x)^2 + (\Delta y)^2}} + \frac{|\alpha_2 \Delta y|}{\sqrt{(\Delta x)^2 + (\Delta y)^2}}$$

$$\leqslant |\alpha_1| + |\alpha_2|$$

由夹逼定理可知

$$\lim_{\substack{\Delta x \to 0 \\ \Delta y \to 0}} \frac{\alpha_1 \Delta x + \alpha_2 \Delta y}{\sqrt{(\Delta x)^2 + (\Delta y)^2}} = 0$$

由定义即得函数 $z = f(x, y)$ 在 (x, y) 处可微.

例 1 求 $z = x^2 + y^2$ 的全微分.

解 因为

$$\frac{\partial z}{\partial x} = 2x, \quad \frac{\partial z}{\partial y} = 2y$$

均为连续函数,故有

$$\mathrm{d}z = 2x\mathrm{d}x + 2y\mathrm{d}y$$

例 2 求 $u = xy + x^2 z + \arctan(y + z)$ 的全微分.

解 因为

$$\frac{\partial u}{\partial x} = y + 2xz, \quad \frac{\partial u}{\partial y} = x + \frac{1}{1+(y+z)^2}, \quad \frac{\partial u}{\partial z} = \frac{1}{1+(y+z)^2} + x^2$$

故

$$du = (y+2xz)dx + \left[x + \frac{1}{1+(y+z)^2}\right]dy + \left[\frac{1}{1+(y+z)^2} + x^2\right]dz$$

8.4.3 微分在近似计算中的应用

从上面的讨论可知,若函数 $z = f(x,y)$ 在点 (x_0, y_0) 可微,则函数的全增量可表示为

$$\Delta z = f(x_0 + \Delta x, y_0 + \Delta y) - f(x_0, y_0) \approx f_x(x_0, y_0)\Delta x + f_y(x_0, y_0)\Delta y$$

或

$$f(x_0 + \Delta x, y_0 + \Delta y) \approx f(x_0, y_0) + f_x(x_0, y_0)\Delta x + f_y(x_0, y_0)\Delta y \tag{4}$$

式(4)可以用来计算 Δz 和 $f(x_0 + \Delta x, y_0 + \Delta y)$ 的近似值,还可以用来估计误差.

例 3 计算 $\ln(\sqrt[3]{1.03} + \sqrt[4]{0.98} - 1)$ 的近似值.

解 取二元函数

$$f(x,y) = \ln(\sqrt[3]{x} + \sqrt[4]{y} - 1)$$

令

$$x_0 = 1, \quad \Delta x = 0.03, \quad y_0 = 1, \quad \Delta y = -0.02$$

于是由式(4)可得

$$\ln(\sqrt[3]{1.03} + \sqrt[4]{0.98} - 1) = f(x_0 + \Delta x, y_0 + \Delta y)$$
$$\approx f(x_0, y_0) + f_x(x_0, y_0)\Delta x + f_y(x_0, y_0)\Delta y$$

将 $f(x_0, y_0) = f(1,1) = 0, f_x(x_0, y_0) = f_x(1,1) = \frac{1}{3}, f_y(x_0, y_0) = f_y(1,1) = \frac{1}{4}$ 代入,即有

$$\ln(\sqrt[3]{1.03} + \sqrt[4]{0.98} - 1) \approx \frac{1}{3} \times 0.03 - \frac{1}{4} \times 0.02 = 0.005$$

例 4 设以秒摆测重力加速度 g,其结果为:摆长 $l = 100 \pm 0.1(\text{cm})$,周期 $T = 2 \pm 0.004(\text{s})$,问由于 l 与 T 的误差,所引起的 g 的误差多大?

解 因为

$$g = \frac{4\pi^2 l}{T^2}$$

所以

$$dg = 4\pi^2 \left(\frac{1}{T^2}dl - \frac{2l}{T^3}dT\right)$$

$$|dg| \leqslant 4\pi^2 \left(\left|\frac{dl}{T^2}\right| + \left|\frac{2l}{T^3}\right||dT|\right)$$

$$= 4\pi^2 \left(\frac{0.1}{4} + \frac{200}{8} \times 0.004\right)$$

$$= 0.5\pi^2 (\text{cm/s}^2)$$

即所测得的 g 的误差不超过 $0.5\pi^2 \text{ cm/s}^2$.

<<< **习题 8.4** >>>

A

1. 求函数 $z = x^2 y^3$ 当 $x = 2, y = -1, \Delta x = 0.02, \Delta y = -0.01$ 时的全增量和全微分.

2. 求函数 $z = \dfrac{y}{x}$ 当 $x = 2, y = 1, \Delta x = 0.1, \Delta y = 0.2$ 时的全增量和全微分.

3. 求下列各函数的全微分.

(1) $z = \dfrac{x}{y}$;

(2) $z = \ln(x^2 + y^2)$;

(3) $z = \dfrac{x}{\sqrt{x^2 + y^2}}$;

(4) $z = \arctan \dfrac{y}{x}$;

(5) $u = (xy)^z$;

(6) $u = \left(\dfrac{x}{y}\right)^{\frac{1}{z}}$.

4. 求下列各式的近似值.

(1) $(10.1)^{2.03}$;

(2) $\sqrt{(1.02)^3 + (1.97)^3}$.

5. 扇形中心角 $\alpha = 60°$, 半径 $R = 20(\text{cm})$, 若将 α 增加 1°, 要使扇形面积不变, 应把扇形的半径 R 减小多少?

B

1. 设函数

$$f(x, y) = \begin{cases} \dfrac{x^2 y^2}{(x^2 + y^2)^{3/2}}, & x^2 + y^2 \neq 0 \\ 0, & x^2 + y^2 = 0 \end{cases}$$

试讨论函数 $f(x, y)$ 在点 $(0,0)$ 处的连续性、可偏导性、可微性及一阶偏导数的连续性.

2. 已知扇形的中心角为 60°, 半径为 20 cm, 如果中心角增加 1°, 半径减小 1 cm, 试求扇形面积变化的近似值.

8.5 多元复合函数的求导法则

8.5.1 链式法则

在多元函数中, 尽管偏导数与一元函数的导数具有类似的性质, 但由于此时出现多个变量, 使得复合函数的求导公式变得比较复杂. 本节中, 将把一元复合函数的求导法则即链式法则推广到多元复合函数的求导中.

1. 全导数

定理 1 设函数 $z = f(x, y)$ 可微, 又设 $x = \varphi(t), y = \psi(t)$ 对 t 的导数存在, 则复合函数 $z = f[\varphi(t), \psi(t)]$ 对 t 的导数存在且

$$\frac{\mathrm{d}z}{\mathrm{d}t} = \frac{\partial z}{\partial x}\frac{\mathrm{d}x}{\mathrm{d}t} + \frac{\partial z}{\partial y}\frac{\mathrm{d}y}{\mathrm{d}t}$$

证　当 t 有一个改变量 Δt 时，$x = \varphi(t)$，$y = \psi(t)$ 分别有改变量 Δx，Δy，而 Δx，Δy 又引起 z 产生改变量 Δz．由于 $z = f(x,y)$ 可微，故有

$$\Delta z = \mathrm{d}z + o(\rho) = \frac{\partial z}{\partial x}\Delta x + \frac{\partial z}{\partial y}\Delta y + \alpha \cdot \rho$$

其中 $\rho = \sqrt{(\Delta x)^2 + (\Delta y)^2}$ 且当 $\rho \to 0$ 时 $\alpha \to 0$．由此我们有

$$\frac{\Delta z}{\Delta t} = \frac{\partial z}{\partial x}\frac{\Delta x}{\Delta t} + \frac{\partial z}{\partial y}\frac{\Delta y}{\Delta t} + \alpha\sqrt{\left(\frac{\Delta x}{\Delta t}\right)^2 + \left(\frac{\Delta y}{\Delta t}\right)^2} \tag{1}$$

由于 x，y 是 t 的可微函数，从而是连续的，故当 $\Delta t \to 0$ 时，有 $\Delta x \to 0$，$\Delta y \to 0$，从而 $\rho \to 0$，因此说明 $\alpha \to 0$；另一方面，当 $\Delta t \to 0$ 时 $\frac{\Delta x}{\Delta t}$ 与 $\frac{\Delta y}{\Delta t}$ 分别有极限 $\frac{\mathrm{d}x}{\mathrm{d}t}$，$\frac{\mathrm{d}y}{\mathrm{d}t}$，故（1）式的右端当 $\Delta t \to 0$ 时有极限 $\frac{\partial z}{\partial x}\frac{\mathrm{d}x}{\mathrm{d}t} + \frac{\partial z}{\partial y}\frac{\mathrm{d}y}{\mathrm{d}t}$，这就证明了 $\frac{\mathrm{d}z}{\mathrm{d}t} = \lim\limits_{\Delta t \to 0}\frac{\Delta z}{\Delta t}$ 存在并且 $\frac{\mathrm{d}z}{\mathrm{d}t} = \frac{\partial z}{\partial x}\frac{\mathrm{d}x}{\mathrm{d}t} + \frac{\partial z}{\partial y}\frac{\mathrm{d}y}{\mathrm{d}t}$．

特别的，当 $x = \varphi(t) = t$，$y = \psi(t)$ 时，有 $z = f(x,y) = f(t,\psi(t))$，于是

$$\frac{\mathrm{d}z}{\mathrm{d}t} = \frac{\partial z}{\partial t} + \frac{\partial z}{\partial y}\cdot\frac{\mathrm{d}y}{\mathrm{d}t}$$

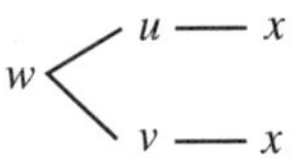

例 1　设 $w = u^2 + uv + v^2$，$u = x^2$，$v = 2x + 1$，求 $\dfrac{\mathrm{d}w}{\mathrm{d}x}$．

图 8.5

解　参见图 8.5．

$$\begin{aligned}
\frac{\mathrm{d}w}{\mathrm{d}x} &= \frac{\partial w}{\partial u}\cdot\frac{\mathrm{d}u}{\mathrm{d}x} + \frac{\partial w}{\partial v}\cdot\frac{\mathrm{d}v}{\mathrm{d}x}\\
&= (2u + v)\cdot 2x + (u + 2v)\cdot 2\\
&= (2x^2 + 2x + 1)\cdot 2x + (x^2 + 4x + 2)\cdot 2\\
&= 4x^3 + 6x^2 + 10x + 4
\end{aligned}$$

例 2　设 $u = f(x,y)$，$y = \sin x$，求 $\dfrac{\mathrm{d}u}{\mathrm{d}x}$．

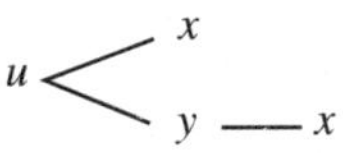

解　参见图 8.6．由定理 1，有

图 8.6

$$\frac{\mathrm{d}u}{\mathrm{d}x} = \frac{\partial u}{\partial x} + \frac{\partial u}{\partial y}\cdot\frac{\mathrm{d}y}{\mathrm{d}x} = \frac{\partial u}{\partial x} + \frac{\partial u}{\partial y}\cdot\cos x$$

注意上式中导数 $\dfrac{\mathrm{d}u}{\mathrm{d}x}$ 与偏导数 $\dfrac{\partial u}{\partial x}$ 的不同含义．为表达简练引入记号

$$f_1' = \frac{\partial u}{\partial x} = f_x$$

$$f_2' = \frac{\partial u}{\partial y} = f_y$$

故上述答案也可表示为

$$\frac{\mathrm{d}u}{\mathrm{d}x} = f_1' + f_2'\cdot\cos x$$

2. 偏导数

下面研究在多个自变量情况下，如何计算复合函数偏导数的问题．

定理 2 设函数 $x = \varphi(s,t), y = \psi(s,t)$ 的偏导数 $\dfrac{\partial x}{\partial t}, \dfrac{\partial y}{\partial s}, \dfrac{\partial x}{\partial s}, \dfrac{\partial y}{\partial t}$ 在点 (s,t) 都存在,而函数 $z = f(x,y)$ 在对应于 (s,t) 的点 (x,y) 处可微,则复合函数 $z = f(\varphi(s,t), \psi(s,t))$ 对于 s,t 的偏导数存在且

$$\frac{\partial z}{\partial s} = \frac{\partial z}{\partial x} \cdot \frac{\partial x}{\partial s} + \frac{\partial z}{\partial y} \cdot \frac{\partial y}{\partial s}, \quad \frac{\partial z}{\partial t} = \frac{\partial z}{\partial x} \cdot \frac{\partial x}{\partial t} + \frac{\partial z}{\partial y} \cdot \frac{\partial y}{\partial t}$$

该定理的证明与定理 1 相似,例如对 s 求偏导时,只要注意变量 t 是固定的,实质上就是定理 1 的情形,只是相应地把导数符号换成偏导数符号.

求复合函数的偏导数时要注意两点:

(1) 理清函数的复合关系.

(2) 对某个自变量求偏导数,应注意要经过一切有关的中间变量,并最终归结到该自变量.

例 3 求 $z = (x^2 + y^2)^{xy}$ 的偏导数.

解 见图 8.7,引进中间变量 $u = x^2 + y^2, v = xy$,则 $z = u^v, z$ 是 x, y 的复合函数.有

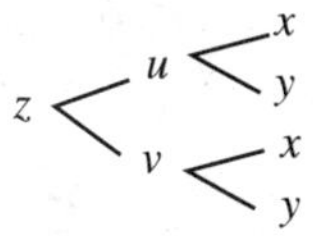

$$\frac{\partial z}{\partial u} = vu^{v-1}, \quad \frac{\partial z}{\partial v} = u^v \ln u$$

$$\frac{\partial u}{\partial x} = 2x, \quad \frac{\partial u}{\partial y} = 2y, \quad \frac{\partial v}{\partial x} = y, \quad \frac{\partial v}{\partial y} = x$$

图 8.7

于是

$$\frac{\partial z}{\partial x} = v \cdot u^{v-1} \cdot 2x + u^v \cdot \ln u \cdot y = (x^2 + y^2)^{xy} \left[\frac{2x^2 y}{x^2 + y^2} + y\ln(x^2 + y^2) \right]$$

$$\frac{\partial z}{\partial y} = vu^{v-1} \cdot 2y + u^v \ln u \cdot x = (x^2 + y^2)^{xy} \left[\frac{2xy^2}{x^2 + y^2} + x\ln(x^2 + y^2) \right]$$

推论 设三元函数 $u = \varphi(x,y,z), v = \psi(x,y,z), w = \omega(x,y,z)$ 在点 (x,y,z) 处可微,则复合函数 $g = f[\varphi(x,y,z), \psi(x,y,z), \omega(x,y,z)]$ 在点 (x,y,z) 处可微且

$$\frac{\partial g}{\partial x} = \frac{\partial g}{\partial u} \cdot \frac{\partial u}{\partial x} + \frac{\partial g}{\partial v} \cdot \frac{\partial v}{\partial x} + \frac{\partial g}{\partial w} \cdot \frac{\partial w}{\partial x}$$

$$\frac{\partial g}{\partial y} = \frac{\partial g}{\partial u} \cdot \frac{\partial u}{\partial y} + \frac{\partial g}{\partial v} \cdot \frac{\partial v}{\partial y} + \frac{\partial g}{\partial w} \cdot \frac{\partial w}{\partial y}$$

$$\frac{\partial g}{\partial z} = \frac{\partial g}{\partial u} \cdot \frac{\partial u}{\partial z} + \frac{\partial g}{\partial v} \cdot \frac{\partial v}{\partial z} + \frac{\partial g}{\partial w} \cdot \frac{\partial w}{\partial z}$$

例 4 设函数 $w = f(x^2 + y^2 + z^2, xyz)$,求其偏导数.

解 见图 8.8,令 $u = x^2 + y^2 + z^2, v = xyz$,则 $w = f(u,v)$.有

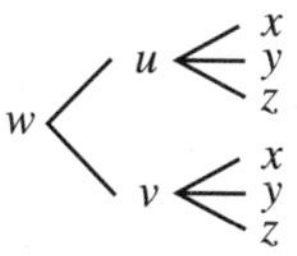

图 8.8

$$\frac{\partial w}{\partial x} = \frac{\partial w}{\partial u} \cdot \frac{\partial u}{\partial x} + \frac{\partial w}{\partial v} \cdot \frac{\partial v}{\partial x} = f'_1 \cdot 2x + f'_2 \cdot yz$$

$$\frac{\partial w}{\partial y} = \frac{\partial w}{\partial u} \cdot \frac{\partial u}{\partial y} + \frac{\partial w}{\partial v} \cdot \frac{\partial v}{\partial y} = f'_1 \cdot 2y + f'_2 \cdot xz$$

$$\frac{\partial w}{\partial z} = \frac{\partial w}{\partial u} \cdot \frac{\partial u}{\partial z} + \frac{\partial w}{\partial v} \cdot \frac{\partial v}{\partial z} = f'_1 \cdot 2z + f'_2 \cdot xy$$

例 5 $u = f(r), r = \ln \sqrt{x^2 + y^2 + z^2}$，求 $x \dfrac{\partial u}{\partial x} + y \dfrac{\partial u}{\partial y} + z \dfrac{\partial u}{\partial z}$，其中 f 为可导函数.

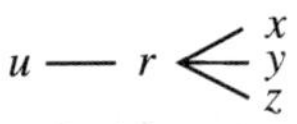

图 8.9

解 见图 8.9.依题意知

$$\frac{\partial u}{\partial x} = \frac{\mathrm{d}u}{\mathrm{d}r} \cdot \frac{\partial r}{\partial x} = f'(r) \frac{x}{x^2 + y^2 + z^2}$$

同理有

$$\frac{\partial u}{\partial y} = f'(r) \frac{y}{x^2 + y^2 + z^2}, \quad \frac{\partial u}{\partial z} = f'(r) \frac{z}{x^2 + y^2 + z^2}$$

所以

$$x \frac{\partial u}{\partial x} + y \frac{\partial u}{\partial y} + z \frac{\partial u}{\partial z} = xf'(r) \frac{x}{x^2 + y^2 + z^2} + yf'(r) \frac{y}{x^2 + y^2 + z^2} + zf'(r) \frac{z}{x^2 + y^2 + z^2}$$
$$= f'(r)$$

利用多元复合函数的求偏导数的链式法则还可以求多元复合函数的高阶偏导数.

例 6 设 $W = f(x + y, xy, y^2)$，其中 f 具有二阶连续偏导数，求 $\dfrac{\partial^2 W}{\partial x^2}, \dfrac{\partial^2 W}{\partial x \partial y}$.

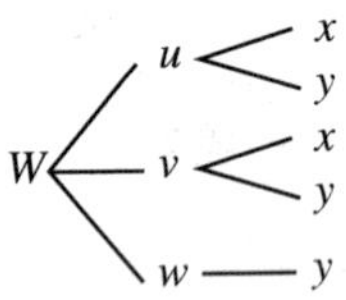

解 见图 8.10,令 $u = x + y, v = xy, w = y^2$，有

图 8.10

$$\frac{\partial W}{\partial x} = \frac{\partial W}{\partial u} \frac{\partial u}{\partial x} + \frac{\partial W}{\partial v} \frac{\partial v}{\partial x} = f'_1 + yf'_2$$

$$\frac{\partial W}{\partial y} = \frac{\partial W}{\partial u} \frac{\partial u}{\partial y} + \frac{\partial W}{\partial v} \frac{\partial v}{\partial y} + \frac{\partial W}{\partial w} \frac{\mathrm{d}w}{\mathrm{d}y} = f'_1 + xf'_2 + 2yf'_3$$

因 $f'_i(x + y, xy, y^2)$ 与 $f(x + y, xy, y^2)$ 具有相同的复合结构,故再一次由链式法则可得

$$\frac{\partial f'_1}{\partial x} = f''_{11} + yf''_{12}, \quad \frac{\partial f'_1}{\partial y} = f''_{11} + xf''_{12} + 2yf''_{13}$$

$$\frac{\partial f'_2}{\partial x} = f''_{21} + yf''_{22}, \quad \frac{\partial f'_2}{\partial y} = f''_{21} + xf''_{22} + 2yf''_{23}$$

则有

$$\frac{\partial^2 W}{\partial x^2} = \frac{\partial}{\partial x}(f'_1 + yf'_2) = f''_{11} + 2yf''_{12} + y^2 f''_{22}$$

$$\frac{\partial^2 W}{\partial x \partial y} = \frac{\partial}{\partial y}(f'_1 + yf'_2) = \frac{\partial f'_1}{\partial y} + f'_2 + y \frac{\partial f'_2}{\partial y}$$
$$= f'_2 + f''_{11} + (x + y)f''_{12} + 2yf''_{13} + xyf''_{22} + 2y^2 f''_{23}$$

例 7 设函数 $u = f(x, y)$ 的二阶偏导数连续,令 $x = r\cos\theta, y = r\sin\theta$,试把下列表达式转换为极坐标系中的形式.

(1) $\left(\dfrac{\partial u}{\partial x}\right)^2 + \left(\dfrac{\partial u}{\partial y}\right)^2$；

(2) $\dfrac{\partial^2 u}{\partial x^2} + \dfrac{\partial^2 u}{\partial y^2}$.

解 (1) 把函数 $u = f(x, y)$ 转换成极坐标下 r, θ 的函数:

$$u = f(r\cos\theta, r\sin\theta) = F(r, \theta)$$

利用复合函数求导法则可得

$$\frac{\partial u}{\partial r} = \frac{\partial u}{\partial x}\frac{\partial x}{\partial r} + \frac{\partial u}{\partial y}\frac{\partial y}{\partial r} = \cos\theta\frac{\partial u}{\partial x} + \sin\theta\frac{\partial u}{\partial y}$$

$$\frac{\partial u}{\partial \theta} = \frac{\partial u}{\partial x}\frac{\partial x}{\partial \theta} + \frac{\partial u}{\partial y}\frac{\partial y}{\partial \theta} = -r\sin\theta\frac{\partial u}{\partial x} + r\cos\theta\frac{\partial u}{\partial y}$$

对两式各自平方后相加得

$$\left(\frac{\partial u}{\partial x}\right)^2 + \left(\frac{\partial u}{\partial y}\right)^2 = \left(\frac{\partial u}{\partial r}\right)^2 + \frac{1}{r^2}\left(\frac{\partial u}{\partial \theta}\right)^2$$

(2) 求二阶偏导数,有

$$\frac{\partial^2 u}{\partial r^2} = \left(\frac{\partial^2 u}{\partial x^2}\cos\theta + \frac{\partial^2 u}{\partial x\partial y}\sin\theta\right)\cos\theta + \left(\frac{\partial^2 u}{\partial y\partial x}\cos\theta + \frac{\partial^2 u}{\partial y^2}\sin\theta\right)\sin\theta$$

$$= \frac{\partial^2 u}{\partial x^2}\cos^2\theta + \frac{\partial^2 u}{\partial x\partial y}2\sin\theta\cos\theta + \frac{\partial^2 u}{\partial y^2}\sin^2\theta$$

$$\frac{\partial^2 u}{\partial \theta^2} = \frac{\partial}{\partial \theta}\left(\frac{\partial u}{\partial x}\right)(-r\sin\theta) - \frac{\partial u}{\partial x}r\cos\theta + \frac{\partial}{\partial \theta}\left(\frac{\partial u}{\partial y}\right)r\cos\theta - \frac{\partial u}{\partial y}r\sin\theta$$

$$= \left[\frac{\partial^2 u}{\partial x^2}(-r\sin\theta) + \frac{\partial^2 u}{\partial x\partial y}r\cos\theta\right](-r\sin\theta) - \frac{\partial u}{\partial x}r\cos\theta - \frac{\partial u}{\partial y}r\sin\theta$$

$$+ \left[\frac{\partial^2 u}{\partial y\partial x}(-r\sin\theta) + \frac{\partial^2 u}{\partial y^2}r\cos\theta\right]r^2\cos^2\theta$$

$$= \frac{\partial^2 u}{\partial x^2}r^2\sin^2\theta - \frac{\partial^2 u}{\partial x\partial y}r^2\sin2\theta + \frac{\partial^2 u}{\partial y^2}r^2\cos^2\theta - \frac{\partial u}{\partial x}r\cos\theta - \frac{\partial u}{\partial x}r\cos\theta - \frac{\partial u}{\partial y}r\sin\theta$$

又

$$\frac{\partial u}{\partial r} = \cos\theta\frac{\partial u}{\partial x} + \sin\theta\frac{\partial u}{\partial y}$$

把前两式相加即得

$$\frac{\partial^2 u}{\partial x^2} + \frac{\partial^2 u}{\partial y^2} = \frac{\partial^2 u}{\partial r^2} - \frac{1}{r}\frac{\partial u}{\partial r} + \frac{1}{r^2}\frac{\partial^2 u}{\partial \theta^2}$$

8.5.2　全微分形式的不变性

一元函数具有微分形式不变性,多元函数的全微分也具有类似的性质.

设二元函数 $z = f(u,v)$ 具有连续偏导数,则有

$$dz = \frac{\partial z}{\partial u}du + \frac{\partial z}{\partial v}dv \tag{2}$$

现设 $u = u(x,y)$,$v = v(x,y)$,且这两个函数也具有连续的偏导数,易得二元函数 u,v 的全微分的表达式为

$$du = \frac{\partial u}{\partial x}dx + \frac{\partial u}{\partial y}dy, \quad dv = \frac{\partial v}{\partial x}dx + \frac{\partial v}{\partial y}dy$$

则复合函数 $z = f(u(x,y)),v(x,y))$ 的全微分为

$$dz = \frac{\partial z}{\partial x}dx + \frac{\partial z}{\partial y}dy$$

将定理 2 的链式求导法则应用于上式,得

$$dz = \left(\frac{\partial z}{\partial u}\frac{\partial u}{\partial x} + \frac{\partial z}{\partial v}\frac{\partial v}{\partial x}\right)dx + \left(\frac{\partial z}{\partial u}\frac{\partial u}{\partial y} + \frac{\partial z}{\partial v}\frac{\partial v}{\partial y}\right)dy$$

$$= \frac{\partial z}{\partial u}\left(\frac{\partial u}{\partial x}dx + \frac{\partial u}{\partial y}dy\right) + \frac{\partial z}{\partial v}\left(\frac{\partial v}{\partial x}dx + \frac{\partial v}{\partial y}dy\right)$$

$$= \frac{\partial z}{\partial u}du + \frac{\partial z}{\partial v}dv$$

由此可见无论 u,v 是自变量还是中间变量,函数 $z = f(u,v)$ 的全微分形式是一样的,这个性质叫作全微分形式不变性.

例8 利用全微分求偏导数 $\dfrac{\partial z}{\partial s}, \dfrac{\partial z}{\partial t}$,其中 $z = e^x \sin y, x = 2st, y = t + s^2$.

解 有

$$dz = d(e^x \sin y) = e^x \sin y\, dx + e^x \cos y\, dy$$

$$dx = 2t\, ds + 2s\, dt, \quad dy = dt + 2s\, ds$$

$$dz = e^x(\sin y \cdot 2t + \cos y \cdot 2s)ds + e^x(\sin y \cdot 2s + \cos y)dt$$

$$\frac{\partial z}{\partial s} = e^x(\sin y \cdot 2t + \cos y \cdot 2s), \quad \frac{\partial z}{\partial t} = e^x(\sin y \cdot 2s + \cos y)$$

≪ 习题8.5 ≫

A

1. 设 $z = x^2 y - y^2 x$,而 $x = r\cos\theta, y = r\sin\theta$,求 $\dfrac{\partial z}{\partial r}$ 和 $\dfrac{\partial z}{\partial \theta}$.

2. 设 $z = u^2 \ln v$,而 $u = \dfrac{y}{x}, v = 3y - 2x$,求 $\dfrac{\partial z}{\partial x}$ 和 $\dfrac{\partial z}{\partial y}$.

3. 设 $z = u e^v$,而 $u = x^2 + y^2, v = \dfrac{x^2 + y^2}{xy}$,求 $\dfrac{\partial z}{\partial x}$ 和 $\dfrac{\partial z}{\partial y}$.

4. 设 $z = (2x + y)^{2x+y}$,求 $\dfrac{\partial z}{\partial x}$ 和 $\dfrac{\partial z}{\partial y}$.

5. 设 $u = \sin(\xi + \eta^2 + \zeta^3)$,并有 $\xi = x + y + z, \eta = xy + yz + zx, \zeta = xyz$,求 $\dfrac{\partial u}{\partial x}, \dfrac{\partial u}{\partial y}$ 和 $\dfrac{\partial u}{\partial z}$.

6. 设 $z = \arcsin(x - y^2)$,而 $x = 3t, y = 4t^2$,求 $\dfrac{dz}{dt}$.

7. 设 $z = \tan(3t + 2x^2 - y)$,而 $x = \dfrac{1}{t}, y = t^2$,求 $\dfrac{dz}{dt}$.

8. 设 $u = f(x,y,z)$,而 $x = t, y = \ln t, z = \tan t$,求 $\dfrac{du}{dt}$.

9. 设 $z = f(x^2 - y^2, e^{xy})$,求 $\dfrac{\partial z}{\partial x}$ 和 $\dfrac{\partial z}{\partial y}$.

10. 设 $z = yf\left(\dfrac{y}{x}\right)$,求 $\dfrac{\partial z}{\partial x}$ 和 $\dfrac{\partial z}{\partial y}$.

11. 求下列函数对自变量的二阶偏导数,设 f 具有二阶连续(偏)导数.

(1) $z = f(xy^2, x^2 y)$;   (2) $z = f\left(x, \dfrac{x}{y}\right)$;

(3) $z = f(x^2 + y^2)$ ；

(4) $z = f\left(x + y, xy, \dfrac{x}{y}\right)$.

B

1. 设 $x = f(u, v), y = g(u, v)$ 均二次可微，且 $\dfrac{\partial f}{\partial u} = \dfrac{\partial g}{\partial v}, \dfrac{\partial f}{\partial v} = -\dfrac{\partial g}{\partial u}$（柯西—黎曼方程），设函数 $z = z(x, y)$ 具有二阶连续偏导数，试证函数 $z = z(x, y)$ 满足

$$\frac{\partial^2 z}{\partial u^2} + \frac{\partial^2 z}{\partial v^2} = \left(\frac{\partial^2 z}{\partial x^2} + \frac{\partial^2 z}{\partial y^2}\right)\left[\left(\frac{\partial f}{\partial u}\right)^2 + \left(\frac{\partial f}{\partial v}\right)^2\right]$$

2. 设 $f(x, y)$ 具有连续偏导数，如有 $\varphi(x) = f(x, f(x, f(x, x)))$，求 $\varphi'(x)$.

3. 设 $y = \dfrac{x\sin x + \cos x}{x\cos x - \sin x} - \dfrac{x\cos x - \sin x}{x\sin x + \cos x}$，引进适当的中间变量，利用全导数公式，求 $\dfrac{\mathrm{d}y}{\mathrm{d}x}$.

4. 在变换 $\xi = 3x - y, \eta = x + y$ 下，将方程

$$\frac{\partial^2 u}{\partial x^2} + 2\frac{\partial^2 u}{\partial x\partial y} - 3\frac{\partial^2 u}{\partial y^2} = 0$$

转化为函数 u 关于变量 ξ, η 的方程，其中 u 具有二阶连续偏导数.

8.6 隐函数求导法

8.6.1 由一个方程确定的隐函数的求导

在一些实际问题中，有些函数不直接表示为 $z = f(x, y), u = g(x, y, z)$ 等明显的式子，而是由一个方程式如 $F(x, y, z) = 0$ 或 $G(x, y, z, u) = 0$ 或方程组 $F(x, y, z) = 0$，$G(x, y, z) = 0$ 等来确定某一个变量或某些变量为其余变量的函数，称为隐函数. 现在我们来介绍如何去求这种隐函数的导数.

定理 1（隐函数存在定理 I）设二元函数 $F(x, y)$ 满足下列条件：

(1) $F(x, y)$ 在以点 $P_0(x_0, y_0)$ 为内点的区域 D 内具有一阶连续偏导数 $F_x(x, y)$，$F_y(x, y)$；

(2) $F(x_0, y_0) = 0$；

(3) $F_y(x_0, y_0) \neq 0$.

则在点 P_0 的某邻域 $U(P_0) \subset D$ 内，方程 $F(x, y) = 0$ 能惟一确定一个定义在点 x_0 的某邻域 $U(x_0)$ 内的函数 $y = y(x)$，并使得：

(1) $F(x, y(x)) \equiv 0, x \in U(x_0)$ 且 $y_0 = y(x_0)$；

(2) $y = y(x)$ 在 $U(x_0)$ 内具有连续导数且有

$$\frac{\mathrm{d}y}{\mathrm{d}x} = -\frac{F_x(x, y)}{F_y(x, y)} \tag{1}$$

定理证明理论性较强，故此我们仅推导式(1).

参见图 8.11. 由定理 1 的结论知

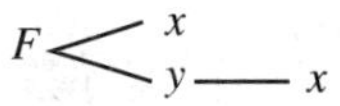

$$F(x, y(x)) \equiv 0, \quad x \in U(x_0)$$

$$F \begin{cases} x \\ y \longrightarrow x \end{cases}$$

图 8.11

根据多元复合函数的求导法则知

$$F_x(x,y) + F_y(x,y)\frac{\mathrm{d}y}{\mathrm{d}x} = 0$$

由于 $F_y(x,y)$ 连续且 $F_y(x_0,y_0) \neq 0$,故在点 $P_0(x_0,y_0)$ 的某邻域内 $F_y(x,y) \neq 0$,所以有

$$\frac{\mathrm{d}y}{\mathrm{d}x} = -\frac{F_x(x,y)}{F_y(x,y)}$$

如果 $F(x,y)$ 具有二阶连续偏导数,则由(1)式可求得 $y = y(x)$ 的二阶导数

$$\frac{\mathrm{d}^2 y}{\mathrm{d}x^2} = \frac{2F_x F_y F_{xy} - F_x^2 F_{yy} - F_y^2 F_{xx}}{F_y^3} \tag{2}$$

例 1 设 $y = y(x)$ 是由方程 $x = 2y + \cos y$ 所确定的隐函数,求 $\dfrac{\mathrm{d}y}{\mathrm{d}x}, \dfrac{\mathrm{d}^2 y}{\mathrm{d}x^2}$.

解 将方程改写为 $x - 2y - \cos y = 0$.令 $F(x,y) = x - 2y - \cos y$.有

$$F_x(x,y) = 1, \quad F_y(x,y) = -2 + \sin y < 0$$

由(1)式得

$$\frac{\mathrm{d}y}{\mathrm{d}x} = -\frac{1}{-2 + \sin y} = \frac{1}{2 - \sin y}$$

上式两端再对 x 求导并注意 $y = y(x)$ 是 x 的函数,即有

$$\frac{\mathrm{d}^2 y}{\mathrm{d}x^2} = \frac{-\cos y \dfrac{\mathrm{d}y}{\mathrm{d}x}}{(2 - \sin y)^2} = -\frac{\cos y}{(2 - \sin y)^3}$$

隐函数的存在定理可推广到多元函数.例如一个三元方程 $F(x,y,z) = 0$ 就有可能确定一个二元函数,我们同样可以由三元函数 $F(x,y,z)$ 的性质来判定由方程 $F(x,y,z) = 0$ 所确定的二元函数 $z = f(x,y)$ 的存在以及这个函数的性质.

定理 2 (隐函数存在定理Ⅱ)设三元函数 $F(x,y,z)$ 在点 $P_0(x_0,y_0,z_0)$ 的某一邻域内满足条件:

(1) 具有一阶连续偏导数 $F_x(x,y,z), F_y(x,y,z), F_z(x,y,z)$;

(2) $F(x_0,y_0,z_0) = 0$;

(3) $F_z(x_0,y_0,z_0) \neq 0$.

则方程 $F(x,y,z) = 0$ 在点 $P_0(x_0,y_0,z_0)$ 的某一邻域 $U(P_0)$ 内惟一确定一个单值且具有一阶连续偏导数的函数 $z = f(x,y)$,此函数满足 $z_0 = f(x_0,y_0)$ 并有

$$\frac{\partial z}{\partial x} = -\frac{F_x}{F_z}, \quad \frac{\partial z}{\partial y} = -\frac{F_y}{F_z} \tag{3}$$

对该定理不做完整证明,仅对式(3)做简单推导.

实际上,不妨将由方程 $F(x,y,z) = 0$ 确定的隐函数代入隐函数方程,得

$$F(x, y, f(x,y)) = 0$$

应用复合函数求导法则对上式两边关于 x 和 y 求导,即得

$$F_x + F_z \frac{\partial z}{\partial x} = 0, \quad F_y + F_z \frac{\partial z}{\partial y} = 0$$

因偏导数 F_z 连续且 $F_z(x_0,y_0,z_0) \neq 0$,故在点 $P_0(x_0,y_0,z_0)$ 的某一邻域 $U(P_0)$ 内有 $F_z(x,y,z) \neq 0$,所以有

$$\frac{\partial z}{\partial x} = -\frac{F_x}{F_z}, \quad \frac{\partial z}{\partial y} = -\frac{F_y}{F_z}$$

例 2 求由方程 $\frac{x^2}{a^2} + \frac{y^2}{b^2} + \frac{z^2}{c^2} = 1$ 所确定的函数 $z = z(x,y)$ 的偏导数.

解 设 $F(x,y,z) = \frac{x^2}{a^2} + \frac{y^2}{b^2} + \frac{z^2}{c^2} - 1$. 有

$$F_x = \frac{2x}{a^2}, \quad F_y = \frac{2y}{b^2}, \quad F_z = \frac{2z}{c^2}$$

所以

$$\frac{\partial z}{\partial x} = -\frac{F_x}{F_z} = -\frac{c^2 x}{a^2 z}, \quad \frac{\partial z}{\partial y} = -\frac{F_y}{F_z} = -\frac{c^2 y}{b^2 z}$$

例 3 设二元函数 $z = f(x,y)$ 由方程 $F(xy, y+z, xz) = 0$ 所确定,试求 $\frac{\partial z}{\partial x}, \frac{\partial z}{\partial y}$,这里 F 具有一阶连续偏导数.

解 令 $G(x,y,z) = F(xy, y+z, xz)$. 有
$$G_x = yF_1' + zF_3', \quad G_y = xF_1' + F_2', \quad G_z = F_2' + xF_3'$$
因为 F 具有一阶连续偏导数,故 G_x, G_y, G_z 都是连续的. 当 $G_z \neq 0$ 时,由定理 2 知

$$\frac{\partial z}{\partial x} = -\frac{G_x}{G_z} = -\frac{yF_1' + zF_3'}{F_2' + xF_3'}$$

$$\frac{\partial z}{\partial y} = -\frac{G_y}{G_z} = -\frac{xF_1' + F_2'}{F_2' + xF_3'}$$

8.6.2 方程组的情形

下面将把隐函数存在定理推广到方程组情形,即不仅增加方程中变量的个数还增加方程的个数.

考虑方程组

$$\begin{cases} F(x,y,u,v) = 0 \\ G(x,y,u,v) = 0 \end{cases} \tag{4}$$

为了便于推广定理,先给出雅可比(Jacobi)行列式的概念.

设二元函数 $u = u(x,y), v = v(x,y)$ 在平面区域 D 内具有一阶连续偏导数,由这些偏导数组成的二阶行列式称为函数 u, v 关于变量 x, y 的 Jacobi 行列式,记为 $\frac{\partial(u,v)}{\partial(x,y)}$,即

$$\frac{\partial(u,v)}{\partial(x,y)} = \begin{vmatrix} \dfrac{\partial u}{\partial x} & \dfrac{\partial u}{\partial y} \\ \dfrac{\partial v}{\partial x} & \dfrac{\partial v}{\partial y} \end{vmatrix}$$

定理 3 （隐函数存在定理 Ⅲ）设三元函数 $F(x,y,z), G(x,y,z)$ 在点 $P_0(x_0, y_0, z_0)$ 的某一邻域内满足条件:

(1) $F(x,y,z), G(x,y,z)$ 具有一阶连续偏导数;

(2) $F(x_0, y_0, z_0) = 0, G(x_0, y_0, z_0) = 0$;

(3) $\left. \dfrac{\partial(F,G)}{\partial(y,z)} \right|_{P_0} \neq 0$.

则由 $F(x,y,z)=0$ 和 $G(x,y,z)=0$ 组成的方程组在点 $P_0(x_0,y_0,z_0)$ 的某一邻域 $U(P_0)$ 内能惟一确定两个单值且具有连续导数的一元函数 $y=f(x)$ 和 $z=g(x)$，它们满足条件 $y_0=f(x_0),z_0=g(x_0)$，并有

$$\frac{\mathrm{d}y}{\mathrm{d}x}=-\frac{\frac{\partial(F,G)}{\partial(x,z)}}{\frac{\partial(F,G)}{\partial(y,z)}}, \quad \frac{\mathrm{d}z}{\mathrm{d}x}=-\frac{\frac{\partial(F,G)}{\partial(y,x)}}{\frac{\partial(F,G)}{\partial(y,z)}} \tag{5}$$

定理 4 （隐函数存在定理 Ⅳ）设四元函数 $F(x,y,u,v),G(x,y,u,v)$ 在点 $P_0(x_0,y_0,u_0,v_0)$ 的某一邻域内满足条件：

(1) $F(x,y,u,v)$ 和 $G(x,y,u,v)$ 具有一阶连续偏导数；

(2) $F(x_0,y_0,u_0,v_0)=0,G(x_0,y_0,u_0,v_0)=0$；

(3) $\left.\dfrac{\partial(F,G)}{\partial(u,v)}\right|_{P_0}\neq 0.$

则由 $F(x,y,u,v)=0$ 和 $G(x,y,u,v)=0$ 组成的方程组在点 $P_0(x_0,y_0,u_0,v_0)$ 的某一邻域 $U(P_0)$ 内能惟一确定两个单值且具有连续偏导数的二元函数 $u=f(x,y)$ 及 $v=g(x,y)$，它们满足条件 $u_0=f(x_0,y_0),v_0=g(x_0,y_0)$，并有

$$\frac{\partial u}{\partial x}=-\frac{\frac{\partial(F,G)}{\partial(x,v)}}{\frac{\partial(F,G)}{\partial(u,v)}}, \quad \frac{\partial u}{\partial y}=-\frac{\frac{\partial(F,G)}{\partial(y,v)}}{\frac{\partial(F,G)}{\partial(u,v)}} \tag{6}$$

$$\frac{\partial v}{\partial x}=-\frac{\frac{\partial(F,G)}{\partial(u,x)}}{\frac{\partial(F,G)}{\partial(u,v)}}, \quad \frac{\partial v}{\partial y}=-\frac{\frac{\partial(F,G)}{\partial(u,y)}}{\frac{\partial(F,G)}{\partial(u,v)}} \tag{7}$$

例 4 设有方程组 $\begin{cases} x^2+y^2+2z^2=1 \\ x+y+z=1 \end{cases}$，求 $\dfrac{\mathrm{d}y}{\mathrm{d}x},\dfrac{\mathrm{d}z}{\mathrm{d}x}$.

解 本题可利用公式(5)求解，但一般直接对所给方程的两边关于 x 求导，有

$$\begin{cases} 2x+2y\cdot y'+4z\cdot z'=0 \\ 1+y'+z'=0 \end{cases}$$

当 $y-2z\neq 0$ 时，解方程组，得

$$\frac{\mathrm{d}y}{\mathrm{d}x}=-\frac{x-2z}{y-2z}, \quad \frac{\mathrm{d}z}{\mathrm{d}x}=-\frac{y-x}{y-2z}$$

例 5 设 x,y 为自变量，$u=u(x,y),v=v(x,y)$ 为由方程组

$$\begin{cases} x^2+y^2-uv=0 \\ xy-u^2+v^2=0 \end{cases}$$

所确定的函数，求 $\dfrac{\partial u}{\partial x},\dfrac{\partial v}{\partial x}$.

图 8.12

解 参见图 8.12. 分别对 x 求导，得

$$2x-v\frac{\partial u}{\partial x}-u\frac{\partial v}{\partial x}=0, \quad y-2u\frac{\partial u}{\partial x}+2v\frac{\partial v}{\partial x}=0$$

将两式联立求解，得

$$\frac{\partial u}{\partial x} = \frac{4xv + uy}{2(u^2 + v^2)}, \quad \frac{\partial v}{\partial x} = \frac{4xu - vy}{2(u^2 + v^2)}$$

再同样对 y 求导,即可求得 $\frac{\partial u}{\partial y}, \frac{\partial v}{\partial y}$.

≪ 习题 8.6 ≫

A

1. 求下列隐函数的导数 $\frac{\mathrm{d}y}{\mathrm{d}x}$.

(1) $\sin xy - \mathrm{e}^{xy} - x^2 y = 0$;　　　　　　(2) $xy + \ln y + \ln x = 0$;

(3) $\arctan \dfrac{y}{x} = \ln \sqrt{x^2 + y^2}$;　　　　(4) $y^x = x^y$.

2. 设 $\mathrm{e}^z - xyz = 0$,求 $\dfrac{\partial z}{\partial x}$ 和 $\dfrac{\partial z}{\partial y}$.

3. 设 $\dfrac{x}{z} = \ln \sin \dfrac{z}{y}$,求 $\dfrac{\partial z}{\partial x}$ 和 $\dfrac{\partial z}{\partial y}$.

4. 求下列函数在指定点的导数或偏导数.

(1) $\sin(xy) = \ln \dfrac{x+1}{y} + 1$,求 $y'(0)$;

(2) $\mathrm{e}^y + xy = \mathrm{e}$,求 $y'(0)$;

(3) $\mathrm{e}^{xy} + \ln \dfrac{y}{x+1} = 0$,求 $y'(0)$;

(4) 设 $\mathrm{e}^z + xyz = \mathrm{e}$ 确定了 $z = z(x, y)$,求 $z_x(0, 0)$.

5. 求下列函数的偏导数或全微分.

(1) 设 $u = \dfrac{x+y}{y+z}$,其中 z 由方程 $z\mathrm{e}^z = x\mathrm{e}^{-x} + y\mathrm{e}^y$ 所确定,求 $\dfrac{\partial u}{\partial x}$ 和 $\dfrac{\partial u}{\partial y}$;

(2) 设 $z = f(x, y)$ 由方程 $x^2 + y^2 + z^2 = 2z$ 所确定,求全微分 $\mathrm{d}z$;

(3) 设 $z = f(x, y)$ 由方程 $F(x + xy, xyz) = 0$ 所确定,其中 F 具有一阶偏导数,求 $\mathrm{d}z$.

6. 设 $u = f(x, y, z)$,其中 $y = \sin x, z = z(x)$ 由方程 $\varphi(x^2, \mathrm{e}^y, z) = 0$ 所确定,f, φ 具有一阶连续偏导数,且 $\dfrac{\partial \varphi}{\partial z} \neq 0$,求 $\dfrac{\mathrm{d}u}{\mathrm{d}x}$.

7. 设 $u = f(z)$,而 $z = z(x, y)$ 是由方程 $z = x + y\varphi(z)$ 所确定的隐函数,证明 $\dfrac{\partial u}{\partial y} = \varphi(z) \dfrac{\partial u}{\partial x}$.

8. 设 $z = z(x, y)$ 由方程 $F\left(\dfrac{x}{z}, \dfrac{y}{z}\right) = 0$ 所确定,求证:$x \dfrac{\partial z}{\partial x} + y \dfrac{\partial z}{\partial y} = z$.

9. 设 $z = z(x, y)$ 由方程 $\varphi(cx - az, cy - bz) = 0$ 所确定,求证:$a \dfrac{\partial z}{\partial x} + b \dfrac{\partial z}{\partial y} = c$.

10. 求由下列方程确定的隐函数 $z = z(x, y)$ 的二阶偏导数.

(1) $z^3 - 3xyz = a^3$;　　　　　　　　(2) $\mathrm{e}^z - xyz = 0$;

(3) $x^2 + y^2 + z^2 = 4z$;　　　　　　　(4) $x + y + z = \mathrm{e}^{-(x+y+z)}$.

11. 设方程组 $\begin{cases} xu - yv = 0 \\ yu + xv = 1 \end{cases}$ 确定了隐函数组 $\begin{cases} u = u(x, y) \\ v = v(x, y) \end{cases}$,试求 $\dfrac{\partial u}{\partial x}, \dfrac{\partial u}{\partial y}, \dfrac{\partial v}{\partial x}, \dfrac{\partial v}{\partial y}$.

B

1. 设 $x^2 = vw, y^2 = uw, z^2 = uv$，且 $f(x,y,z) = F(u,v,w)$，f 可微，F 由前三式代入 f 中而得到，试证：$xf_x + yf_y + zf_z = uF_u + vF_v + wF_w$.

2. 设 $y = f(x,t)$，而 t 是由方程 $F(x,y,t) = 0$ 所确定的关于 x,y 的函数，其中 f,F 都具有一阶连续偏导数，试求 $\dfrac{\mathrm{d}y}{\mathrm{d}x}$.

8.7 微分学在几何上的应用

8.7.1 空间曲线的切线与法平面

1. 空间曲线的方程为参数式

设空间曲线 C 的参数方程为

$$\begin{cases} x = x(t) \\ y = y(t) \\ z = z(t) \end{cases}$$

假设 $x(t), y(t), z(t)$ 在 t_0 处都有导数存在且不全为零. 给 t 一个改变量 Δt，曲线上与 t_0 及 $t_0 + \Delta t$ 对应的点分别为 $P_0(x_0, y_0, z_0)$ 及 $Q(x_0 + \Delta x, y_0 + \Delta y, z_0 + \Delta z)$，即 $x_0 = x(t_0), y_0 = y(t_0), z_0 = z(t_0)$，且

$$x_0 + \Delta x = x(t_0 + \Delta t)$$
$$y_0 + \Delta y = y(t_0 + \Delta t)$$
$$z_0 + \Delta z = z(t_0 + \Delta t)$$

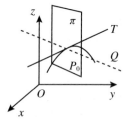

图 8.13

曲线 C 的割线 $P_0 Q$ 的方程为 $\dfrac{x - x_0}{\Delta x} = \dfrac{y - y_0}{\Delta y} = \dfrac{z - z_0}{\Delta z}$，当 Q 沿曲线趋于 P_0 时，割线 $P_0 Q$ 的极限位置就是曲线在 P_0 点的切线. 参见图 8.13.

因此，用 Δt 遍除割线方程的分母并令 $\Delta t \to 0$，即可得到曲线在点 P_0 的切线方程：

$$\frac{x - x_0}{x'(t_0)} = \frac{y - y_0}{y'(t_0)} = \frac{z - z_0}{z'(t_0)}$$

该切线的方向向量 $\vec{T} = \{x'(t_0), y'(t_0), z'(t_0)\}$ 称为曲线 C 在 P_0 处的切向量. 而过 P_0 而与 P_0 处切线垂直的平面叫作曲线在该点的法平面. 可得法平面方程为

$$x'(t_0)(x - x_0) + y'(t_0)(y - y_0) + z'(t_0)(z - z_0) = 0$$

若用 α, β, γ 表示切线与三个坐标轴正方向之间的夹角，则可得切线的方向余弦为

$$\cos\alpha = \frac{x'(t_0)}{\sqrt{(x'(t_0))^2 + (y'(t_0))^2 + (z'(t_0))^2}}$$

$$\cos\beta = \frac{y'(t_0)}{\sqrt{(x'(t_0))^2 + (y'(t_0))^2 + (z'(t_0))^2}}$$

$$\cos\gamma = \frac{z'(t_0)}{\sqrt{(x'(t_0))^2 + (y'(t_0))^2 + (z'(t_0))^2}}$$

例 1 求曲线 $x = t, y = t^2, z = t^3$ 在点 $(1,1,1)$ 处的切线及法平面方程.

解 有 $x' = 1, y' = 2t, z'_t = 3t^2$. 对应于点 $(1,1,1)$ 的参数 $t_0 = 1$,所以

$$x'(t_0) = 1, \quad y'(t_0) = 2, \quad z'(t_0) = 3$$

故切线方程为

$$\frac{x - 1}{1} = \frac{y - 1}{2} = \frac{z - 1}{3}$$

法平面方程为

$$(x - 1) + 2(y - 1) + 3(z - 1) = 0$$

即

$$x + 2y + 3z = 6$$

2. 空间曲线的方程为一般式

定理 1 设空间曲线 Γ 的方程为 $y = y(x), z = z(x)$,如果 $y'(x_0), z'(x_0)$ 存在,则在曲线 Γ 上对应 $x = x_0$ 的点 $M_0(x_0, y_0, z_0)$ 处的一个切向量为 $\vec{T} = (1, y'(x_0), z'(x_0))$,曲线在点 M_0 的切线方程为

$$\frac{x - x_0}{1} = \frac{y - y_0}{y'(x_0)} = \frac{z - z_0}{z'(x_0)}$$

过 M_0 的法平面方程为

$$(x - x_0) + y'(x_0)(y - y_0) + z'(x_0)(z - z_0) = 0$$

关于定理 1,只要将方程看作 x 的参数方程即可:

$$\begin{cases} x = x \\ y = y(x) \\ z = z(x) \end{cases}$$

对于更一般的情形,有下面的结论.

定理 2 设空间曲线 Γ 的方程为

$$\begin{cases} F(x, y, z) = 0 \\ G(x, y, z) = 0 \end{cases} \tag{1}$$

点 $M_0(x_0, y_0, z_0)$ 为曲线 Γ 上的点,且设 F, G 具有一阶连续偏导数. 若 $\left.\dfrac{\partial(F,G)}{\partial(y,z)}\right|_{M_0}$,$\left.\dfrac{\partial(F,G)}{\partial(z,x)}\right|_{M_0}$,$\left.\dfrac{\partial(F,G)}{\partial(x,y)}\right|_{M_0}$ 都存在且不全为零,则曲线 Γ 在点 $M_0(x_0, y_0, z_0)$ 处的一个切向量为 $\vec{T} = \left(\dfrac{\partial(F,G)}{\partial(y,z)}, \dfrac{\partial(F,G)}{\partial(z,x)}, \dfrac{\partial(F,G)}{\partial(x,y)}\right)\Bigg|_{M_0}$,点 M_0 处的切线方程为

$$\frac{x - x_0}{\left.\dfrac{\partial(F,G)}{\partial(y,z)}\right|_{M_0}} = \frac{y - y_0}{\left.\dfrac{\partial(F,G)}{\partial(z,x)}\right|_{M_0}} = \frac{z - z_0}{\left.\dfrac{\partial(F,G)}{\partial(x,y)}\right|_{M_0}} \tag{2}$$

点 $M_0(x_0, y_0, z_0)$ 处的法平面方程为

$$\frac{\partial(F,G)}{\partial(y,z)}\Big|_{M_0}(x - x_0) + \frac{\partial(F,G)}{\partial(z,x)}\Big|_{M_0}(y - y_0) + \frac{\partial(F,G)}{\partial(x,y)}\Big|_{M_0}(z - z_0) = 0 \quad (3)$$

证 不妨设

$$\frac{\partial(F,G)}{\partial(y,z)}\Big|_{M_0} \neq 0$$

由隐函数存在定理Ⅲ可知:(1)式在点 $M_0(x_0, y_0, z_0)$ 的某邻域内惟一确定了两个一元函数 $y = y(x), z = z(x)$,它们满足条件 $y_0 = y(x_0), z_0 = z(x_0)$ 并有

$$\frac{\mathrm{d}y}{\mathrm{d}x} = -\frac{\frac{\partial(F,G)}{\partial(x,z)}}{\frac{\partial(F,G)}{\partial(y,z)}}, \quad \frac{\mathrm{d}z}{\mathrm{d}x} = -\frac{\frac{\partial(F,G)}{\partial(y,x)}}{\frac{\partial(F,G)}{\partial(y,z)}}$$

所以曲线 Γ 在点 $M_0(x_0, y_0, z_0)$ 处的一个切向量为 $\vec{T} = \left(1, \dfrac{\mathrm{d}y}{\mathrm{d}x}, \dfrac{\mathrm{d}z}{\mathrm{d}x}\right)\Big|_{M_0}$. 取

$$\vec{T} = \left(\frac{\partial(F,G)}{\partial(y,z)}, \frac{\partial(F,G)}{\partial(z,x)}, \frac{\partial(F,G)}{\partial(x,y)}\right)\Big|_{M_0}$$

进而即可写出相应的切线和法平面方程.

切向量也可以用行列式的形式给出:

$$\vec{T} = \left(\frac{\partial(F,G)}{\partial(y,z)}, \frac{\partial(F,G)}{\partial(z,x)}, \frac{\partial(F,G)}{\partial(x,y)}\right)\Big|_{M_0} = \begin{vmatrix} \vec{i} & \vec{j} & \vec{k} \\ F_x & F_y & F_z \\ G_x & G_y & G_z \end{vmatrix}_{M_0}$$

例 1 求球面 $x^2 + y^2 + z^2 = 6$ 被平面 $x + y + z = 0$ 所截曲线上点 $M(1, -2, 1)$ 处的切线与法平面方程.

解 可利用公式求解.此处将所给方程两边对 x 求导,得

$$\begin{cases} 2x + 2yy' + 2zz' = 0 \\ 1 + y' + z' = 0 \end{cases}$$

解得

$$y' = -\frac{x - z}{y - z}, \quad z' = -\frac{x - y}{z - y}$$

故

$$\vec{T} = (1, y', z')\big|_M = (1, 0, -1)$$

因此所求切线方程为

$$\frac{x - 1}{1} = \frac{y + 2}{0} = \frac{z - 1}{-1}$$

法平面方程为

$$1 \cdot (x - 1) + 0 \cdot (y + 2) + (-1) \cdot (z - 1) = 0$$

即

$$x - z = 0$$

8.7.2 曲面的切平面与法线

如果曲面上 P_0 点处的任一曲线 C 的切线都在同一平面上,则称这平面为曲面在点

P_0 处的切平面,过点 P_0 而与切平面垂直的直线称为曲面在点 P_0 处的法线.

下面求曲面上一点处的法线和切平面方程.参见图 8.14.

（1）曲面方程为

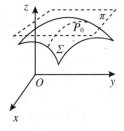

$$F(x,y,z) = 0 \qquad (4)$$

时,设 $P_0(x_0,y_0,z_0)$ 为曲面上一点,并设函数 $F(x,y,z)$ 的偏导数 F_x,F_y,F_z 连续.在曲面上过 P_0 任作一曲线 C,设曲线的参数方程为（其中 $t = t_0$ 对应点 P_0）

$$\begin{cases} x = x(t) \\ y = y(t) \\ z = z(t) \end{cases} \qquad (5)$$

图 8.14

则有 $F(x(t),y(t),z(t)) \equiv 0$.此式对 t 求导,在 $t = t_0$ 处得

$$F_x(x_0,y_0,z_0)x'(t_0) + F_y(x_0,y_0,z_0)y'(t_0) + F_z(x_0,y_0,z_0)z'(t_0) = 0 \qquad (6)$$

式（6）表示向量

$$\vec{N} = (F_x(x_0,y_0,z_0), F_y(x_0,y_0,z_0), F_z(x_0,y_0,z_0))$$

与由式（5）确定的曲线的切线方向向量

$$\vec{T} = (x'(t_0), y'(t_0), z'(t_0))$$

垂直.

因为由式（5）确定的曲线是曲面上通过 P_0 的任意一条曲线,所以在曲面上过 P_0 的一切曲线的切线都在同一平面上,此平面就是曲面在点 P_0 处的切平面. 这个切平面过 $P_0(x_0,y_0,z_0)$ 并以 $\vec{N}$ 为法向量,它的方程为

$$F_x(x_0,y_0,z_0)(x - x_0) + F_y(x_0,y_0,z_0)(y - y_0) + F_z(x_0,y_0,z_0)(z - z_0) = 0 \qquad (7)$$

因此,如果函数 $F(x,y,z)$ 在点 $P_0(x_0,y_0,z_0)$ 处具有连续的偏导数且不全为零,则曲面 $F(x,y,z) = 0$ 在该点有切平面,其方程由式（7）确定.

过 P_0 而垂直于切平面的直线叫作曲面在该点的法线,其方程为

$$\frac{x - x_0}{F_x(x_0,y_0,z_0)} = \frac{y - y_0}{F_y(x_0,y_0,z_0)} = \frac{z - z_0}{F_z(x_0,y_0,z_0)}$$

法线的方向余弦为

$$\cos\alpha = \frac{F_x}{\sqrt{F_x^2 + F_y^2 + F_z^2}}$$

$$\cos\beta = \frac{F_y}{\sqrt{F_x^2 + F_y^2 + F_z^2}}$$

$$\cos\gamma = \frac{F_z}{\sqrt{F_x^2 + F_y^2 + F_z^2}}$$

（2）曲面方程为 $z = f(x,y)$ 时,可令 $F(x,y,z) = f(x,y) - z$,从而有 $F_x = f_x$,$F_y = f_y$,$F_z = -1$,由上可得切平面方程为

$$f_x(x_0,y_0)(x - x_0) + f_y(x_0,y_0)(y - y_0) = z - z_0$$

法线方程为

$$\frac{x - x_0}{f_x(x_0,y_0)} = \frac{y - y_0}{f_y(x_0,y_0)} = \frac{z - z_0}{-1}$$

法线的方向余弦为(假定法向量向上,$\cos\gamma > 0$)

$$\cos\alpha = \frac{-f_x}{\sqrt{1 + f_x^2 + f_y^2}}$$

$$\cos\beta = \frac{-f_y}{\sqrt{1 + f_x^2 + f_y^2}}$$

$$\cos\gamma = \frac{1}{\sqrt{1 + f_x^2 + f_y^2}}$$

例 3 求球面 $x^2 + y^2 + z^2 = 14$ 在点 $(1,2,3)$ 处的切平面及法线方程.

解 令 $F(x,y,z) = x^2 + y^2 + z^2 - 14$,有

$$F_x = 2x, \quad F_y = 2y, \quad F_z = 2z$$
$$F_x(1,2,3) = 2, \quad F_y(1,2,3) = 4, \quad F_z(1,2,3) = 6$$

所以在点 $(1,2,3)$ 处的切平面方程为

$$2(x-1) + 4(y-2) + 6(z-3) = 0$$

即

$$x + 2y + 3z = 14$$

法线方程为

$$\frac{x-1}{2} = \frac{y-2}{4} = \frac{z-3}{6} \quad \text{或} \quad \frac{x-1}{1} = \frac{y-2}{2} = \frac{z-3}{3}$$

例 4 求抛物面 $z = x^2 + y^2$ 在点 $(1,2,5)$ 处的切平面及法线方程.

解 设 $f(x,y) = x^2 + y^2$,有

$$f_x = 2x, \quad f_y = 2y$$
$$f_x(1,2) = 2, \quad f_y(1,2) = 4$$

所以切平面方程为

$$2(x-1) + 4(y-2) = z - 5$$

即

$$2x + 4y - z = 5$$

法线方程为

$$\frac{x-1}{2} = \frac{y-2}{4} = \frac{z-5}{-1}$$

习题 8.7

A

1. 求曲线 $x = t - \sin t, y = 1 - \cos t, z = 4\sin\left(\dfrac{t}{2}\right)$ 在点 $\left(\dfrac{\pi}{2} - 1, 1, 2\sqrt{2}\right)$ 处的切线方程和法平面方程.

2. 求曲线 $x = \mathrm{e}^t, y = \mathrm{e}^{-t}, z = t\sqrt{2}$ 在 $t = 1$ 处的切线方程和法平面方程.

3. 求曲线 $x^2 + 2y^2 + 3z^2 = 6, x - 2y + z = 0$ 在点 $M_0(1,1,1)$ 处的切线方程和法平面方程.

4. 求曲线 $y^2 = x$，$x^2 = z$ 在点 $M_0(1,1,1)$ 处的切线方程和法平面方程.

5. 求曲面 $z^2 = y + \ln\left(\dfrac{x}{z}\right)$ 在点 $M_0(1,1,1)$ 处的法线方程和切平面方程.

6. 求曲面 $z = \dfrac{xy}{x+y}$ 在点 $M_0(1,-2,2)$ 处的法线方程和切平面方程.

7. 求曲面 $xyz = 6$ 上平行于平面 $6x - 3y - 2z = 6$ 的切平面方程.

8. 求曲面 $\mathrm{e}^z - z + xy = 3$ 在点 $(2,1,0)$ 处的法线方程和切平面方程.

9. 试证曲面 $\sqrt{x} + \sqrt{y} + \sqrt{z} = \sqrt{a}\,(a > 0)$ 上任何点处的切平面在各坐标轴上的截距之和等于 a.

B

1. 试证曲面 $f(x - my, z - ny) = 0$ 的所有切平面恒与定直线平行，其中，$f(u,v)$ 为可微函数，m，n 为常数.

2. 证明旋转曲面上的任一点处的法线与旋转曲面的轴线必相交.

8.8 方向导数与梯度

8.8.1 方向导数

我们知道函数 $z = f(x,y)$ 的偏导数 $\dfrac{\partial z}{\partial x}$，$\dfrac{\partial z}{\partial y}$ 是这个函数沿着平行于坐标轴方向的变化率，但是在一些实际问题中，往往需要知道函数 $z = f(x,y)$ 沿任意确定方向的变化率以及沿什么方向函数的变化率最大，如要预报某地的风向和风力，必须知道气压在该处沿某些方向的变化率. 因此，要引进多元函数在一点 P_0 处沿一给定方向的方向导数的概念.

定义 1 设函数 $z = f(x,y)$ 在点 $P(x,y)$ 的某邻域内有意义，l 是从 P 引出的一条射线，$Q(x + \Delta x, y + \Delta y)$ 是 l 上任意一点，点 P 与 Q 之间的距离为 $\rho = \sqrt{(\Delta x)^2 + (\Delta y)^2}$，于是函数的改变量 $f(x + \Delta x, y + \Delta y) - f(x,y)$ 与 P，Q 两点间距离的比

$$\frac{f(x + \Delta x, y + \Delta y) - f(x,y)}{\rho} \tag{1}$$

就表示函数 $z = f(x,y)$ 在点 P 处沿 l 方向的平均变化率. 如果当 Q 沿射线趋于 P（即 $\rho \to 0$）时，(1)式的极限存在，称这个极限为函数 $z = f(x,y)$ 在点 P 处沿着方向 l 的方向导数，记作

$$\frac{\partial f}{\partial l} = \lim_{\rho \to 0} \frac{f(x + \Delta x, y + \Delta y) - f(x,y)}{\rho}$$

参见图 8.15.

定理 1 如果函数 $z = f(x,y)$ 在点 $P(x,y)$ 可微，则在点 P 它沿任一方向 l 的方向导数存在且有计算此方向导数的公式如下：

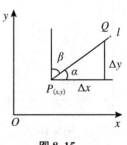

图 8.15

$$\frac{\partial z}{\partial l} = \frac{\partial z}{\partial x}\cos\alpha + \frac{\partial z}{\partial y}\cos\beta \tag{2}$$

式中 $\cos\alpha,\cos\beta$ 是方向 l 的方向余弦.

证 根据 $z = f(x,y)$ 在点 P 可微的假定,函数的改变量可表示为

$$\Delta z = f(x + \Delta x, y + \Delta y) - f(x,y) = \frac{\partial z}{\partial x}\Delta x + \frac{\partial z}{\partial y}\Delta y + o(\rho) \tag{3}$$

此式对任意 $\Delta x, \Delta y$ 皆成立,因此在特殊方向 l 上(3)式也成立.

用 $\rho = \sqrt{(\Delta x)^2 + (\Delta y)^2}$ 去除(3)式中的各项,得

$$\frac{\Delta z}{\rho} = \frac{\partial z}{\partial x} \cdot \frac{\Delta x}{\rho} + \frac{\partial z}{\partial y} \cdot \frac{\Delta y}{\rho} + \frac{o(\rho)}{\rho}$$

如果方向 l 的方向余弦为 $\cos\alpha, \cos\beta$,则

$$\Delta x = \rho\cos\alpha, \quad \Delta y = \rho\cos\beta$$

所以

$$\frac{\Delta z}{\rho} = \frac{\partial z}{\partial x} \cdot \cos\alpha + \frac{\partial z}{\partial y} \cdot \cos\beta + \frac{o(\rho)}{\rho}$$

当 $\rho \to 0$ 时,取极限得

$$\frac{\partial z}{\partial l} = \lim_{\rho \to 0} \frac{\Delta z}{\rho} = \frac{\partial z}{\partial x}\cos\alpha + \frac{\partial z}{\partial y}\cos\beta$$

方向导数的概念和计算公式,可推广到三元函数的情形.

函数 $u = f(x,y,z)$ 在空间一点 $P(x,y,z)$ 处沿着方向 l(方向余弦为 $\cos\alpha, \cos\beta,$ $\cos\gamma$)的方向导数可定义为

$$\frac{\partial u}{\partial l} = \lim_{\rho \to 0} \frac{f(x + \Delta x, y + \Delta y, z + \Delta z) - f(x,y,z)}{\rho}$$

其中

$$\rho = \sqrt{(\Delta x)^2 + (\Delta y)^2 + (\Delta z)^2}$$

$$\Delta x = \rho\cos\alpha, \quad \Delta y = \rho\cos\beta, \quad \Delta z = \rho\cos\gamma$$

当 $u = f(x,y,z)$ 在点 $P(x,y,z)$ 可微时,计算此函数在点 $P(x,y,z)$ 处沿方向 l 的方向导数的公式为

$$\frac{\partial u}{\partial l} = \frac{\partial u}{\partial x}\cos\alpha + \frac{\partial u}{\partial y}\cos\beta + \frac{\partial u}{\partial z}\cos\gamma$$

例 1 设函数 $z = x^2 y$, l 是由点 $(1,1)$ 出发与 x 轴,y 轴的正向所成夹角分别为 $\alpha = \frac{\pi}{6}, \beta = \frac{\pi}{3}$ 的一条射线,求 $\frac{\partial z}{\partial l}$.

解 参见图 8.16.因

$$\frac{\partial z}{\partial x}\Big|_{(1,1)} = 2xy\Big|_{(1,1)} = 2$$

$$\frac{\partial z}{\partial y}\Big|_{(1,1)} = x^2\Big|_{(1,1)} = 1$$

所以

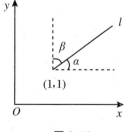

图 8.16

$$\frac{\partial z}{\partial l} = \frac{\partial z}{\partial x}\bigg|_{(1,1)} \cos\frac{\pi}{6} + \frac{\partial z}{\partial y}\bigg|_{(1,1)} \cos\frac{\pi}{3} = 2 \times \frac{\sqrt{3}}{2} + \frac{1}{2} \approx 2.232$$

如取 $\alpha = \dfrac{\pi}{4}, \beta = \dfrac{\pi}{4}$,则

$$\frac{\partial z}{\partial l} = 2\cos\frac{\pi}{4} + \cos\frac{\pi}{4} = \sqrt{2} + \frac{\sqrt{2}}{2} \approx 2.121$$

如取 $\alpha = \dfrac{\pi}{3}, \beta = \dfrac{\pi}{6}$,则

$$\frac{\partial z}{\partial l} = 2\cos\frac{\pi}{3} + \cos\frac{\pi}{6} = 1 + \frac{\sqrt{3}}{2} \approx 1.866$$

例 2 设 $f(x, y, z) = ax + by + cz$,方向 l 的方向余弦为 $\cos\alpha, \cos\beta, \cos\gamma$,于是沿方向 l 的平均变化率为

$$\frac{\Delta f}{\rho} = \frac{1}{\rho}(a\rho\cos\alpha + b\rho\cos\beta + c\rho\cos\gamma)$$

$$= a\cos\alpha + b\cos\beta + c\cos\gamma$$

故

$$\frac{\partial f}{\partial l} = a\cos\alpha + b\cos\beta + c\cos\gamma$$

8.8.2 梯度

一般来说,函数在一点沿不同方向的方向导数是不一样的. 在实际问题中,我们需要知道函数在一点处沿哪个方向的变化率最大. 例如本节前例中方向导数的值与方向有关,何时方向导数值最大?

定义 2 设 $z = f(x, y)$ 在平面区域 D 内具有一阶连续偏导数,则对于每一点 $P(x, y) \in D$,称向量

$$\frac{\partial f}{\partial x}\vec{i} + \frac{\partial f}{\partial y}\vec{j} \tag{4}$$

为 $z = f(x, y)$ 在点 $P(x, y)$ 的梯度,记为 $\text{grad } f(x, y)$,即

$$\text{grad } f(x, y) = \frac{\partial f}{\partial x}\vec{i} + \frac{\partial f}{\partial y}\vec{j}$$

如果设方向向量 $\vec{l}$ 与 x 轴正向的夹角为 φ,则 $\vec{e} = \vec{i}\cos\varphi + \vec{j}\sin\varphi$ 是与 $\vec{l}$ 同向的单位向量,由方向导数的计算公式即(2)式可得

$$\frac{\partial f}{\partial l} = \frac{\partial f}{\partial x}\cos\varphi + \frac{\partial f}{\partial y}\sin\varphi = \left(\frac{\partial f}{\partial x}, \frac{\partial f}{\partial y}\right)(\cos\varphi, \sin\varphi)$$

$$= \text{grad } f(x, y) \cdot \vec{e}$$

$$= |\text{grad } f(x, y)| \cos\langle \text{grad } f(x, y), \vec{e}\rangle$$

这里 $\langle \text{grad } f(x, y), \vec{e}\rangle$ 表示向量 $\text{grad } f(x, y)$ 与 $\vec{e}$ 的夹角.

由此我们得出下列结论:

(1) 当 $\cos\langle \text{grad } f(x, y), \vec{e}\rangle = 1$,即方向 l 与梯度 $\text{grad } f(x, y)$ 的方向同向时,方向

导数 $\dfrac{\partial f}{\partial l}$ 取得最大值,最大值为该点的梯度的模,即

$$|\text{grad } f(x,y)| = \sqrt{\left(\dfrac{\partial f}{\partial x}\right)^2 + \left(\dfrac{\partial f}{\partial y}\right)^2}$$

(2) 当 $\cos\langle\text{grad } f(x,y), \vec{e}\rangle = -1$,即方向 l 与梯度 $\text{grad } f(x,y)$ 的方向相反时,方向导数 $\dfrac{\partial f}{\partial l}$ 取得最小值,最小值为 $-|\text{grad } f(x,y)|$.

(3) 当 $\cos\langle\text{grad } f(x,y), \vec{e}\rangle = 0$,即方向 l 与梯度 $\text{grad } f(x,y)$ 的方向垂直时,方向导数 $\dfrac{\partial f}{\partial l}$ 取值为零.

函数 $z = f(x,y)$ 的梯度是一个矢量,它是由数量函数 z 产生的,在每一点处的梯度方向与过点 P 的等量面 $z(x,y) = c$ 上这点的法线方向相同,而指向 z 增加的一方,梯度的模就是函数 $z(x,y)$ 沿法线方向的变化率.

(4) 梯度的性质.

① $\text{grad}(u_1 \pm u_2) = \text{grad} u_1 \pm \text{grad} u_2$;

② $\text{grad}(u_1 u_2) = u_1 \text{grad} u_2 + u_2 \text{grad} u_1$;

③ $\text{grad} F(u) = F'(u)\text{grad} u$.

例 3 在原点处放置正电荷 e,产生一静电场,定义 $V = \dfrac{e}{r}$,$r = \sqrt{x^2 + y^2 + z^2}$ 为场中一点到电荷的距离,求电场的强度.

解 由题意,有

$$\text{grad} V = \dfrac{\partial V}{\partial x}\vec{i} + \dfrac{\partial V}{\partial y}\vec{j} + \dfrac{\partial V}{\partial z}\vec{k}, \quad V = \dfrac{e}{r}$$

$$\dfrac{\partial V}{\partial x} = \dfrac{\partial V}{\partial r}\dfrac{\partial r}{\partial x} = -\dfrac{e}{r^2}\dfrac{\partial r}{\partial x}$$

但

$$x^2 + y^2 + z^2 = r^2, \quad 2r\dfrac{\partial r}{\partial x} = 2x$$

即

$$\dfrac{\partial r}{\partial x} = \dfrac{x}{r}$$

因此

$$\dfrac{\partial V}{\partial x} = -\dfrac{ex}{r^3}$$

同法可得

$$\dfrac{\partial V}{\partial y} = -\dfrac{ey}{r^3}, \quad \dfrac{\partial V}{\partial z} = -\dfrac{ez}{r^3}$$

由此有

$$\text{grad} V = -\dfrac{ex}{r^3}\vec{i} - \dfrac{ey}{r^3}\vec{j} - \dfrac{ez}{r^3}\vec{k}$$

$$= -\frac{e}{r^3}(x\vec{i} + y\vec{j} + z\vec{k})$$

$$= -\frac{e}{r^3}\vec{r}$$

由此可知电场强度的大小就是电位梯度的大小,电场强度的方向与电位梯度的方向相反,我们可以通过电位梯度来求电场强度.

例 4　求 $f(x,y) = x + y - \sqrt{x^2 + y^2}$ 在点 $M(3,4)$ 处的梯度.

解　因为

$$\mathrm{grad}\, f(x,y) = (f_x, f_y) = \left(1 - \frac{x}{\sqrt{x^2 + y^2}}, 1 - \frac{y}{\sqrt{x^2 + y^2}}\right)$$

故

$$\mathrm{grad}\, f(3,4) = (f_x, f_y)\big|_{\langle 3,4\rangle} = \left(\frac{2}{5}, \frac{1}{5}\right)$$

≪ 习题 8.8 ≫

A

1. 求函数 $u = \sqrt{x^2 + y^2 + z^2}$ 在点 $M_0(1,0,1)$ 处沿下列方向的方向导数.

(1) $l = i + 2j + 2k$;　　　　　(2) $l = \{1, -1, 1\}$.

2. 求函数 $u = xy + yz + zx$ 在点 $M(2,1,3)$ 处沿着从 M 点到点 $N(5,5,15)$ 方向的方向导数.

3. 求下列函数的梯度.

(1) $u = x^2 y^3 z^4$;　　　　　(2) $u = 3x^2 - 2y^2 + 3z^2$.

4. 求函数 $u = x^2 + 2y^2 + 3z^2 + xy + 3x - 2y - 6z$ 在原点和点 $A(1,1,1)$ 处梯度的大小和方向,并求梯度为零的点的坐标.

5. 求数量场 $u = z^2\sqrt{x^2 + 2y^2}$ 在点 $M\left(1, \frac{1}{\sqrt{2}}, 1\right)$ 处的梯度及沿曲面 $\frac{x^2}{4} + y^2 + \frac{z^2}{4} = 1$ 在该点的外法线方向上的方向导数.

B

1. 设函数 $u = f(x,y,z)$ 有二阶连续偏导数,l 的三个方向角分别为 α, β, γ,求 $\frac{\partial}{\partial l}\left(\frac{\partial f}{\partial l}\right)$.

8.9　多元函数的极值与求法

8.9.1　无条件极值

多元函数的极值问题有着广泛的应用,类似于一元函数,利用偏导数来研究多元函数极值.考虑到多元函数的复杂性,下面就二元函数来讨论其极值问题.

定义 1 设二元函数 $z = f(x,y)$ 在点 (x_0, y_0) 的某一邻域内有定义,如果对于该邻域内异于点 (x_0, y_0) 的任一点 (x,y),恒有 $f(x,y) < f(x_0, y_0)$ (或 $f(x,y) > f(x_0, y_0)$),就称 $f(x,y)$ 在点 (x_0, y_0) 处取得极大值(或极小值) $f(x_0, y_0)$,点 (x_0, y_0) 称为 $f(x,y)$ 的极大值点(或极小值点),极大值与极小值统称为极值,极大值点与极小值点统称为极值点.

例如,$f(x,y) = \sqrt{x^2 + y^2}$ 在点 $(0,0)$ 处取得极小值 $f(0,0) = 0$,又如 $f(x,y) = \sqrt{1 - x^2 - y^2}$ 在点 $(0,0)$ 处取得极大值 $f(0,0) = 1$.

下面给出二元函数极值判定的必要和充分条件.

定理 1 (**必要条件**)如果二元函数 $z = f(x,y)$ 在点 (x_0, y_0) 处可偏导且在点 (x_0, y_0) 处取得极值,则

$$f_x(x_0, y_0) = f_y(x_0, y_0) = 0$$

证 由于 $f(x,y)$ 在 (x_0, y_0) 处取得极值,固定 $y = y_0$,则一元函数 $f(x, y_0)$ 在点 x_0 处取得极值并且 $f(x, y_0)$ 在点 x_0 处可导,根据一元函数取得极值的必要条件有 $\dfrac{\mathrm{d}f(x, y_0)}{\mathrm{d}x}\Big|_{x=x_0} = 0$,即 $f_x(x_0, y_0) = 0$.

同理可证 $f_y(x_0, y_0) = 0$.

定理 1 为必要非充分条件,即如果有 $f_x(x_0, y_0) = f_y(x_0, y_0) = 0$,$f(x,y)$ 在 (x_0, y_0) 处未必取得极值,例如 $f(x,y) = xy$ 在 $(0,0)$ 处有 $f_x(0,0) = f_y(0,0) = 0$,但事实上,$f(x,y) = xy$ 在 $(0,0)$ 处不取极值,从几何上看 $z = xy$ 的图形为马鞍面,点 $(0,0)$ 是鞍点.

定义 2 如果 $f_x(x_0, y_0) = f_y(x_0, y_0) = 0$,称点 (x_0, y_0) 为 $f(x,y)$ 的驻点或稳定点.

定理 2 (**充分条件**)设二元函数 $z = f(x,y)$ 在点 (x_0, y_0) 的某邻域内具有二阶连续偏导数且 $f_x(x_0, y_0) = f_y(x_0, y_0) = 0$.令 $A = f_{xx}(x_0, y_0)$,$B = f_{xy}(x_0, y_0)$,$C = f_{yy}(x_0, y_0)$,则函数 $f(x,y)$ 在点 (x_0, y_0) 是否取得极值的条件如下:

(1) $B^2 - AC < 0$ 时,函数在 (x_0, y_0) 处有极值,且当 $A > 0$ 时有极小值,$A < 0$ 时有极大值.

(2) $B^2 - AC > 0$ 时,函数在 (x_0, y_0) 处无极值.

(3) $B^2 - AC = 0$ 时,函数在 (x_0, y_0) 处可能有极值,也可能无极值.

例 1 求函数 $z = x^2 - xy + y^2 - 2x + y$ 的极值.

解 解方程组 $\begin{cases} \dfrac{\partial z}{\partial x} = 2x - y - 2 = 0 \\ \dfrac{\partial z}{\partial y} = -x + 2y + 1 = 0 \end{cases}$,得 $x = 1, y = 0$.在 $(1,0)$ 处求得

$$A = \frac{\partial^2 z}{\partial x^2} = 2, \quad B = \frac{\partial^2 z}{\partial x \partial y} = -1, \quad C = \frac{\partial^2 z}{\partial y^2} = 2$$

因 $B^2 - AC = 1 - 4 = -3 < 0$,而 $A > 0$,故在 $(1,0)$ 处函数取得极小值,且极小值为 -1.

例 2 确定函数 $f(x,y) = x^3 - y^3 + 3x^2 + 3y^2 - 9x$ 的极值点.

解 解方程组

$$\begin{cases} f_x(x,y) = 3x^2 + 6x - 9 = 0 \\ f_y(x,y) = -3y^2 + 6y = 0 \end{cases}$$

求得四个驻点 $(1,0),(1,2),(-3,0),(-3,2)$. 又求出二阶偏导数如下：

$$f_{xx} = 6x + 6, \quad f_{xy} = 0, \quad f_{yy} = -6y + 6$$

在点 $(1,0)$ 处，$B^2 - AC = -12 \times 6 < 0$，$A = 12 > 0$，故函数在点 $(1,0)$ 处取得极小值，其值为 $f(1,0) = -5$.

在点 $(1,2)$ 处，$B^2 - AC = 12 \times 6 > 0$，故在点 $(1,2)$ 处不取极值.

在点 $(-3,0)$ 处，$B^2 - AC = 12 \times 6 > 0$，故在点 $(-3,0)$ 处不取极值.

在点 $(-3,2)$ 处，$B^2 - AC = -12 \times 6 < 0$，$A = -12 < 0$，故函数在点 $(-3,2)$ 处取得极大值，其值为 $f(-3,2) = 31$.

8.9.2 条件极值

在一些实际的极值问题中，函数的自变量还要受到某些条件的限制，例如：

(1) 求从原点到曲线 $\varphi(x,y) = 0$ 的最短距离. 这个问题要求距离 $d = \sqrt{x^2 + y^2}$ 的最小值，也就是要求出曲线上的点 (x,y) 使 d 为最小，这里 x, y 要受条件 $\varphi(x,y) = 0$ 的约束.

(2) 求表面积为 a^2 而体积最大的长方体. 若用 x, y, z 分别表示长方体的长、宽、高，V 表示其体积，则实际上就是在附加条件 $2xz + 2xy + 2yz = a^2$ 的限制下求 $V = xyz$ 的最大值.

现在来讨论条件极值的求法.

(1) 求函数 $z = f(x,y)$ 在条件 $\varphi(x,y) = 0$ 限制下的极值.

设在所考虑区域内，函数 $f(x,y),\varphi(x,y)$ 都有连续偏导数且 $\varphi_x(x,y),\varphi_y(x,y)$ 不同时为 0（不妨设 $\varphi_y(x,y) \neq 0$）. 将 y 看作由方程 $\varphi(x,y) = 0$ 所确定的函数 $y = \psi(x)$，于是所要解决问题就转化为求 $z = f(x,\psi(x))$ 的无条件极值，在极值点必须满足 $\dfrac{dz}{dx} = 0$，而

$$\frac{dz}{dx} = f_x(x,y) + f_y(x,y)\frac{dy}{dx}$$

又

$$\frac{dy}{dx} = -\frac{\varphi_x(x,y)}{\varphi_y(x,y)}$$

所以

$$\frac{dz}{dx} = f_x(x,y) - \frac{\varphi_x(x,y)}{\varphi_y(x,y)} \cdot f_y(x,y)$$

极值点坐标必须满足方程：

$$f_x(x,y) - \frac{\varphi_x(x,y)}{\varphi_y(x,y)} \cdot f_y(x,y) = 0$$

或

$$f_x(x,y)\varphi_y(x,y) - f_y(x,y)\varphi_x(x,y) = 0 \tag{1}$$

和

$$\varphi(x,y) = 0 \qquad\qquad (2)$$

将式(1)、式(2)联立解出 x,y,即得可能极值点.

另一方面,假设 λ 为任意常数,求二元函数

$$F(x,y) = f(x,y) + \lambda\varphi(x,y)$$

的无条件极值时,其必要条件为

$$\begin{cases} F_x = f_x(x,y) + \lambda\varphi_x(x,y) = 0 \\ F_y = f_y(x,y) + \lambda\varphi_y(x,y) = 0 \end{cases}$$

消去 λ,结果与式(1)相同.

拉格朗日乘数法 设 $f(x,y),\varphi(x,y)$ 具有一阶连续偏导数,构造 Lagrange 函数:

$$F(x,y,\lambda) = f(x,y) + \lambda\varphi(x,y)$$

令 $F_x = F_y = F_\lambda = 0$,得方程组

$$\begin{cases} f_x(x,y) + \lambda\varphi_x(x,y) = 0 \\ f_y(x,y) + \lambda\varphi_y(x,y) = 0 \\ \varphi(x,y) = 0 \end{cases}$$

由此方程组解得 Lagrange 函数的稳定点 (x_0,y_0,λ_0),则 (x_0,y_0) 就是函数 $f(x,y)$ 在附加条件下的可能的极值点.

(2) 在两个条件 $G(x,y,z) = 0, H(x,y,z) = 0$ 限制下求 $F(x,y,z)$ 的极值.

设 $L(x,y,z,\lambda,\mu) = F(x,y,z) + \lambda G(x,y,z) + \mu H(x,y,z)$,令 $L_x = L_y = L_z = L_\lambda = L_\mu = 0$,解方程组即得可能的极值点.

例 3 求表面积为 a^2 而体积最大的长方体.

解 设长方体三条棱的长度分别为 x,y,z,则有 $V = xyz$.

附加条件为

$$\varphi(x,y,z) = 2xy + 2yz + 2zx - a^2 = 0$$

令

$$F(x,y,z,\lambda) = xyz + \lambda(2xy + 2yz + 2zx - a^2)$$

得

$$\begin{cases} F_x = yz + 2\lambda(y+z) = 0 \\ F_y = xz + 2\lambda(z+x) = 0 \\ F_z = xy + 2\lambda(x+y) = 0 \\ F_\lambda = 2xy + 2yz + 2zx - a^2 \end{cases}$$

解得 $x = y = z = \dfrac{a}{\sqrt{6}}$. 即当三棱长相等时,长方体体积最大,其值为 $\left(\dfrac{a}{\sqrt{6}}\right)^3 = \dfrac{1}{6\sqrt{6}}a^3 = \dfrac{\sqrt{6}}{36}a^3$.

8.9.3 最大值和最小值

我们经常遇到求多元函数的最大值和最小值问题.与一元函数类似,我们可以通过

函数的极值来求函数的最大值和最小值.

设 D 是平面上的一个有界闭区域,其边界曲线的方程为 $\varphi(x,y)=0$,二元函数 $z=f(x,y)$ 在 D 上连续,由于 $f(x,y)$ 在 D 上的最大值和最小值必存在,因此最大值和最小值可能在 D 的内部取得,也可能在 D 的边界上取得. 当最大(小)值在 D 内部取得时,该最大(小)值必为极大(小)值;当最大(小)值在 D 的边界上取得时,该最大(小)值即为 $f(x,y)$ 在条件 $\varphi(x,y)=0$ 下的条件极值.

例 4 将一长度为 a 的细杆分为三段,试问如何分才能使三段长度之积最大.

解 令 x 表示第一段的长度,y 表示第二段的长度,则第三段的长度为 $a-x-y$,即三段长度之积为

$$z=f(x,y)=xy(a-x-y)$$

解方程组

$$\begin{cases} \dfrac{\partial z}{\partial x}=ay-2xy-y^2=0 \\ \dfrac{\partial z}{\partial y}=ax-x^2-2xy=0 \end{cases}$$

得四个驻点 $(0,0)$,$\left(\dfrac{a}{3},\dfrac{a}{3}\right)$,$(0,a)$ 及 $(a,0)$. 根据本题实际,唯一可能取得极值的点是 $\left(\dfrac{a}{3},\dfrac{a}{3}\right)$. 二阶偏导数为

$$f_{xx}=-2y, \quad f_{xy}=a-2x-2y, \quad f_{yy}=-2x$$

在 $\left(\dfrac{a}{3},\dfrac{a}{3}\right)$ 处,$B^2-AC=\left(-\dfrac{a}{3}\right)^2-\left(-\dfrac{2a}{3}\right)\left(-\dfrac{2a}{3}\right)=-\dfrac{a^2}{3}<0$,故在点 $\left(\dfrac{a}{3},\dfrac{a}{3}\right)$ 处函数取得极大值 $f\left(\dfrac{a}{3},\dfrac{a}{3}\right)=\dfrac{a^3}{27}$. 即所求分法是将细杆分成等长的三段.

例 5 求二元函数 $f(x,y)=x(y-1)$ 在闭区域 $D=\{(x,y)\mid x^2+y^2\leqslant 6\}$ 上的最大值和最小值.

解 D 为有界闭区域,$f(x,y)$ 在 D 上连续且可微,因此所求最大值和最小值一定存在.

在 D 内部,令

$$\begin{cases} f_x(x,y)=y-1=0 \\ f_y(x,y)=x=0 \end{cases}$$

得驻点 $(0,1)$,该点为 D 内惟一可能极值点.

在 D 的边界 $x^2+y^2=6$ 上作 Lagrange 函数:

$$L(x,y,\lambda)=x(y-1)+\lambda(x^2+y^2-6)$$

令

$$\begin{cases} L_x=y-1+2\lambda x=0 \\ L_y=x+2\lambda y=0 \\ L_\lambda=x^2+y^2-6=0 \end{cases}$$

得可能的条件极值点为 $(\sqrt{2},2)$,$(-\sqrt{2},2)$,$\left(\dfrac{\sqrt{15}}{2},-\dfrac{3}{2}\right)$,$\left(-\dfrac{\sqrt{15}}{2},-\dfrac{3}{2}\right)$.

分别计算出上述 5 点处的函数值：

$$f(0,1) = 0$$

$$f(-\sqrt{2},2) = -\sqrt{2}$$

$$f(\sqrt{2},2) = \sqrt{2}$$

$$f\left(\frac{\sqrt{15}}{2}, -\frac{3}{2}\right) = -\frac{5}{4}\sqrt{15}$$

$$f\left(-\frac{\sqrt{15}}{2}, -\frac{3}{2}\right) = \frac{5}{4}\sqrt{15}$$

故 $f(x,y)$ 在 D 上的最大值为

$$f\left(-\frac{\sqrt{15}}{2}, -\frac{3}{2}\right) = \frac{5}{4}\sqrt{15}$$

最小值为

$$f\left(\frac{\sqrt{15}}{2}, -\frac{3}{2}\right) = -\frac{5}{4}\sqrt{15}$$

<<< 习题 8.9 >>>

A

1. 求下列函数的极值.

(1) $f(x,y) = 4(x-y) - x^2 - y^2$；

(2) $f(x,y) = x^2 + xy + y^2 + x - y + 1$；

(3) $f(x,y) = xy + \dfrac{50}{x} + \dfrac{20}{y}$.

2. 求函数 $z = xy(4-x-y)$ 在 $x=1, y=0, x+y=6$ 所围闭域上的最大值和最小值.

3. 求下列函数在指定条件下的极值.

(1) $z = xy$ 在条件 $x+y=1$ 下；

(2) $z = x^2 + xy + y^2$ 在条件 $x^2 + y^2 = 4$ 下.

4. 在平面 $3x - 2z = 0$ 上求一点,使它与点 $A(1,1,1), B(2,3,4)$ 的距离的平方和最小.

5. 求曲面 $4z = 3x^2 - 2xy + 3y^2$ 到平面 $x + y - 4z = 1$ 的最短距离.

6. 求半径为 R 的球的内接长方体的最大体积.

B

1. 设三角形的周长为定数 $2p$,求三边长使三角形绕一边旋转时所得到的旋转体体积最大.

2. 已知实数 x, y, z 满足 $e^x + y^2 + |z| = 3$,试证：$e^x \cdot y^2 \cdot |z| \leqslant 3$.

8.10* 二元函数的泰勒公式

8.10.1 二元函数的泰勒公式

在上册第 3 章中,我们介绍了一元函数的泰勒(Taylor)公式. 如果函数 $f(x)$ 在 x_0 的某邻域内有 $n+1$ 阶导数,则对该邻域内的任一点 x,有

$$f(x) = f(x_0) + f'(x_0)(x-x_0) + \frac{f''(x_0)}{2!}(x-x_0)^2 + \cdots + \frac{f^{(n)}(x_0)}{n!}(x-x_0)^n + R_n(x)$$

其中 $R_n(x) = \dfrac{f^{(n+1)}(x_0 + \theta(x-x_0))}{(n+1)!}(x-x_0)^{n+1}, 0 < \theta < 1$.

利用一元函数的泰勒公式,我们可用 n 次多项式来近似表达函数 $f(x)$,且误差是当 $x \to x_0$ 时 $(x-x_0)^n$ 的高阶无穷小. 对于多元函数来说,我们仍有类似的性质,即我们可以考虑使用多个变量的多项式来近似表达一个给定的多元函数,并能具体地估算出误差的大小. 为了使给出的多元函数的泰勒公式具有和一元函数相仿的形式,我们引入记号:

$$\left(h \frac{\partial}{\partial x} + k \frac{\partial}{\partial x} \right) f(x, y) = h \frac{\partial f}{\partial x} + k \frac{\partial f}{\partial y}$$

$$\left(h \frac{\partial}{\partial x} + k \frac{\partial}{\partial x} \right)^2 f(x, y) = h^2 \frac{\partial^2 f}{\partial x^2} + 2hk \frac{\partial^2 f}{\partial x \partial y} + k^2 \frac{\partial^2 f}{\partial y^2}$$

$$\cdots\cdots$$

$$\left(h \frac{\partial}{\partial x} + k \frac{\partial}{\partial x} \right)^m f(x, y) = \sum_{i=0}^{m} C_m^i \frac{\partial^m f}{\partial x^i \partial y^{m-i}}$$

定理 1 设函数 $z = f(x, y)$ 在点 (x_0, y_0) 的某邻域内有直到 $n+1$ 阶连续偏导数,则对该邻域内的任一点 $(x_0 + h, y_0 + k)$,有

$$f(x_0 + h, y_0 + k) = f(x_0, y_0) + \left(h \frac{\partial}{\partial x} + k \frac{\partial}{\partial x} \right) f(x_0, y_0)$$

$$+ \frac{1}{2!} \left(h \frac{\partial}{\partial x} + k \frac{\partial}{\partial x} \right)^2 f(x_0, y_0) + \cdots$$

$$+ \frac{1}{n!} \left(h \frac{\partial}{\partial x} + k \frac{\partial}{\partial x} \right)^n f(x_0, y_0)$$

$$+ \frac{1}{(n+1)!} \left(h \frac{\partial}{\partial x} + k \frac{\partial}{\partial x} \right)^{n+1} f(x_0 + \theta h, y_0 + \theta k), \quad 0 < \theta < 1$$

证 为了利用一元函数的泰勒公式来进行证明,我们引入函数:

$$\Phi(t) = f(x_0 + ht, y_0 + kt), \quad 0 \leqslant t \leqslant 1$$

显然,$\Phi(0) = f(x_0, y_0)$,$\Phi(1) = f(x_0 + h, y_0 + k)$. 由 $\Phi(t)$ 的定义及多元复合函数的求导法则,可得

$$\Phi'(t) = hf_x(x_0 + ht, y_0 + kt) + kf_y(x_0 + ht, y_0 + kt)$$

$$= \left(h \frac{\partial}{\partial x} + k \frac{\partial}{\partial x} \right) f(x_0 + ht, y_0 + kt)$$

$$\Phi''(t) = h^2 f_{xx}(x_0 + ht, y_0 + kt) + 2hk f_{xy}(x_0 + ht, y_0 + kt)$$
$$+ k^2 f_{yy}(x_0 + ht, y_0 + kt)$$
$$= \left(h \frac{\partial}{\partial x} + k \frac{\partial}{\partial x}\right)^2 f(x_0 + ht, y_0 + kt)$$

将上述过程进行到第 $n+1$ 次,可得

$$\Phi^{(n+1)}(t) = \left(h \frac{\partial}{\partial x} + k \frac{\partial}{\partial x}\right)^{n+1} f(x_0 + ht, y_0 + kt)$$

利用一元函数的麦克劳林公式即得

$$\Phi(1) = \Phi(0) + \Phi'(0) + \frac{1}{2!}\Phi''(0)x^2 + \cdots + \frac{1}{n!}\Phi^{(n)}(0)$$
$$+ \frac{1}{(n+1)!}\Phi^{(n+1)}(\theta), \quad 0 < \theta < 1$$

依次将 $\Phi(0) = f(x_0, y_0)$,$\Phi(1) = f(x_0 + h, y_0 + k)$,以及 $\Phi^{(i)}(0)(1 \leqslant i \leqslant n)$ 和 $\Phi^{(n+1)}(0)$ 代入上式,即得

$$f(x_0 + h, y_0 + k) = f(x_0, y_0) + \left(h \frac{\partial}{\partial x} + k \frac{\partial}{\partial x}\right)f(x_0, y_0)$$
$$+ \frac{1}{2!}\left(h \frac{\partial}{\partial x} + k \frac{\partial}{\partial x}\right)^2 f(x_0, y_0) + \cdots$$
$$+ \frac{1}{n!}\left(h \frac{\partial}{\partial x} + k \frac{\partial}{\partial x}\right)^n f(x_0, y_0) + R_n \qquad (1)$$

这里

$$R_n = \frac{1}{(n+1)!}\left(h \frac{\partial}{\partial x} + k \frac{\partial}{\partial x}\right)^{n+1} f(x_0 + \theta h, y_0 + \theta k), \quad 0 < \theta < 1 \qquad (2)$$

定理证毕.

式(1)称为二元函数 $f(x, y)$ 在点 (x_0, y_0) 处的 n 阶泰勒公式,R_n 的表达式(即(2)式)称为拉格朗日型余项.

由二元函数的泰勒公式可知,用(1)式右端的 h 及 k 的 n 次多项式近似表达函数 $f(x_0 + h, y_0 + k)$ 时,其误差为 $|R_n|$. 由假设知函数 $f(x, y)$ 在点 (x_0, y_0) 的某邻域内有 $n+1$ 阶连续偏导数,所以存在一个常数 M,使得对该邻域内的任意一点 (x, y) 恒有下式成立:

$$f^{(i)}(x, y) \leqslant M, \quad 1 \leqslant i \leqslant n+1$$

如果记 $\rho = \sqrt{h^2 + k^2}$,可得下面的误差估计式:

$$|R_n| \leqslant \frac{M}{(n+1)!}(|h| + |k|)^{n+1}$$
$$= \frac{M}{(n+1)!}\rho^{n+1}(|\cos\alpha| + |\sin\alpha|)^{n+1} \leqslant \frac{(\sqrt{2})^{n+1}}{(n+1)!}M\rho^{n+1}$$

上式表明当 $\rho \to 0$ 时,R_n 是 ρ^n 的高阶无穷小.这与一元函数的泰勒公式情形类似,可以用 $o(\rho^n)$ 来代替 R_n,此时称 $o(\rho^n)$ 为皮阿诺型余项.

在由(1)式给出的泰勒公式中,如果取 $n=0$,则可得

$$f(x_0 + h, y_0 + k) = f(x_0, y_0) + h f_x(x_0 + \theta h, y_0 + \theta k)$$

$$+ k f_y(x_0 + \theta h, y_0 + \theta k) \qquad (3)$$

此式被称为二元函数的拉格朗日中值公式.

由式(3)可推得下面的结论:

如果函数 $f(x,y)$ 的偏导数 $f_x(x,y), f_y(x,y)$ 在某一区域内恒等于零,则函数 $f(x,y)$ 在该区域内为一常数.

在由(1)式给出的泰勒公式中,如果取 $x_0 = 0, y_0 = 0$,则可得 n 阶麦克劳林公式:

$$f(x,y) = f(0,0) + \left(h \frac{\partial}{\partial x} + k \frac{\partial}{\partial x} \right) f(0,0)$$
$$+ \frac{1}{2!} \left(h \frac{\partial}{\partial x} + k \frac{\partial}{\partial x} \right)^2 f(0,0) + \cdots + \frac{1}{n!} \left(h \frac{\partial}{\partial x} + k \frac{\partial}{\partial x} \right)^n f(0,0)$$
$$+ \frac{1}{(n+1)!} \left(h \frac{\partial}{\partial x} + k \frac{\partial}{\partial x} \right)^{n+1} f(\theta x, \theta y), \quad 0 < \theta < 1 \qquad (4)$$

例 1 求 $f(x,y) = x^5 - xy^2 + x^2 + 2xy - y^2$ 在点 $(1,-1)$ 处带皮阿诺型余项的二阶泰勒展开式.

解 有
$$f_x(x,y) = 5x^4 - y^2 + 2x + 2y, \quad f_y(x,y) = -2xy + 2x - 2y$$
$$f_{xx}(x,y) = 20x^3 + 2, \quad f_{xy}(x,y) = -2y + 2, \quad f_{yy}(x,y) = -2x - 2$$
计算出其在 $(1,-1)$ 处的值,得
$$f(x,y) = -2 + 4(x-1) + 6(y+1) + 11(x-1)^2$$
$$+ 4(x-1)(y+1) - 2(y+1)^2 + o((x-1)^2 + (y+1)^2)$$

8.10.2 极值充分条件的证明

下面我们来证明 8.9.1 节中的定理 2.

设函数 $z = f(x,y)$ 在点 $P_0(x_0, y_0)$ 的某邻域 $U(P_0)$ 内具有二阶连续偏导数,且 $f_x(x_0, y_0) = f_y(x_0, y_0) = 0$,依二元函数的泰勒公式,对于任意点 $(x_0 + h, y_0 + k) \in U(P_0)$,我们有

$$\Delta f = f(x_0 + h, y_0 + k) - f(x_0, y_0)$$
$$= \frac{1}{2!} \big[h^2 f_{xx}(x_0 + \theta h, y_0 + \theta k) + 2hk f_{xy}(x_0 + \theta h, y_0 + \theta k)$$
$$+ k^2 f_{yy}(x_0 + \theta h, y_0 + \theta k) \big] \qquad (5)$$

这里 $0 < \theta < 1$.

(1) 设 $AC - B^2 > 0$,即
$$f_{xx}(x_0, y_0) f_{yy}(x_0, y_0) - [f_{xy}(x_0, y_0)]^2 > 0 \qquad (6)$$
因 $f(x,y)$ 的二阶偏导数在 $U(P_0)$ 内连续,又由不等式(6)式可知,存在点 P_0 的某一个邻域 $U_1(P_0) \in U(P_0)$,使得对 $(x_0 + h, y_0 + k) \in U_1(P_0)$,有

$$f_{xx}(x_0 + \theta h, y_0 + \theta k) f_{yy}(x_0 + \theta h, y_0 + \theta k) - [f_{xy}(x_0 + \theta h, y_0 + \theta k)]^2 > 0 \quad (7)$$
为书写简便,把 $f_{xx}(x,y), f_{yy}(x,y), f_{xy}(x,y)$ 在点 $(x_0 + \theta h, y_0 + \theta k)$ 的值记为 f_{xx}, f_{yy}, f_{xy}.由(7)式可知,当 $(x_0 + h, y_0 + k) \in U_1(P_0)$ 时,f_{xx} 及 f_{yy} 都不等于零且两者同号,于是(3)式可写成

$$\Delta f = \frac{1}{2f_{xx}}\big[(hf_{xx} + kf_{xy})^2 + k^2(f_{xx}f_{yy} - f_{xy}^2)\big]$$

当 h,k 不同时为零且 $(x_0 + h, y_0 + k) \in U_1(P_0)$ 时,上式右端方括号内的值为正,所以 Δf 与 f_{xx} 同号,又由 $f(x,y)$ 的二阶偏导数连续知 f_{xx} 与 A 同号,因此 Δf 与 A 同号,当 $A > 0$ 时,$f(x_0, y_0)$ 为极小值,当 $A < 0$ 时,$f(x_0, y_0)$ 为极大值.

(2) 设 $AC - B^2 < 0$,即

$$f_{xx}(x_0, y_0)f_{yy}(x_0, y_0) - [f_{xy}(x_0, y_0)]^2 < 0 \tag{8}$$

先假定 $f_{xx}(x_0, y_0) = f_{yy}(x_0, y_0) = 0$,于是由(8)式可知这时 $f_{xy}(x_0, y_0) \neq 0$. 分别令 $k = h$ 及 $k = -h$,则由(5)式可分别得

$$\begin{aligned}\Delta f = \frac{h^2}{2}\big[&f_{xx}(x_0 + \theta_1 h, y_0 + \theta_1 h) + 2f_{xy}(x_0 + \theta_1 h, y_0 + \theta_1 h)\\&+ f_{yy}(x_0 + \theta_1 h, y_0 + \theta_1 h)\big]\end{aligned}$$

及

$$\begin{aligned}\Delta f = \frac{h^2}{2}\big[&f_{xx}(x_0 + \theta_2 h, y_0 - \theta_2 h) - 2f_{xy}(x_0 + \theta_2 h, y_0 - \theta_2 h)\\&+ f_{yy}(x_0 + \theta_2 h, y_0 - \theta_2 h)\big]\end{aligned}$$

其中 $0 < \theta_1, \theta_2 < 1$. 当 $h \to 0$ 时,以上两式中方括号内的式子分别趋于极限 $2f_{xx}(x_0, y_0)$ 及 $-2f_{xx}(x_0, y_0)$,从而当 h 充分接近于零时,两式中方括号内的值有相反的符号,因此 Δf 可取不同符号的值,所以 $f(x_0, y_0)$ 不是极值.

再证 $f_{xx}(x_0, y_0)$ 和 $f_{yy}(x_0, y_0)$ 不同时为零的情形. 不妨假定 $f_{xx}(x_0, y_0) \neq 0, k = 0$. 于是由(5)式可得

$$\Delta f = \frac{h^2}{2}\big[f_{xx}(x_0 + \theta_1 h, y_0)\big]$$

由此可以看出,当 h 充分接近于零时,Δf 与 $f_{xx}(x_0, y_0)$ 同号.

但如果取

$$h = -f_{xx}(x_0, y_0)s, \quad k = f_{xx}(x_0, y_0)s \tag{9}$$

其中 s 是异于零但充分接近于零的数,则可发现,当 $|s|$ 充分小时,Δf 与 $f_{xx}(x_0, y_0)$ 异号. 事实上,在(5)式中将 h 和 k 用(9)式给定的值代入,可得

$$\begin{aligned}\Delta f = \frac{s^2}{2}\big\{&[f_{xy}(x_0, y_0)]^2 f_{xx}(x_0 + \theta h, y_0 + \theta_2 k)\\&- 2f_{xy}(x_0, y_0)f_{xx}(x_0, y_0)f_{xy}(x_0 + \theta h, y_0 + \theta k)\\&+ [f_{xx}(x_0, y_0)]^2 f_{yy}(x_0 + \theta h, y_0 + \theta k)\big\}\end{aligned} \tag{10}$$

上式花括号内的式子当 $s \to 0$ 时趋于极限

$$f_{xx}(x_0, y_0)\big\{f_{xx}(x_0, y_0)f_{yy}(x_0, y_0) - [f_{xy}(x_0, y_0)]^2\big\}$$

由不等式(8)式可得上式花括号内的值为负,因此当 s 充分接近于零时,(10)式右端与 $f_{xx}(x_0, y_0)$ 异号.

如此就证明了在点 (x_0, y_0) 的任意邻近,Δf 可取不同符号的值,因此 $f(x_0, y_0)$ 不是极值.

考察函数

$$f(x, y) = x^2 + y^2 \quad 及 \quad g(x, y) = x^2 + y^3$$

直接验证可知这两个函数都以$(0,0)$为驻点,且在点$(0,0)$处都满足 $AC - B^2 = 0$. 但 $f(x,y)$在点$(0,0)$处有极小值,而函数 $g(x,y)$在点$(0,0)$处却没有极值.

≪ 习题 8.10 ≫

A

1. 求下列函数在指定点处的二阶泰勒公式.

(1) $f(x,y) = x^2 y$,点$(1,-2)$;　　(2) $f(x,y) = \ln(1 + x - 2y)$,点$(2,1)$.

2. 求函数 $f(x,y) = e^x \ln(1+y)$ 的三阶麦克劳林公式.

B

1. 利用函数 $f(x,y) = x^y$ 的三阶泰勒公式,计算$1.1^{1.02}$的近似值.

2. 求函数 $f(x,y) = e^{x+y}$ 的 n 阶麦克劳林公式.

阅读材料

冯·诺伊曼——电子计算机之父

冯·诺伊曼(John Von Neuman,1903～1957),美籍匈牙利数学家,电子计算机之父.冯·诺伊曼于 1903 年生于匈牙利布达佩斯,1925 年获得瑞士苏黎世联邦工业大学化学工程学位,1926 年获得布达佩斯大学数学博士学位,1930～1955 年,在普林斯顿大学任教.冯·诺伊曼一生担任过许多科学职位,获得了众多荣誉,最主要的有:1937 年获美国数学会博歇奖;1947 年获美国数学会吉布斯(Gibbs)讲师席位,并得到功勋奖章(总统奖);1951～1953 年任美国数学会主席;1956 年获爱因斯坦纪念奖及费米奖.他对经典力学、量子力学和流体力学的数学基础进行过深入的研究,并获得重大成果.这些成就说明冯·诺伊曼具备了坚实的数理基础和广博的知识,为他后来从事计算机逻辑设计提供了坚强的后盾.因实际工作中对计算的需要以及把数学应用到其他科学问题的强烈愿望,冯·诺伊曼迅速决定投身到计算机研制者的行列.冯·诺依曼后来还与经济学家摩根斯坦(O. Morgenstern)合写过一本名著——《博弈论与经济行为》.此书与控制论有许多相通之处,很令人佩服.无怪乎美国的《生活》杂志把他评为"千年 100 个最有影响的人物"之一,在这些显赫人物中,他几乎是惟一的数学家.

《 复习题 8 》

1. 选择题.

(1) 二元函数 $z = \sqrt{\ln(x^2 + y^2)} + \arcsin\left(\dfrac{x^2 + y^2}{4}\right)$ 的定义域是( ).

A. $1 \leqslant x^2 + y^2 \leqslant 4$ B. $1 < x^2 + y^2 \leqslant 4$

C. $1 \leqslant x^2 + y^2 < 4$ D. $1 < x^2 + y^2 < 4$

(2) 曲线 $\begin{cases} z = \sqrt{1 + x^2 + y^2} \\ x = 1 \end{cases}$ 在点 $(1,1,\sqrt{3})$ 处的切线与 y 轴正向所成的角度为( ).

A. $\dfrac{\pi}{6}$ B. $\dfrac{\pi}{3}$ C. $\dfrac{\pi}{4}$ D. $\dfrac{\pi}{2}$

(3) 下列说法正确的是( ).

A. 若 $f(x,y)$ 在点 (x_0, y_0) 处连续,则在点 (x_0, y_0) 处沿各个方向的方向导数都存在

B. 若 $f(x,y)$ 在点 (x_0, y_0) 处不连续,则在点 (x_0, y_0) 处沿各个方向的方向导数都存在

C. 若 $f(x,y)$ 在点 (x_0, y_0) 处沿各个方向的方向导数都存在,则函数在点 (x_0, y_0) 可微

D. 若 $f(x,y)$ 在点 (x_0, y_0) 处可微,则函数在点 (x_0, y_0) 处沿各个方向的方向导数存在

(4) 考虑二元函数 $f(x,y)$ 的下面四个性质:

(a) $f(x,y)$ 在点 (x_0, y_0) 处连续;

(b) $f(x,y)$ 在点 (x_0, y_0) 处的两个偏导数连续;

(c) $f(x,y)$ 在点 (x_0, y_0) 处可微;

(d) $f(x,y)$ 在点 (x_0, y_0) 处两个偏导数存在.

若用 $P \Rightarrow Q$ 表示可由性质 P 推出性质 Q,则有( ).

A. (b)$\Rightarrow$(c)$\Rightarrow$(a)   B. (c)$\Rightarrow$(b)$\Rightarrow$(a)

C. (c)$\Rightarrow$(d)$\Rightarrow$(a)   D. (c)$\Rightarrow$(a)$\Rightarrow$(d)

2. 讨论函数 $f(x,y) = \begin{cases} \dfrac{\sqrt{|xy|}}{x^2 + y^2} \sin(x^2 + y^2), & x^2 + y^2 \neq 0 \\ 0, & x^2 + y^2 = 0 \end{cases}$ 在点 $(0,0)$ 处的连续性、偏导数存在性及可微性.

3. 证明下列极限不存在.

(1) $\lim\limits_{\substack{x \to 0 \\ y \to 0}} \dfrac{x + 2y}{\sqrt{x^2 + 4y^2}}$;

(2) $\lim\limits_{\substack{x \to 0 \\ y \to 0}} \dfrac{x^3 y + xy^4 + x^2 y}{x + y}$.

4. 设函数 $u = f(x,y,z)$ 具有一阶连续偏导数,而函数 $y = y(x)$ 和 $z = z(x)$ 分别由 $\varphi(x,y) = 0$ 及 $z = \int_0^{x-z} \sin t \, \mathrm{d}t$ 确定,求 $\dfrac{\mathrm{d}u}{\mathrm{d}x}$.

5. 设函数 $z = \dfrac{x}{\sqrt{x^2 + y^2}}$,求 $\dfrac{\partial z}{\partial x}, \dfrac{\partial^2 z}{\partial x \partial y}, \dfrac{\partial^2 z}{\partial x^2}$.

6. 设变换 $\begin{cases} u = x - 2y \\ v = x + ay \end{cases}$ 可把方程 $6\dfrac{\partial^2 z}{\partial x^2} + \dfrac{\partial^2 z}{\partial x \partial y} - \dfrac{\partial^2 z}{\partial y^2} = 0$ 化简为 $\dfrac{\partial^2 z}{\partial u \partial v} = 0$,求常数 a.

7. 设 $f(x,y,z) = \mathrm{e}^x y z^2$,其中 $z = z(x,y)$ 是由方程 $x + y + z + xyz = 0$ 确定的隐函数,求 f_x 和 f_y.

8. 试证曲线 $x = \mathrm{e}^t \cos t, y = \mathrm{e}^t \sin t, z = \mathrm{e}^t$ 在锥面 $z = \sqrt{x^2 + y^2}$ 上,且曲线上任一点 $M(x,y,z)$ 处的

切线与锥面上过该点的母线夹定角.

9. 设某座山的高度为 $h(x,y) = 3000 - 2x^2 - y^2$, 这里 x 轴的正向指向东方, y 轴的正向指向北方, 并均用米作为测量单位. 某登山运动员从点 $(30, -20, 800)$ 出发, 问:

(1) 如果他向西南方向走, 他是在走上坡路还是下坡路?

(2) 在该点处沿什么方向走, 上坡最快?

10. 试证函数 $f(x,y) = (1 + e^y)\cos x - ye^y$ 有无穷多个极大值但无极小值.

11. 求空间曲面 $a\sqrt{x} + b\sqrt{y} + c\sqrt{z} = 1$ $(a > 0, b > 0, c > 0)$ 的切平面, 使之与三个坐标面所围成的立体体积最大, 求切点的坐标.

12. 求曲面 $z^2 - xy = 1$ 上到原点最近的点.

13. 设 $x_1, x_2, \cdots, x_n$ 为 n 个正数, 试求 $u = x_1 x_2 \cdots x_n$ 在条件 $x_1 + x_2 + \cdots + x_n = a$ 下的最大值, 并由此证明:

$$\sqrt[n]{x_1, x_2 \cdots x_n} \leqslant \frac{x_1 + x_2 + \cdots + x_n}{n}$$

14. 设 $z = f(x,y)$ 在有界闭区域 D 上具有二阶连续偏导数, 且 $\dfrac{\partial^2 z}{\partial x^2} + \dfrac{\partial^2 z}{\partial y^2} = 0, \dfrac{\partial^2 z}{\partial x \partial y} \neq 0$, 试证 z 的最大值与最小值均在 D 的边界上取得.

15. 设 $f(x,y) = \begin{cases} \dfrac{x^3}{y}, & y \neq 0 \\ 0, & y = 0 \end{cases}$, 试证函数在点 $(0,0)$ 处不连续, 但任何方向的方向导数都存在.

16. 设某种产品的产量是劳动力 x 和原料 y 的函数: $f(x,y) = 60x^{\frac{3}{4}}y^{\frac{1}{4}}$. 假设每单位劳动力花费 100 元, 每单位原料花费 200 元. 现在有 30000 元资金用于生产, 应如何安排劳动力和原料, 才能使产品的产量最大?

09 第9章 重 积 分

在上册的第5章和第6章中,我们所讨论的定积分可以解决很多实际问题,但这种积分的被积函数是一元的,而在实际问题中,我们会碰到涉及用多元函数才能表示的量的计算问题,如一般立体的体积、平面薄片的质量、曲面的面积、物体的重心、转动惯量等,定积分就无法解决了.在本章和下一章中,我们同样从实际问题出发,把定积分的概念推广到被积函数是多元函数,积分范围是平面区域或空间区域,甚至是空间的曲面或曲线上,这便得到了重积分、曲线积分及曲面积分的概念,即多元函数积分学.本章将介绍二重积分和三重积分的概念、计算方法及其应用.

9.1 二重积分的概念与性质

9.1.1 二重积分的概念

下面通过计算曲顶柱体的体积和平面薄片的质量,引出二重积分的定义.

引例1 曲顶柱体的体积.

设有一立体,它的底是 xOy 面上的闭区域 D,侧面是以 D 的边界曲线为准线而母线平行于 z 轴的柱面,它的顶是曲面 $z=f(x,y)$,其中 $f(x,y)$ 是 D 上的非负连续函数.这种立体称为曲顶柱体(见图 9.1).现在我们来讨论如何定义并计算上述曲顶柱体的体积 V.

我们知道,平顶柱体由于高不变,它的体积可以用公式

$$体积=底面积×高$$

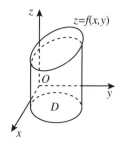

图 9.1

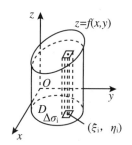

图 9.2

来定义和计算.而曲顶柱体的顶是"曲"的(当点(x,y)在区域D上变动时,其高度$f(x,y)$是个变量),因此不能直接套用上述公式来计算.我们可以采用上册第5章求曲边梯形面积的办法来解决此问题,步骤如下:

首先,用任意一组曲线网把D分成n个小闭区域$\Delta\sigma_1,\Delta\sigma_2,\cdots,\Delta\sigma_n$,分别以这些小闭区域的边界曲线为准线,作母线平行于z轴的柱面,这些柱面把原来的曲顶柱体分为n个细小的曲顶柱体.当这些小闭区域的直径(指在闭区域上任意两点间距离的最大者)很小时,由于$f(x,y)$连续,在同一个小闭区域内,$f(x,y)$的变化很小,每一个小曲顶柱体都可以近似地看作一个平顶柱体.在每个$\Delta\sigma_i$(这个小闭区域的面积也记作$\Delta\sigma_i$)中任取一点(ξ_i,η_i),则以$f(\xi_i,\eta_i)$为高而以$\Delta\sigma_i$为底的平顶柱体(见图9.2)的体积为

$$f(\xi_i,\eta_i)\Delta\sigma_i, \quad i=1,2,\cdots,n$$

这n个平顶柱体的体积之和为$\sum\limits_{i=1}^{n}f(\xi_i,\eta_i)\Delta\sigma_i$,此式即为整个曲顶柱体体积的近似值.

令n个小闭区域的直径中的最大值(记为λ)趋于零,取上述和的极限,所得极限就定义为曲顶柱体的体积:

$$V=\lim_{\lambda\to 0}\sum_{i=1}^{n}f(\xi_i,\eta_i)\Delta\sigma_i$$

引例 2 平面薄片的质量.

设有一平面薄片占有xOy面上的闭区域D,它在点(x,y)处的面密度为$\mu(x,y)$,其中$\mu(x,y)>0$且在D上连续,求该薄片的质量M.

由于薄片不是均匀的,即面密度不是常数,我们不能直接用面密度乘以面积的公式计算它的质量,但是可将上面处理曲顶柱体体积的方法用于本题.

将平面薄片任意分成n个小块,由于$\mu(x,y)$连续,只要小块所占的小闭区域$\Delta\sigma_i$的直径很小,这些小块就可以近似看作均匀薄片,即密度函数$\mu(x,y)$在$\Delta\sigma_i$上可以近似地看作一个常数.在$\Delta\sigma_i$上任取一点(ξ_i,η_i),则$\mu(\xi_i,\eta_i)\Delta\sigma_i(i=1,2,\cdots,n)$可看作第$i$个小块的质量的近似值(见图9.3).通过求和、取极限,即可得出薄片的质量:

$$M=\lim_{\lambda\to 0}\sum_{i=1}^{n}\mu(\xi_i,\eta_i)\Delta\sigma_i$$

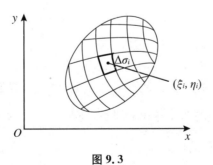

图 9.3

上述两个问题的实际意义虽然不同,但是所求量都可归结为同一形式的和的极限.在物理学、力学、几何和工程技术中,有许多物理量和几何量都可归结为这一形式的和的极限.因此,我们有必要研究这种和式的极限,并抽象出下述二重积分的定义.

定义 设 $f(x,y)$ 是有界闭区域 D 上的有界函数.将闭区域 D 任意分成 n 个小闭区域 $\Delta\sigma_1,\Delta\sigma_2,\cdots,\Delta\sigma_n$,其中 $\Delta\sigma_i$ 表示第 i 个小闭区域,也表示它的面积.在每个 $\Delta\sigma_i$ 上任取一点 (ξ_i,η_i),作乘积 $f(\xi_i,\eta_i)\Delta\sigma_i(i=1,2,\cdots,n)$,并作和式 $\sum\limits_{i=1}^{n}f(\xi_i,\eta_i)\Delta\sigma_i$.如果当各小闭区域直径中的最大值 λ 趋于零时,此和式的极限总存在,则称此极限为函数 $f(x,y)$ 在闭区域 D 上的二重积分,记作 $\iint\limits_{D}f(x,y)\mathrm{d}\sigma$,即

$$\iint\limits_{D}f(x,y)\mathrm{d}\sigma = \lim_{\lambda \to 0}\sum_{i=1}^{n}f(\xi_i,\eta_i)\Delta\sigma_i$$

其中 $f(x,y)$ 称为被积函数,$f(x,y)\mathrm{d}\sigma$ 称为被积表达式,$\mathrm{d}\sigma$ 称为面积元素,x 和 y 称为积分变量,D 称为积分区域,$\sum\limits_{i=1}^{n}f(\xi_i,\eta_i)\Delta\sigma_i$ 称为积分和.

由上述二重积分的定义可知,对闭区域 D 的划分是任意的,若在直角坐标系中用平行于坐标系的直线网来划分 D,则除了包含边界点的一些小闭区域外,其余的小闭区域都是矩形闭区域.设矩形闭区域 $\Delta\sigma_i$ 的边长为 Δx_j 和 Δy_k,则 $\Delta\sigma_i = \Delta x_j \cdot \Delta y_k$.因此在直角坐标系中,也可把面积元素 $\mathrm{d}\sigma$ 记作 $\mathrm{d}x\mathrm{d}y$,而把二重积分记作

$$\iint\limits_{D}f(x,y)\mathrm{d}x\mathrm{d}y$$

其中 $\mathrm{d}x\mathrm{d}y$ 叫作直角坐标系中的面积元素.

可以证明,如果函数 $f(x,y)$ 在区域 D 上连续,则 $f(x,y)$ 在 D 上的二重积分存在.以后我们总假定函数 $f(x,y)$ 在积分区域 D 上是连续的,所以 $f(x,y)$ 在 D 上的二重积分是存在的.

由二重积分的定义可知,曲顶柱体的体积是函数 $f(x,y)$ 在底 D 上的二重积分:

$$V = \iint\limits_{D}f(x,y)\mathrm{d}\sigma$$

平面薄片的质量是它的面密度 $\mu(x,y)$ 在薄片所占区域 D 上的二重积分:

$$M = \iint\limits_{D}\mu(x,y)\mathrm{d}\sigma$$

一般的,如果 $f(x,y)\geqslant0$,被积函数 $f(x,y)$ 可解释为曲顶柱体的顶在点 (x,y) 处的竖坐标,所以二重积分的几何意义就是柱体的体积;如果 $f(x,y)\leqslant0$,柱体就在 xOy 面的下方,二重积分的绝对值仍等于柱体的体积,但二重积分的值是负的.如果 $f(x,y)$ 在 D 的若干个部分区域上是正的,而在其他部分区域上是负的,我们可以把 xOy 面上方的柱体体积取成正,xOy 面下方的柱体体积取成负,则 $V = \iint\limits_{D}f(x,y)\mathrm{d}\sigma$ 的几何意义就表示这些部分区域上曲顶柱体体积的代数和.

9.1.2 二重积分的性质

二重积分有与定积分类似的性质,其证明过程也与定积分类似,现叙述于下,但不再证明.

性质 1 设 α,β 为常数,则

$$\iint\limits_{D}[\alpha f(x,y) + \beta g(x,y)]\mathrm{d}\sigma = \alpha\iint\limits_{D}f(x,y)\mathrm{d}\sigma + \beta\iint\limits_{D}g(x,y)\mathrm{d}\sigma$$

这个性质表明二重积分满足线性运算.

性质 2 若闭区域 D 可被分为两个没有公共内点的闭子区域 D_1 和 D_2,则

$$\iint\limits_{D}f(x,y)\mathrm{d}\sigma = \iint\limits_{D_1}f(x,y)\mathrm{d}\sigma + \iint\limits_{D_2}f(x,y)\mathrm{d}\sigma$$

这个性质表明二重积分对积分区域具有可加性.

性质 3 若在闭区域 D 上,$f(x,y) = 1$,σ 为 D 的面积,则

$$\sigma = \iint\limits_{D}1 \cdot \mathrm{d}\sigma = \iint\limits_{D}\mathrm{d}\sigma$$

这个性质的几何意义是:以 D 为底、高为 1 的平顶柱体的体积在数值上等于柱体的底面积.

性质 4 若在闭区域 D 上,$f(x,y) \leqslant g(x,y)$,则

$$\iint\limits_{D}f(x,y)\mathrm{d}\sigma \leqslant \iint\limits_{D}g(x,y)\mathrm{d}\sigma$$

特别的,有 $\left|\iint\limits_{D}f(x,y)\mathrm{d}\sigma\right| \leqslant \iint\limits_{D}|f(x,y)|\mathrm{d}\sigma$.

性质 5 设 M,m 分别为 $f(x,y)$ 在闭区域 D 上的最大值和最小值,σ 为 D 的面积,则

$$m\sigma \leqslant \iint\limits_{D}f(x,y)\mathrm{d}\sigma \leqslant M\sigma$$

这个不等式称为二重积分的估值不等式.

性质 6 设函数 $f(x,y)$ 在闭区域 D 上连续,σ 为 D 的面积,则 D 上至少存在一点 (ξ,η),使得

$$\iint\limits_{D}f(x,y)\mathrm{d}\sigma = f(\xi,\eta)\sigma$$

这个性质称为二重积分的中值定理.其几何意义是:在区域 D 上以曲面 $z = f(x,y)$ 为顶的曲顶柱体体积,等于以区域 D 内某一点 (ξ_i,η_i) 的函数值 $f(\xi_i,\eta_i)$ 为高的平顶柱体的体积.

我们知道,对于定积分而言,如 $f(x)$ 在对称区间上具有奇偶性,则 $f(x)$ 在对称区间上的定积分有着良好的性质,对于二重积分也有类似的结论.

定理 1 若区域 D 关于 x(或 y)轴对称,记 D_1 为 D 在 x(或 y)轴上方(或右边)的部分区域.

(1) 若 $f(x,y)$ 关于 y(或 x)为奇函数,即 $f(x,-y) = -f(x,y)$(或 $f(-x,y) = -f(x,y)$),则

$$\iint\limits_{D}f(x,y)\mathrm{d}\sigma = 0$$

(2) 若 $f(x,y)$ 关于 y(或 x)为偶函数,即 $f(x,-y) = f(x,y)$(或 $f(-x,y) =$

$f(x,y))$,则

$$\iint\limits_{D}f(x,y)\mathrm{d}\sigma = 2\iint\limits_{D_1}f(x,y)\mathrm{d}\sigma$$

与定积分相仿,二重积分与其积分变量的记法无关,将二重积分中的积分变量 x, y 的记号互换,即可得出二重积分的下列性质.

定理 2 记 D 为 xOy 面上的有界闭区域,D_1 为 D 关于直线 $y=x$ 的对称区域,则

$$\iint\limits_{D}f(x,y)\mathrm{d}\sigma = \iint\limits_{D_1}f(y,x)\mathrm{d}\sigma$$

特别的,若 D 关于直线 $y=x$ 对称,则

$$\iint\limits_{D}f(x,y)\mathrm{d}\sigma = \iint\limits_{D}f(y,x)\mathrm{d}\sigma$$

上述性质称为二重积分的轮换对称性.

例 1 比较积分 $\iint\limits_{D}\ln(x+y)\mathrm{d}\sigma$ 与 $\iint\limits_{D}[\ln(x+y)]^2\mathrm{d}\sigma$ 的大小,其中 D 是闭三角形区域,三个顶点分别为 $(1,0)$,$(1,1)$,$(2,0)$.

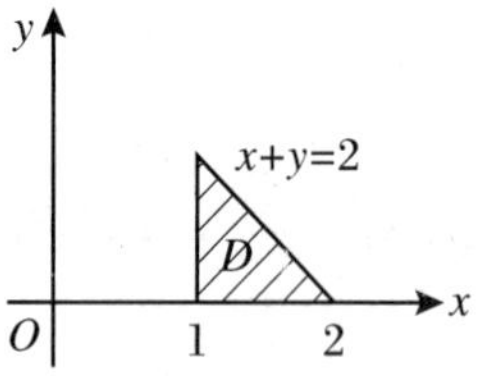

解 如图 9.4 所示,在 D 上有 $1 \leqslant x+y \leqslant 2 < e$,因此 $0 \leqslant \ln(x+y) < 1$,从而 $\ln(x+y) > [\ln(x+y)]^2$,所以 $\iint\limits_{D}\ln(x+y)\mathrm{d}\sigma > \iint\limits_{D}[\ln(x+y)]^2\mathrm{d}\sigma$.

图 9.4

例 2 设 $D = \{(x,y) \mid x^2+y^2 \leqslant 4\}$,不计算二重积分,估计积分 $\iint\limits_{D}(x^2+y^2+9)\mathrm{d}\sigma$ 的值.

解 因为在 D 上 $f(x,y) = x^2+y^2+9$ 的最小值 $m=9$,最大值 $M=13$,所以有 $9 \leqslant x^2+y^2+9 \leqslant 13$.而 D 的面积为 4π,故

$$4\pi \times 9 \leqslant \iint\limits_{D}(x^2+y^2+9)\mathrm{d}\sigma \leqslant 4\pi \times 13$$

即

$$36\pi \leqslant \iint\limits_{D}(x^2+y^2+9)\mathrm{d}\sigma \leqslant 52\pi$$

例 3 计算 $I = \iint\limits_{D}[x^3y^2 + \sin(x^2y^3)]\mathrm{d}\sigma$,其中 D 是以原点为圆心、R 为半径的圆域.

解 因为 D 关于 x 轴、y 轴均对称,而 x^3y^2 为 x 的奇函数,$\sin(x^2y^3)$ 为 y 的奇函数,所以

$$I = \iint\limits_{D}x^3y^2\mathrm{d}\sigma + \iint\limits_{D}\sin(x^2y^3)\mathrm{d}\sigma = 0+0 = 0$$

≪ 习题 9.1 ≫

A

1. 设有一平面薄板(不计其厚度),占有 xOy 面上的闭区域 D,薄板上分布有面密度为 $\mu = \mu(x,y)$ 的电荷,且 $\mu(x,y)$ 在 D 上连续,试用二重积分表示该板上的全部电荷.

2. 利用二重积分的定义证明:

(1) $\iint\limits_{D} \mathrm{d}\sigma = \sigma$ (σ 为区域 D 的面积);

(2) $\iint\limits_{D} kf(x,y)\mathrm{d}\sigma = k\iint\limits_{D}f(x,y)\mathrm{d}\sigma$ (其中 k 为常数);

(3) $\iint\limits_{D} f(x,y)\mathrm{d}\sigma = \iint\limits_{D_1}f(x,y)\mathrm{d}\sigma + \iint\limits_{D_2}f(x,y)\mathrm{d}\sigma$,其中 $D = D_1 \bigcup D_2$,D_1,D_2 为两个无公共内点的闭区域.

3. 根据二重积分的性质,比较下列积分的大小.

(1) $\iint\limits_{D}(x+y)^2\mathrm{d}\sigma$ 与 $\iint\limits_{D}(x+y)^3\mathrm{d}\sigma$,其中积分区域 D 是由 x 轴、y 轴及直线 $x+y=1$ 所围成;

(2) $\iint\limits_{D}(x+y)^2\mathrm{d}\sigma$ 与 $\iint\limits_{D}(x+y)^3\mathrm{d}\sigma$,其中积分区域 D 是由圆周 $(x-2)^2+(y-1)^2=2$ 所围成;

(3) $\iint\limits_{D}\ln(x+y)\mathrm{d}\sigma$ 与 $\iint\limits_{D}[\ln(x+y)]^2\mathrm{d}\sigma$,其中 $D = \{(x,y)\,|\,3\leqslant x\leqslant 5,0\leqslant y\leqslant 1\}$.

4. 估计下列各二重积分的值.

(1) $\iint\limits_{D}xy(x+y)\mathrm{d}\sigma$,其中 D 是矩形闭区域 $0\leqslant x\leqslant 1,0\leqslant y\leqslant 1$;

(2) $\iint\limits_{D}(x^2+4y^2+9)\mathrm{d}\sigma$,其中 $D:x^2+y^2\leqslant 4$.

B

1. 利用被积函数及区域的对称性确定下列积分之间的关系.

(1) $I_1 = \iint\limits_{D_1}(x^2+y^2)^3\mathrm{d}\sigma$ 与 $I_2 = \iint\limits_{D_2}(x^2+y^2)^3\mathrm{d}\sigma$,其中 $D_1: -1\leqslant x\leqslant 1, -2\leqslant y\leqslant 2,D_2:0\leqslant x\leqslant 1,0\leqslant y\leqslant 2$;

(2) $I_1 = \iint\limits_{D_1}x^2\mathrm{d}\sigma$ 与 $I_2 = \iint\limits_{D_2}x^2\mathrm{d}\sigma$,其中 $D_1:x^2+y^2\leqslant 1,D_2:x^2+y^2\leqslant 1,x\geqslant 0$;

(3) $I_1 = \iint\limits_{D_1}(xy+\cos x\sin y)\mathrm{d}\sigma$ 与 $I_2 = \iint\limits_{D_2}\cos x\sin y\mathrm{d}\sigma$,其中 D_1 是以 $(1,1),(-1,1),(-1,-1)$ 为顶点的三角形区域,D_2 是 D_1 在第一象限的部分.

2. 判断下列积分值的大小次序:
$$I_1 = \iint\limits_{D}\ln^3(x+y)\mathrm{d}x\mathrm{d}y, \quad I_2 = \iint\limits_{D}(x+y)^3\mathrm{d}x\mathrm{d}y, \quad I_3 = \iint\limits_{D}\sin^3(x+y)\mathrm{d}x\mathrm{d}y$$

其中 D 由 $x=0,y=0,x+y=\dfrac{1}{2},x+y=1$ 围成.

3. 试用二重积分的性质证明不等式:

$$1 \leqslant \iint\limits_{D} (\sin x^2 + \cos y^2) \mathrm{d}\sigma \leqslant \sqrt{2}$$

其中 D: $0 \leqslant x \leqslant 1$, $0 \leqslant y \leqslant 1$.

4. 计算 $\lim\limits_{r \to 0} \dfrac{1}{\pi r^2} \iint\limits_{D} \mathrm{e}^{x^2-y^2} \cos(x+y) \mathrm{d}\sigma$, 其中 D 为圆心在原点、半径为 r 的圆所围成的区域.

9.2 二重积分的计算

如果按照二重积分的定义来计算二重积分,对少数特别简单的被积函数和积分区域来说是可行的,但对一般的被积函数和积分区域来说,将是一件十分困难的事情.本节将介绍一种二重积分的计算方法,这种方法是把二重积分化为两次定积分来计算.

9.2.1 直角坐标系下二重积分的计算

在讨论二重积分的计算之前,先介绍 X 型区域和 Y 型区域的概念.图 9.5 和图9.6 分别给出了这两种区域的典型图例.

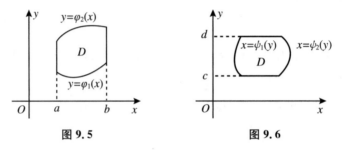

图 9.5　　　　　　　　图 9.6

X 型区域: $\{(x,y) \mid \varphi_1(x) \leqslant y \leqslant \varphi_2(x), a \leqslant x \leqslant b\}$,其中函数 $\varphi_1(x)$,$\varphi_2(x)$ 在区间 $[a,b]$ 上连续.这种区域的特点是:穿过区域且平行于 y 轴的直线与区域边界的交点不多于两个.

Y 型区域: $\{(x,y) \mid \psi_1(y) \leqslant x \leqslant \psi_2(y), c \leqslant y \leqslant d\}$,其中函数 $\psi_1(y)$,$\psi_2(y)$ 在区间 $[c,d]$ 上连续.这种区域的特点是:穿过区域且平行于 x 轴的直线与区域边界的交点不多于两个.

由二重积分的几何意义可知,当 $f(x,y) \geqslant 0$ 时,二重积分 $\iint\limits_{D} f(x,y) \mathrm{d}\sigma$ 的值等于以 D 为底,以曲面 $z = f(x,y)$ 为顶的曲顶柱体(见图 9.7)的体积.下面我们应用上册第 6 章中计算"平行截面面积为已知的立体体积"的方法来计算这个曲顶柱体的体积.

假定积分区域 D 为 X 型区域: $\{(x,y) \mid \varphi_1(x) \leqslant y \leqslant \varphi_2(x), a \leqslant x \leqslant b\}$.

首先计算截面面积.为此,在区间 $[a,b]$ 上任意取定一点 x_0,作平行于 yOz 面的平面 $x = x_0$.这平面截曲顶柱体所得的截面是一个以区间 $[\varphi_1(x_0), \varphi_2(x_0)]$ 为底、曲线 $z = f(x_0,y)$ 为曲边的曲边梯形,所以这个截面的面积为

$$A(x_0) = \int_{\varphi_1(x_0)}^{\varphi_2(x_0)} f(x_0,y) \mathrm{d}y$$

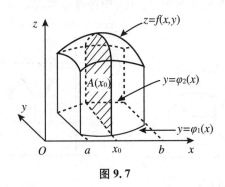

图 9.7

一般的,过区间 $[a,b]$ 上任一点 x 且平行于 yOz 面的平面截曲顶柱体所得截面的面积为

$$A(x) = \int_{\varphi_1(x)}^{\varphi_2(x)} f(x,y)\mathrm{d}y$$

则由计算平行截面面积为已知的立体体积的方法可得曲顶柱体体积为

$$V = \int_a^b A(x)\mathrm{d}x = \int_a^b \left[\int_{\varphi_1(x)}^{\varphi_2(x)} f(x,y)\mathrm{d}y \right] \mathrm{d}x$$

这个体积也就是所求二重积分的值,从而有等式:

$$\iint\limits_D f(x,y)\mathrm{d}\sigma = \int_a^b \left[\int_{\varphi_1(x)}^{\varphi_2(x)} f(x,y)\mathrm{d}y \right] \mathrm{d}x \tag{1}$$

上式右端的积分被称为先 y 后 x 的二次积分,习惯上记为

$$\int_a^b \mathrm{d}x \int_{\varphi_1(x)}^{\varphi_2(x)} f(x,y)\mathrm{d}y$$

因此,(1)式又可写成

$$\iint\limits_D f(x,y)\mathrm{d}\sigma = \int_a^b \mathrm{d}x \int_{\varphi_1(x)}^{\varphi_2(x)} f(x,y)\mathrm{d}y \tag{2}$$

虽然在讨论中,我们假定了 $f(x,y) \geqslant 0$,但实际上式(1)的成立并不受此条件限制.

类似的,如果积分区域 D 为 Y 型区域:$\{(x,y) \mid \psi_1(y) \leqslant x \leqslant \psi_2(y), c \leqslant y \leqslant d\}$,则有

$$\iint\limits_D f(x,y)\mathrm{d}x\mathrm{d}y = \int_c^d \mathrm{d}y \int_{\psi_1(y)}^{\psi_2(y)} f(x,y)\mathrm{d}x \tag{3}$$

上式右端的积分被称为先 x 后 y 的二次积分.

如果积分区域 D 既不是 X 型区域也不是 Y 型区域(见图 9.8),可以将它分割成若干块 X 型区域或 Y 型区域,然后在每块区域上分别应用(2)式和(3)式,再根据二重积分对积分区域的可加性,即可计算出所给二重积分.

如果积分区域 D 既是 X 型区域又是 Y 型区域,即积分区域 D 既可用不等式 $\varphi_1(x) \leqslant y \leqslant \varphi_2(x)$, $a \leqslant x \leqslant b$ 表示,又可用不等式 $\psi_1(y) \leqslant x \leqslant \psi_2(y)$, $c \leqslant y \leqslant d$ 表示(见图 9.9),则有

$$\iint\limits_D f(x,y)\mathrm{d}\sigma = \int_a^b \mathrm{d}x \int_{\varphi_1(x)}^{\varphi_2(x)} f(x,y)\mathrm{d}y = \int_c^d \mathrm{d}y \int_{\psi_1(y)}^{\psi_2(y)} f(x,y)\mathrm{d}x$$

上式表示,这两个不同积分次序的二次积分相等.此结果告诉我们,在具体计算一个

二重积分时,可以选择一种适当的积分次序,使计算更为简单.

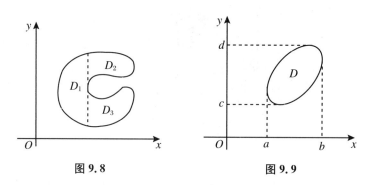

图 9.8

图 9.9

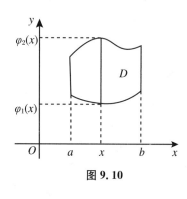

图 9.10

将二重积分化为二次积分时,确定积分限是一个关键.积分限是根据积分区域 D 来确定的,故应先画出积分区域 D 的图形.假如积分区域 D 是 X 型的(见图 9.10),在区间 $[a,b]$ 上任意取定一个 x 值,积分区域上以这个 x 值为横坐标的点在一段直线上,这段直线平行于 y 轴,该线段上点的纵坐标从 $\varphi_1(x)$ 变到 $\varphi_2(x)$,这就是式(1)中先把 x 看作常量而对 y 积分时的下限和上限.因为上面的 x 值是在 $[a,b]$ 上任意取定的,所以再把 x 看作变量,而对 x 积分时,积分区间就是 $[a,b]$.

例 1　计算 $\iint\limits_D xy\mathrm{d}\sigma$,其中 D 为直线 $y=x$ 与抛物线 $y=x^2$ 所包围的闭区域.

解　画出积分区域 D 的图形(见图 9.11),易见 D 既是 X 型区域也是 Y 型区域.若将 D 视为 X 型区域,则积分区域 D 可表示为 $x^2<y<x,0<x<1$,故

$$\iint\limits_D xy\mathrm{d}\sigma = \int_0^1\mathrm{d}x\int_{x^2}^x xy\mathrm{d}x = \frac{1}{2}\int_0^1(x^3-x^5)\mathrm{d}x = \frac{1}{24}$$

若将 D 视为 Y 型区域,则积分区域 D 可表示为 $y<x<\sqrt{y},0<y<1$,故

$$\iint\limits_D xy\mathrm{d}\sigma = \int_0^1\mathrm{d}y\int_y^{\sqrt{y}} xy\mathrm{d}x = \frac{1}{2}\int_0^1(y^2-y^3)\mathrm{d}y = \frac{1}{24}$$

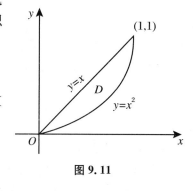

图 9.11

例 2　计算 $\iint\limits_D \dfrac{x^2}{y^2}\mathrm{d}\sigma$,其中 D 是直线 $y=2,y=x$ 和双曲线 $xy=1$ 所围区域.

解　积分区域 D 的图形见图 9.12,三线的交点为 $\left(\dfrac{1}{2},2\right)$,$(1,1)$,$(2,2)$.

若先对 y 积分,当 $\dfrac{1}{2}\leqslant x\leqslant 1$ 时,y 的下限是双曲线 $y=\dfrac{1}{x}$,而当 $1\leqslant x\leqslant 2$ 时,y 的下限是直线 $y=x$,因此需要用直线 $x=1$ 把区域 D 分为 D_1 和 D_2 两部分:

$$D_1: \frac{1}{x} \leqslant y \leqslant 2, \frac{1}{2} \leqslant x \leqslant 1; \quad D_2: x \leqslant y \leqslant 2, 1 \leqslant x \leqslant 2$$

则

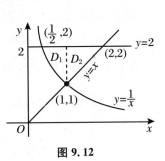

图 9.12

$$\iint_D \frac{x^2}{y^2} d\sigma = \iint_{D_1} \frac{x^2}{y^2} d\sigma + \iint_{D_2} \frac{x^2}{y^2} d\sigma$$

$$= \int_{\frac{1}{2}}^1 dx \int_{\frac{1}{x}}^2 \frac{x^2}{y^2} dy + \int_1^2 dx \int_x^2 \frac{x^2}{y^2} dy$$

$$= \int_{\frac{1}{2}}^1 \left(-\frac{x^2}{y}\right)\Big|_{\frac{1}{x}}^2 dx + \int_1^2 \left(-\frac{x^2}{y}\right)\Big|_x^2 dx$$

$$= \int_{\frac{1}{2}}^1 \left(x^3 - \frac{x^2}{2}\right) dx + \int_1^2 \left(x - \frac{x^2}{2}\right) dx = \frac{27}{64}$$

若先对 x 积分,那么 D 为 $\frac{1}{y} \leqslant x \leqslant y, 1 \leqslant y \leqslant 2$,从而

$$\iint_D \frac{x^2}{y^2} d\sigma = \int_1^2 dy \int_{\frac{1}{y}}^y \frac{x^2}{y^2} dx = \int_1^2 \left(\frac{y}{3} - \frac{1}{3y^5}\right) dy = \left(\frac{y^2}{6} + \frac{1}{12y^4}\right)\Big|_1^2 = \frac{27}{64}$$

显然,后一种计算方法比较简单.由此可见,选择合适的积分次序以简化二次积分的计算是我们经常要考虑的问题.

例 3 计算 $\iint_D e^{y^2} dx dy$,其中 D 由 $y = x, y = 1$ 及 y 轴围成.

解 积分区域 D 见图 9.13.若选择先对 y 积分,则 D 可表示为 $x \leqslant y \leqslant 1, 0 \leqslant x \leqslant 1$,从而

$$\iint_D e^{y^2} dx dy = \int_0^1 dx \int_x^1 e^{y^2} dy$$

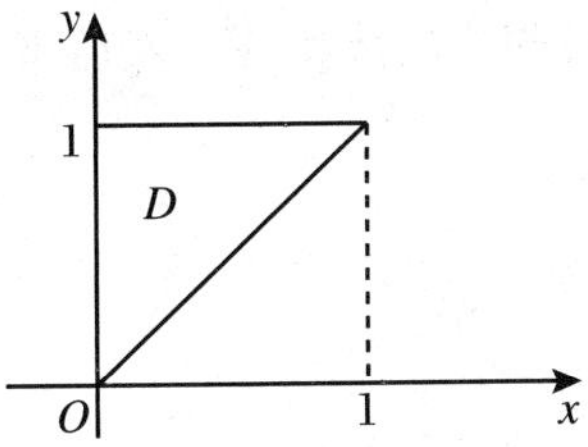

因为 e^{y^2} 的原函数不是初等函数,所以这种积分无法计算.此时可考虑选择先对 x 积分,则 D 可表示为 $0 \leqslant x \leqslant y, 0 \leqslant y \leqslant 1$,从而

$$\iint_D e^{y^2} dx dy = \int_0^1 dy \int_0^y e^{y^2} dx = \int_0^1 y e^{y^2} dy = \frac{1}{2}(e - 1)$$

图 9.13

本题告诉我们,选择积分次序时,既要考虑积分区域的形状,又要考虑被积函数的特性.

例 4 交换下列二次积分的积分次序:

(1) $I = \int_0^1 dx \int_{x^2}^x f(x, y) dy$;

(2) $I = \int_0^3 dy \int_{\frac{4}{3}y}^{\sqrt{25-y^2}} f(x, y) dx$.

解 (1) 由题知,该二次积分的积分次序为先对 y 积分后对 x 积分,现要改变积分次序,即要改为先对 x 积分后对 y 积分.由原二次积分的积分次序,我们可知积分区域 D 可表示为 $x^2 \leqslant y \leqslant x, 0 \leqslant x \leqslant 1$,为此画出 D 的图形(见图 9.14).由图可见, D 也可表示为 $y \leqslant x \leqslant \sqrt{y}, 0 \leqslant y \leqslant 1$,故改变积分次序后的二次积分为 $I = \int_0^1 dy \int_y^{\sqrt{y}} f(x, y) dx$.

（2）由题知，该二次积分的积分次序为先对 x 积分后对 y 积分，现要改变积分次序，即要改为先对 y 积分后对 x 积分.由原二次积分的积分次序，我们可知积分区域 D 可表示为 $\frac{4y}{3} \leqslant x \leqslant \sqrt{25-y^2}, 0 \leqslant y \leqslant 3$，为此画出 D 的图形（见图9.15）.由图可见，D 也可表示为 D_1, D_2 两个部分：$D_1 : 0 \leqslant y \leqslant \frac{3}{4}x, 0 \leqslant x \leqslant 4, D_2 : 0 \leqslant y \leqslant \sqrt{25-x^2}, 4 \leqslant x \leqslant 5$，因此有

$$I = \int_0^4 \mathrm{d}x \int_0^{\frac{3}{4}x} f(x,y)\mathrm{d}y + \int_4^5 \mathrm{d}x \int_0^{\sqrt{25-x^2}} f(x,y)\mathrm{d}y$$

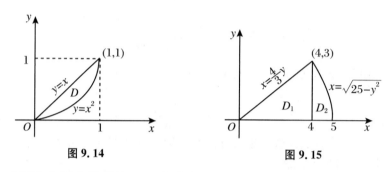

图 9.14　　　　　　图 9.15

例5　求两个底圆半径都等于 R 的直交圆柱面所围成的立体的体积.

解　设两个圆柱面的方程分别为

$$x^2 + y^2 = R^2 \quad \text{和} \quad x^2 + z^2 = R^2$$

利用所求立体关于坐标面的对称性，只要算出它在第一卦限部分的体积 V_1，然后乘以 8 即可（见图9.16(a)）.

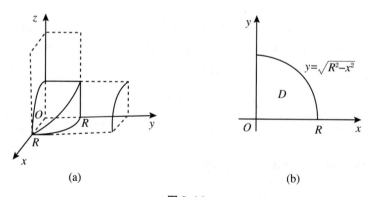

(a)　　　　　　　　　(b)

图 9.16

所求立体在第一卦限部分可以看成是一个曲顶柱体，它的底为

$$D = \{(x,y) \mid 0 \leqslant y \leqslant \sqrt{R^2 - x^2}, 0 \leqslant x \leqslant R\}$$

如图9.16(b)所示，它的顶是柱面 $z = \sqrt{R^2 - x^2}$.则

$$V_1 = \iint_D \sqrt{R^2 - x^2}\,\mathrm{d}\sigma$$

于是所求立体的体积为

$$V = 8V_1 = 8\iint_D \sqrt{R^2 - x^2}\,\mathrm{d}\sigma = 8\int_0^R \mathrm{d}x \int_0^{\sqrt{R^2-x^2}} \sqrt{R^2 - x^2}\,\mathrm{d}y$$

$$= 8\int_0^R (R^2 - x^2)\mathrm{d}x = \frac{16}{3}R^3$$

≪ 习题 9.2(1) ≫

A

1. 计算下列二重积分.

(1) $\iint_D \dfrac{y}{x^2 + y^2}\mathrm{d}\sigma$,其中 $D: y \leqslant x \leqslant y^2, 1 \leqslant y \leqslant \sqrt{3}$;

(2) $\iint_D x\mathrm{e}^{xy}\mathrm{d}\sigma$,其中 $D: \dfrac{1}{x} \leqslant y \leqslant 2, 1 \leqslant x \leqslant 2$;

(3) $\iint_D \mathrm{e}^{x+y}\mathrm{d}\sigma$,其中 $D: |x| + |y| \leqslant 1$;

(4) $\iint_D (x + 2y)\mathrm{d}\sigma$,其中 D 是由 $y = 2x^2$ 及 $y = x^2 + 1$ 所围成的闭区域;

(5) $\iint_D \sin y^2 \mathrm{d}\sigma$,其中 D 是由 $x = 0, y = 1$ 及 $y = x$ 所围成的闭区域;

(6) $\iint_D \dfrac{\sin x}{x}\mathrm{d}\sigma$,其中 D 是由 $y = x, y = \dfrac{x}{2}, x = 2$ 所围成的区域;

(7) $\iint_D (3x^3 + y)\mathrm{d}\sigma$,其中 D 是抛物线 $y = x^2, y = 4x^2$ 之间及直线 $y = 1$ 以下的区域;

(8) $\iint_D \dfrac{x}{y + 1}\mathrm{d}\sigma$,其中 D 由 $y = x^2 + 1, y = 2x, x = 0$ 围成;

(9) $\iint_D |y - x^2|\mathrm{d}\sigma$,其中 $D: 0 \leqslant x \leqslant 1, 0 \leqslant y \leqslant 1$;

(10) $\iint_D |xy|\mathrm{d}\sigma$,其中 $D: x^2 + y^2 \leqslant a^2$.

2. 交换下列二次积分的次序.

(1) $\int_0^1 \mathrm{d}y \int_{1-y}^{1+y^2} f(x,y)\mathrm{d}x$;　　　　(2) $\int_0^1 \mathrm{d}x \int_0^x f(x,y)\mathrm{d}y + \int_1^2 \mathrm{d}x \int_0^{2-x} f(x,y)\mathrm{d}y$;

(3) $\int_0^1 \mathrm{d}y \int_{-\sqrt{1-y^2}}^{\sqrt{1-y^2}} f(x,y)\mathrm{d}x$;　　　　(4) $\int_0^\pi \mathrm{d}x \int_{-\sin\frac{x}{2}}^{\sin x} f(x,y)\mathrm{d}y$.

3. 计算由 4 个平面 $x = 0, y = 0, x = 1, y = 1$ 所围成的柱体被平面 $z = 0$ 及 $2x + 3y + z = 6$ 截得的立体的体积.

4. 求由平面 $x = 0, y = 0, x + y = 1$ 所围成的柱体被平面 $z = 0$ 及抛物面 $x^2 + y^2 = 6 - z$ 截得的立体的体积.

B

1. 计算下列二次积分.

(1) $\int_0^{2\pi} dx \int_x^{2\pi} \dfrac{|\sin y|}{y} dy$;　　　　　　(2) $\int_0^1 dy \int_{\arcsin y}^{\frac{\pi}{2}} \cos x \sqrt{1+\cos^2 x} dx$.

2. 求证：$\int_0^1 dy \int_0^{\sqrt{y}} e^y f(x) dx = \int_0^1 (e - e^{x^2}) f(x) dx$.

3. 设 $f(x,y)$ 在 D 上连续，D 是由直线 $y=x$，$y=a$ 及 $x=b(b>a)$ 所围成的闭区域，证明：

$$\int_a^b dx \int_a^x f(x,y) dy = \int_a^b dy \int_y^b f(x,y) dx$$

4. 设 $f(x)$ 在区间 $[a,b]$ 上连续，证明：$\left[\int_a^b f(x) dx\right]^2 \leqslant (b-a) \int_a^b f^2(x) dx$.

9.2.2　极坐标系下二重积分的计算

有些二重积分，积分区域 D 的边界曲线用极坐标方程来表示比较简单，如圆形或扇形边界等. 此时，如果该积分的被积函数在极坐标下也有比较简单的形式，则应考虑用极坐标来计算这个二重积分. 下面我们讨论在极坐标下二重积分的计算问题.

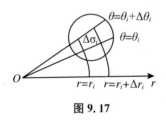

图 9.17

假定区域 D 的边界与过极点的射线相交不多于两点，函数 $f(x,y)$ 在 D 上连续. 我们用以极点为中心的同心圆 $r=$ 常数，以及从极点出发的一族射线 $\theta=$ 常数，将区域 D 划分为若干个小闭区域（见图 9.17）. 设其中一个典型小闭区域 $\Delta\sigma$（$\Delta\sigma$ 同时也表示该小闭区域的面积）由半径分别为 r，$r+\Delta r$ 的同心圆和极角分别为 θ，$\theta+\Delta\theta$ 的射线所确定，则

$$\Delta\sigma = \frac{1}{2}(r+\Delta r)^2 \cdot \Delta\theta - \frac{1}{2} r^2 \cdot \Delta\theta = \frac{1}{2}(2r+\Delta r)\Delta r \cdot \Delta\theta$$

$$= r \cdot \Delta r \cdot \Delta\theta + \frac{1}{2}(\Delta r)^2 \Delta\theta(\text{高阶无穷小}) \approx r \cdot \Delta r \cdot \Delta\theta$$

于是，根据微元法可得到极坐标下的面积微元 $d\sigma = r dr d\theta$，注意到直角坐标与极坐标之间的转换关系 $x=r\cos\theta$，$y=r\sin\theta$，从而得到极坐标系中二重积分的计算公式：

$$\iint\limits_D f(x,y) dx dy = \iint\limits_D f(r\cos\theta, r\sin\theta) r dr d\theta$$

极坐标系中的二重积分，同样可化为二次积分来计算. 现分几种情况来讨论.

(1) 如果积分区域 D 介于两条射线 $\theta=\alpha$，$\theta=\beta$ 之间，而对 D 内任一点 (r,θ)，其极径总是介于曲线 $r=\varphi_1(\theta)$，$r=\varphi_2(\theta)$ 之间（见图 9.18），则区域 D 可表示为 $\varphi_1(\theta)\leqslant r\leqslant \varphi_2(\theta)$，$\alpha\leqslant\theta\leqslant\beta$. 从而

$$\iint\limits_D f(x,y) dx dy = \iint\limits_D f(r\cos\theta, r\sin\theta) r dr d\theta$$

$$= \int_\alpha^\beta d\theta \int_{\varphi_1(\theta)}^{\varphi_2(\theta)} f(r\cos\theta, r\sin\theta) r dr$$

具体计算时，内层积分的上、下限可按如下方式确定：从极点出发，在区间 (α,β) 上任意作一条极角为 θ 的射线穿透区域 D，则进入点与穿出点的极径 $\varphi_1(\theta)$，$\varphi_2(\theta)$ 就分别为内层积分的下限与上限.

(2) 如果积分区域 D 是如图 9.19 所示的曲边扇形，则可以把它看作是第一种情况

中当 $\varphi_1(\theta)=0$, $\varphi_2(\theta)=\varphi(\theta)$ 时的特例. 此时, 区域 D 可表示为 $0\leqslant r\leqslant\varphi(\theta)$, $\alpha\leqslant\theta\leqslant\beta$. 从而

$$\iint\limits_{D}f(x,y)\mathrm{d}x\mathrm{d}y = \int_{\alpha}^{\beta}\mathrm{d}\theta\int_{0}^{\varphi(\theta)}f(r\cos\theta,r\sin\theta)r\mathrm{d}r$$

(3) 如果积分区域 D 如图 9.20 所示, 极点位于 D 的内部, 则可以把它看作是第二种情形中当 $\alpha=0$, $\beta=2\pi$ 时的特例. 此时, 区域 D 可表示为 $0\leqslant r\leqslant\varphi(\theta)$, $0\leqslant\theta\leqslant2\pi$. 从而

$$\iint\limits_{D}f(x,y)\mathrm{d}x\mathrm{d}y = \int_{0}^{2\pi}\mathrm{d}\theta\int_{0}^{\varphi(\theta)}f(r\cos\theta,r\sin\theta)r\mathrm{d}r$$

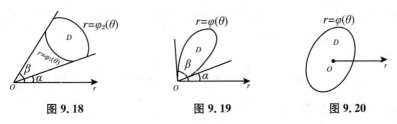

图 9.18　　　　　图 9.19　　　　　图 9.20

例6　计算 $\iint\limits_{D}xy^2\mathrm{d}\sigma$, 其中 D 是单位圆在第一象限的部分.

解　在极坐标系下, 积分区域 D 可表示为 $0\leqslant r\leqslant1$, $0\leqslant\theta\leqslant\dfrac{\pi}{2}$, 故

$$\iint\limits_{D}xy^2\mathrm{d}\sigma = \int_{0}^{\frac{\pi}{2}}\mathrm{d}\theta\int_{0}^{1}r\cos\theta\cdot r^2\sin^2\theta\cdot r\mathrm{d}r = \int_{0}^{\frac{\pi}{2}}\cos\theta\sin^2\theta\mathrm{d}\theta\int_{0}^{1}r^4\mathrm{d}r = \frac{1}{15}$$

例7　计算 $\iint\limits_{D}\sin\sqrt{x^2+y^2}\mathrm{d}x\mathrm{d}y$, 其中 D 为以原点为中心、以 π 和 2π 为半径的两个同心圆之间的部分.

解　D: $\pi\leqslant r\leqslant2\pi$, $0\leqslant\theta\leqslant2\pi$, 如图 9.21 所示.

由图有

$$\iint\limits_{D}\sin\sqrt{x^2+y^2}\mathrm{d}x\mathrm{d}y = \int_{0}^{2\pi}\mathrm{d}\theta\int_{\pi}^{2\pi}\sin r\cdot r\mathrm{d}r$$

$$= 2\pi\left[(-r\cos r)\Big|_{\pi}^{2\pi} + \int_{\pi}^{2\pi}\cos r\mathrm{d}r\right]$$

$$= -6\pi^2$$

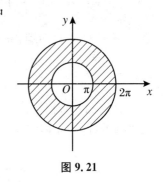

图 9.21

例8　计算 $\iint\limits_{D}\mathrm{e}^{-x^2-y^2}\mathrm{d}x\mathrm{d}y$, 其中 D 为闭圆盘 $x^2+y^2\leqslant a^2$.

解　如果利用直角坐标来计算该二重积分, 由于 e^{-x^2} 的原函数不是初等函数, 因此很难计算. 但在极坐标系中, 闭区域 D 可表示为

$$0\leqslant r\leqslant a,\quad 0\leqslant\theta\leqslant2\pi$$

则有

$$\iint\limits_{D}\mathrm{e}^{-x^2-y^2}\mathrm{d}x\mathrm{d}y = \iint\limits_{D}\mathrm{e}^{-r^2}\cdot r\mathrm{d}r\mathrm{d}\theta = \int_{0}^{2\pi}\mathrm{d}\theta\int_{0}^{\pi}r\mathrm{e}^{-r^2}\mathrm{d}r = \pi(1-\mathrm{e}^{-a^2})$$

现在我们利用本题的结果来计算在概率论和计算工程中常用的反常积分 $\int_0^{+\infty} \mathrm{e}^{-x^2}\mathrm{d}x$.

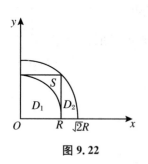

图 9.22

设

$$D_1 = \{(x,y) \mid x^2 + y^2 \leqslant R^2, x \geqslant 0, y \geqslant 0\}$$
$$D_2 = \{(x,y) \mid x^2 + y^2 \leqslant 2R^2, x \geqslant 0, y \geqslant 0\}$$
$$S = \{(x,y) \mid 0 \leqslant x \leqslant R, 0 \leqslant y \leqslant R\}$$

显然 $D_1 \subset S \subset D_2$(见图 9.22). 由于 $\mathrm{e}^{-x^2-y^2} > 0$,从而在这些闭区域上的二重积分之间有不等式:

$$\iint\limits_{D_1} \mathrm{e}^{-x^2-y^2}\mathrm{d}x\mathrm{d}y < \iint\limits_{S} \mathrm{e}^{-x^2-y^2}\mathrm{d}x\mathrm{d}y < \iint\limits_{D_2} \mathrm{e}^{-x^2-y^2}\mathrm{d}x\mathrm{d}y$$

因为

$$\iint\limits_{S} \mathrm{e}^{-x^2-y^2}\mathrm{d}x\mathrm{d}y = \int_0^R \mathrm{e}^{-x^2}\mathrm{d}x \cdot \int_0^R \mathrm{e}^{-y^2}\mathrm{d}y = \left(\int_0^R \mathrm{e}^{-x^2}\mathrm{d}x\right)^2$$

又应用上面已得的结果,有

$$\iint\limits_{D_1} \mathrm{e}^{-x^2-y^2}\mathrm{d}x\mathrm{d}y = \frac{\pi}{4}(1 - \mathrm{e}^{-R^2})$$

$$\iint\limits_{D_2} \mathrm{e}^{-x^2-y^2}\mathrm{d}x\mathrm{d}y = \frac{\pi}{4}(1 - \mathrm{e}^{-2R^2})$$

于是前面的不等式可写成

$$\frac{\pi}{4}(1 - \mathrm{e}^{-R^2}) < \left(\int_0^R \mathrm{e}^{-x^2}\mathrm{d}x\right)^2 < \frac{\pi}{4}(1 - \mathrm{e}^{-2R^2})$$

令 $R \to +\infty$,上式两端趋于同一极限 $\dfrac{\pi}{4}$,由夹逼准则有

$$\int_0^{+\infty} \mathrm{e}^{-x^2}\mathrm{d}x = \frac{\sqrt{\pi}}{2}$$

例 9 计算球体 $x^2 + y^2 + z^2 \leqslant 4a^2$ 被圆柱面 $x^2 + y^2 = 2ax(a > 0)$ 所截得的(含在圆柱面内的部分)立体的体积(见图 9.23).

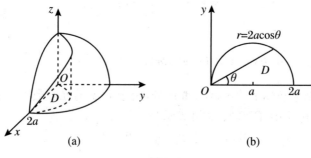

图 9.23

解 由对称性,有

$$V = 4\iint\limits_{D} \sqrt{4a^2 - x^2 - y^2}\,\mathrm{d}x\mathrm{d}y$$

其中 D 为半圆周 $y = \sqrt{2ax - x^2}$ 及 x 轴所围成的闭区域. 在极坐标系中, 闭区域 D 可用不等式组表示为 $0 \leqslant r \leqslant 2a\cos\theta, 0 \leqslant \theta \leqslant \dfrac{\pi}{2}$. 于是有

$$V = 4\iint\limits_{D} \sqrt{4a^2 - r^2} \cdot r\mathrm{d}r\mathrm{d}\theta = 4\int_0^{\pi}\mathrm{d}\theta\int_0^{2a\cos\theta} \sqrt{4a^2 - r^2} \cdot r\mathrm{d}r$$

$$= \frac{32}{3}a^3\int_0^{\frac{\pi}{2}}(1 - \sin^3\theta)\mathrm{d}\theta = \frac{32}{3}a^3\left(\frac{\pi}{2} - \frac{2}{3}\right)$$

≪ 习题 9.2（2）≫

A

1. 化下列积分为极坐标形式的二次积分.

(1) $\displaystyle\int_0^1\mathrm{d}x\int_0^1 f(x, y)\mathrm{d}y$; (2) $\displaystyle\int_0^2\mathrm{d}x\int_x^{\sqrt{3}x} f(x, y)\mathrm{d}y$;

(3) $\displaystyle\int_0^1\mathrm{d}x\int_{1-x}^{\sqrt{1-x^2}} f(x, y)\mathrm{d}y$; (4) $\displaystyle\int_0^1\mathrm{d}x\int_0^{x^2} f(x, y)\mathrm{d}y$.

2. 把下列积分化为极坐标形式, 并计算积分值.

(1) $\displaystyle\int_0^{2a}\mathrm{d}x\int_0^{\sqrt{2ax-x^2}}(x^2 + y^2)\mathrm{d}y$; (2) $\displaystyle\int_0^a\mathrm{d}x\int_0^x \sqrt{x^2 + y^2}\,\mathrm{d}y$;

(3) $\displaystyle\int_0^1\mathrm{d}x\int_{x^2}^x (x^2 + y^2)^{-\frac{1}{2}}\mathrm{d}y$; (4) $\displaystyle\int_0^a\mathrm{d}y\int_0^{\sqrt{a^2-y^2}}(x^2 + y^2)\mathrm{d}x$.

3. 利用极坐标计算下列二重积分.

(1) $\displaystyle\iint\limits_{D}\mathrm{e}^{x^2+y^2}\mathrm{d}\sigma$, 其中 D 是由 $x^2 + y^2 = 4$ 所围成的闭区域;

(2) $\displaystyle\iint\limits_{D}\ln(1 + x^2 + y^2)\mathrm{d}\sigma$, 其中 D 是由圆周 $x^2 + y^2 = 1$ 及坐标轴所围成的在第一象限内的闭区域;

(3) $\displaystyle\iint\limits_{D}\arctan\frac{y}{x}\mathrm{d}\sigma$, 其中 D 是由 $x^2 + y^2 = 1, x^2 + y^2 = 4$ 及直线 $y = 0, y = x$ 所围成的在第一象限内的闭区域;

(4) $\displaystyle\iint\limits_{x^2+y^2\leqslant x+y}(x + y)\mathrm{d}x\mathrm{d}y$.

B

1. 选用适当的坐标计算下列各题.

(1) $\displaystyle\iint\limits_{D}\frac{x^2}{y^2}\mathrm{d}\sigma$, 其中 D 是由 $x = 2, y = x$ 及 $xy = 1$ 所围成的闭区域;

(2) $\displaystyle\iint\limits_{D}\sqrt{\frac{1 - x^2 - y^2}{1 + x^2 + y^2}}\mathrm{d}\sigma$, 其中 D 是由圆周 $x^2 + y^2 = 1$ 及坐标轴所围成的在第一象限内的闭区域;

(3) $\iint\limits_{D} \dfrac{x+y}{x^2+y^2}\mathrm{d}\sigma$,其中 D 为 $x^2+y^2\leqslant 1, x+y\geqslant 1$;

(4) $\iint\limits_{D} \dfrac{\mathrm{d}\sigma}{(a^2+x^2+y^2)^{\frac{3}{2}}}$,其中 D 为 $0\leqslant x\leqslant a, 0\leqslant y\leqslant a$.

2. 计算区域 Ω 的体积,其中 Ω 由 $z=xy, x^2+y^2\leqslant a^2, z=0$ 所围成.

9.3　三重积分的概念与计算

9.3.1　三重积分的概念与性质

二重积分的被积函数是一个二元函数,它的积分域是一个平面区域,若考虑三元函数 $f(x,y,z)$ 在空间闭区域 Ω 上的积分,就得到三重积分.

定义　设 $f(x,y,z)$ 是空间有界闭区域 Ω 上的有界函数.将 Ω 任意分成 n 个小闭区域:

$$\Delta v_1, \Delta v_2, \cdots, \Delta v_n$$

其中 Δv_i 表示第 i 个小闭区域,也表示它的体积.在每个 Δv_i 上任取一点 (ξ_i, η_i, ζ_i),作乘积 $f(\xi_i, \eta_i, \zeta_i)\Delta v_i(i=1,2,\cdots,n)$,并作和 $\sum\limits_{i=1}^{n} f(\xi_i, \eta_i, \zeta_i)\Delta v_i$.如果当各小闭区域直径中的最大值 λ 趋于零时,这个和式的极限总存在,则称此极限为函数 $f(x,y,z)$ 在闭区域 Ω 上的三重积分,记作 $\iiint\limits_{\Omega} f(x,y,z)\mathrm{d}v$,即

$$\iiint\limits_{\Omega} f(x,y,z)\mathrm{d}v = \lim\limits_{\lambda\to 0}\sum\limits_{i=1}^{n} f(\xi_i, \eta_i, \zeta_i)\Delta v_i$$

其中 $f(x,y,z)$ 称为被积函数,Ω 称为积分区域,$\mathrm{d}v$ 称为体积元素.

在空间直角坐标系下,若用平行于坐标面的平面来划分 Ω,则除了包含 Ω 的边界点的一些不规则小闭区域外,得到的小闭区域 Δv_i 为长方体.因此,在直角坐标系下,有时也把体积元素 $\mathrm{d}v$ 记作 $\mathrm{d}x\mathrm{d}y\mathrm{d}z$,而把三重积分记作

$$\iiint\limits_{\Omega} f(x,y,z)\mathrm{d}x\mathrm{d}y\mathrm{d}z$$

其中 $\mathrm{d}x\mathrm{d}y\mathrm{d}z$ 叫作直角坐标系中的体积元素.

与二重积分一样,若函数 $f(x,y,z)$ 在区域 Ω 上连续,则三重积分 $\iiint\limits_{\Omega} f(x,y,z)\mathrm{d}v$ 一定存在.以后我们总假定函数 $f(x,y,z)$ 在闭区域 Ω 上是连续的.二重积分的一些术语,如被积函数、积分区域等,也可相应地用到三重积分上,它的所有性质对三重积分同样成立,这里不再重复.

对于三重积分,没有直观的几何意义,但是却有着各种不同的物理意义.例如,如果 $f(x,y,z)$ 表示某物体在点 (x,y,z) 处的密度,Ω 是该物体所占有的空间闭区域,$f(x,y,z)$ 在 Ω 上连续,则 $\sum\limits_{i=1}^{n} f(\xi_i, \eta_i, \zeta_i)\Delta v_i$ 是该物体的质量 M 的近似值,这个和当 $\lambda\to 0$ 时

的极限就是该物体的质量 M,即有

$$M = \iiint\limits_{\Omega} f(x,y,z)\mathrm{d}v$$

9.3.2 直角坐标系下三重积分的计算

三重积分的计算与二重积分的计算类似,其基本思路是化为三次积分来计算.下面按不同的坐标及方法来分别讨论将三重积分化为三次积分的方法.

1. 投影法

设空间区域 Ω 在 xOy 平面上的投影为 D_{xy},穿过 Ω 内部且平行于 z 轴的直线与 Ω 的边界曲面 S 的交点不多于两个(见图9.24).

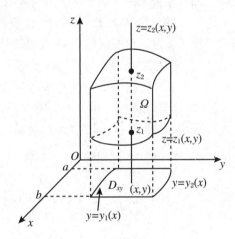

图 9.24

以 D_{xy} 的边界为准线作母线平行于 z 轴的柱面,这个柱面与曲面 S 的交线把 S 分为上、下两部分,设其方程分别为 $z = z_2(x,y)$ 与 $z = z_1(x,y)$,其中 $z_1(x,y)$ 与 $z_2(x,y)$ 都是 D_{xy} 上的连续函数,且 $z_1(x,y) \leqslant z_2(x,y)$.过 D_{xy} 内任一点 (x,y) 作平行于 z 轴的直线穿过 Ω,交其边界曲面于两点,穿入点与穿出点的竖坐标分别为 $z_1(x,y)$ 与 $z_2(x,y)$.在这种情形下,积分区域 Ω 可表示为

$$\Omega = \{(x,y,z) \mid z_1(x,y) \leqslant z \leqslant z_2(x,y), (x,y) \in D_{xy}\}$$

先将 x,y 看作定值,将 $f(x,y,z)$ 只看作 z 的函数,在区间 $[z_1(x,y), z_2(x,y)]$ 上对 z 积分,积分的结果是 x,y 的函数,记为 $F(x,y)$,即

$$F(x,y) = \int_{z_1(x,y)}^{z_2(x,y)} f(x,y,z)\mathrm{d}z$$

然后计算 $F(x,y)$ 在闭区域 D_{xy} 上的二重积分:

$$\iint\limits_{D_{xy}} F(x,y)\mathrm{d}\sigma = \iint\limits_{D_{xy}} \left[\int_{z_1(x,y)}^{z_2(x,y)} f(x,y,z)\mathrm{d}z \right]\mathrm{d}\sigma$$

假如闭区域

$$D_{xy} = \{(x,y) \mid y_1(x) \leqslant y \leqslant y_2(x), a \leqslant x \leqslant b\}$$

把上面的二重积分化为二次积分,就可得到三重积分的计算公式:

$$\iiint\limits_{\Omega} f(x,y,z)\mathrm{d}v = \int_a^b \mathrm{d}x \int_{y_1(x)}^{y_2(x)} \mathrm{d}y \int_{z_1(x,y)}^{z_2(x,y)} f(x,y,z)\mathrm{d}z$$

上述公式把三重积分化为先对 z 再对 y 最后对 x 的三次积分.

类似的,可以将闭区域 Ω 向 yOz 面或 xOz 面投影,当穿过 Ω 内部且平行于 x 轴或 y 轴的直线与 Ω 的边界曲面 S 的交点不多于两个时,就可把三重积分化为按其他顺序的三次积分.如果平行于坐标轴且穿过闭区域 Ω 内部的直线与边界曲线 S 的交点多于两个,也可像处理二重积分那样,把 Ω 分成若干部分,使 Ω 上的三重积分化为各部分闭区域上的三重积分的和.

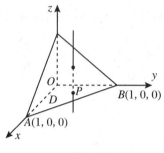

图 9.25

例 1 计算三重积分 $\iiint\limits_{\Omega} x\mathrm{d}x\mathrm{d}y\mathrm{d}z$,其中 Ω 为三个坐标面及平面 $x+y+z=1$ 所围成的闭区域.

解 如图 9.25 所示,将 Ω 投影到 xOy 面上,得投影区域 D_{xy} 为三角形区域 OAB,该区域可以表示为

$$D_{xy} = \{(x,y) \mid 0 \leqslant y \leqslant 1-x, 0 \leqslant x \leqslant 1\}$$

在 D_{xy} 内任取一点 $P(x,y)$,过此点作平行于 z 轴的直线,该直线通过平面 $z=0$ 穿入 Ω,通过平面 $z=1-x-y$ 穿出 Ω,即 $0 \leqslant z \leqslant 1-x-y$,于是

$$\iiint\limits_{\Omega} x\mathrm{d}x\mathrm{d}y\mathrm{d}z = \int_0^1 \mathrm{d}x \int_0^{1-x} \mathrm{d}y \int_0^{1-x-y} x\mathrm{d}z$$

$$= \int_0^1 \mathrm{d}x \int_0^{1-x} x(1-x-y)\mathrm{d}y$$

$$= \frac{1}{2} \int_0^1 x(1-x)^2 \mathrm{d}x = \frac{1}{24}$$

利用投影法将三重积分化为三次积分的关键在于确定积分限,而画出积分区域的图形有助于直观地确定积分限.为此,必须熟悉空间解析几何中介绍的常见平面、柱面,特别是二次曲面的图形,并具有一定的空间想象能力.

2. 截面法

计算三重积分有时也可以转化为先计算一个二重积分,再计算一个定积分,即所谓的"截面"法,也称为"先二后一"法或切片法.

设空间闭区域可以表示如下:

$$\Omega = \{(x,y,z) \mid (x,y) \in D_z, c_1 \leqslant z \leqslant c_2\}$$

其中 D_z 是竖坐标为 z 的平面截闭区域 Ω 所得到的一个平面闭区域(见图 9.26),则有

$$\iiint\limits_{\Omega} f(x,y,z)\mathrm{d}v = \int_{c_1}^{c_2} \mathrm{d}z \iint\limits_{D_z} f(x,y,z)\mathrm{d}x\mathrm{d}y$$

例 2 计算三重积分 $\iiint\limits_{\Omega} z^2 \mathrm{d}x\mathrm{d}y\mathrm{d}z$,其中 Ω 是由椭球面

$$\frac{x^2}{a^2} + \frac{y^2}{b^2} + \frac{z^2}{c^2} = 1$$ 所围成的空间闭区域.

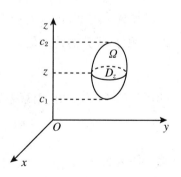

图 9.26

解 空间闭区域 Ω 可以表示为

$$\Omega = \left\{ (x,y,z) \,\middle|\, \frac{x^2}{a^2} + \frac{y^2}{b^2} \leqslant 1 - \frac{z^2}{c^2},\ -c \leqslant z \leqslant c \right\}$$

如图 9.27 所示,我们有

$$\iiint\limits_{\Omega} z^2 \,\mathrm{d}x\mathrm{d}y\mathrm{d}z = \int_{-c}^{c} z^2 \,\mathrm{d}z \iint\limits_{D_z} \mathrm{d}x\mathrm{d}y$$

$$= \pi ab \int_{-c}^{c} \left(1 - \frac{z^2}{c^2}\right) z^2 \,\mathrm{d}z = \frac{4}{15}\pi abc^3$$

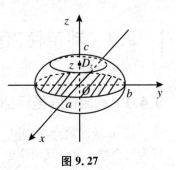

图 9.27

应当指出,利用直角坐标计算三重积分时,一般都采用 "三次积分"法,通常只在 $f(x,y,z)$ 仅是 z 的函数且 D_z 的面积易计算时,采用截面法才比较简单.

《 习题 9.3 》

A

1. 化三重积分 $\iiint\limits_{\Omega} f(x,y,z)\mathrm{d}x\mathrm{d}y\mathrm{d}z$ 为三次积分,其中积分区域 Ω 分别是:

(1) 由 $z = xy$, $x + y - 1 = 0$, $z = 0$ 所围成的闭区域;

(2) 由 $z = x^2 + y^2$, $z = 1$ 所围成的闭区域;

(3) 由 $z = x^2 + 2y^2$ 及 $z = 2 - x^2$ 所围成的闭区域.

2. 求 $\iiint\limits_{\Omega} xy^2 z^3 \,\mathrm{d}x\mathrm{d}y\mathrm{d}z$,其中 Ω 是由曲面 $z = xy$ 与平面 $y = x$, $x = 1$ 和 $z = 0$ 所围成的闭区域.

3. 求 $\iiint\limits_{\Omega} \dfrac{\mathrm{d}x\mathrm{d}y\mathrm{d}z}{(1 + x + y + z)^3}$,其中 Ω 为平面 $x = 0$, $y = 0$, $z = 0$, $x + y + z = 1$ 所围成的四面体.

4. 求 $\iiint\limits_{\Omega} xyz\mathrm{d}x\mathrm{d}y\mathrm{d}z$,其中 Ω 为球面 $x^2 + y^2 + z^2 = 1$ 及三个坐标面所围成的第一卦限内的闭区域.

5. 求 $\iiint\limits_{\Omega} xz\mathrm{d}x\mathrm{d}y\mathrm{d}z$,其中 Ω 是曲面 $z = 0$, $z = y$, $y = 1$ 及抛物柱面 $y = x^2$ 所围成的闭区域.

6. 求 $\iiint\limits_{\Omega} \mathrm{e}^{|z|}\mathrm{d}v$,其中 Ω 为 $x^2 + y^2 + z^2 \leqslant 1$.

B

1. 设 $f(x)$ 在 $(-\infty, +\infty)$ 内可积,试证:$\iiint\limits_{\Omega} f(z)\mathrm{d}v = \pi \int_{-1}^{1} (1 - z^2)f(z)\mathrm{d}z$,其中 Ω 是由球面 $x^2 + y^2 + z^2 = 1$ 所围成的空间闭区域.

2. 计算 $\iiint\limits_{\Omega} (x^2 + y^2)\mathrm{d}x\mathrm{d}y\mathrm{d}z$,其中 Ω 为圆 $(x-b)^2 + z^2 = a^2$, $0 < a < b$,绕 Oz 轴旋转一周所生成的空间环形闭区域.

9.4 利用柱面坐标和球面坐标计算三重积分

9.4.1 利用柱面坐标计算三重积分

设 $M(x,y,z)$ 为空间内一点,并设点 M 在 xOy 面上的投影 P 的极坐标为 (r,θ),则这样的三个数 r,θ,z 就叫作点 M 的柱面坐标(见图9.28),这里规定 r,θ,z 的变化范围:

$$0 \leqslant r < +\infty, \quad 0 \leqslant \theta \leqslant 2\pi, \quad -\infty < z < +\infty$$

三组坐标面分别为:

$r =$ 常数,即以 z 轴为轴的圆柱面.

$\theta =$ 常数,即过 z 轴的半平面.

$z =$ 常数,即与 xOy 面平行的平面.

显然,点 M 的直角坐标与柱面坐标的关系为

$$\begin{cases} x = r\cos\theta \\ y = r\sin\theta \\ z = z \end{cases}$$

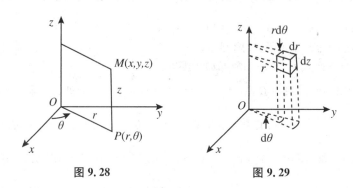

图 9.28   图 9.29

下面讨论利用柱面坐标计算三重积分 $\iiint\limits_{\Omega} f(x,y,z)\mathrm{d}v$ 的方法.为此,用三组坐标面 r = 常数,$\theta =$ 常数,$z =$ 常数把 Ω 分成许多小闭区域,除了含 Ω 的边界点的一些不规则小闭区域外,这种小闭区域都是柱体.现在考虑由 r,θ,z 各取得微小增量 $\mathrm{d}r,\mathrm{d}\theta,\mathrm{d}z$ 所成的柱体的体积(见图9.29).这个体积等于高与底面积的乘积.现在此柱体的高为 $\mathrm{d}z$,底面积在不计高阶无穷小时为 $r\mathrm{d}r\mathrm{d}\theta$(即极坐标系中的面积元素),于是得

$$\mathrm{d}v = r\mathrm{d}r\mathrm{d}\theta\mathrm{d}z$$

这就是柱面坐标系中的体积元素.进一步我们有

$$\iiint\limits_{\Omega} f(x,y,z)\mathrm{d}x\mathrm{d}y\mathrm{d}z = \iiint\limits_{\Omega} F(r,\theta,z)r\mathrm{d}r\mathrm{d}\theta\mathrm{d}z$$

其中 $F(r,\theta,z) = f(r\cos\theta, r\sin\theta, z)$.上式就是把三重积分的变量从直角坐标变换到柱面坐标的公式.至于变量变换为柱面坐标后的三重积分的计算,则可化为三次积分来进行.化为三次积分时,积分限是根据 r,θ,z 在积分区域 Ω 中的变化范围来确定的.下面通

过例子来说明.

例 1 计算三重积分 $\iiint\limits_{\Omega}(x^2 + y^2 + z^2)\mathrm{d}x\mathrm{d}y\mathrm{d}z$,其中 Ω 为曲面 $z = x^2 + y^2$ 和平面 $z = 1$ 所围成的闭区域.

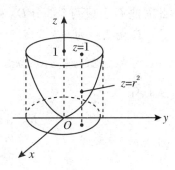

图 9.30

解 把闭区域 Ω 投影到 xOy 面上,得半径为 1 的圆形闭区域 $D_{xy} = \{(r, \theta) \mid 0 \leqslant r \leqslant 1, 0 \leqslant \theta \leqslant 2\pi\}$. 在 D_{xy} 内任取一点 (r, θ),过此点作平行于 z 轴的直线,此直线通过曲面 $z = x^2 + y^2$ 穿入 Ω 内,通过平面 $z = 1$ 穿出 Ω 外(见图 9.30).

因此闭区域 Ω 可以表示为 $r^2 \leqslant z \leqslant 1, 0 \leqslant r \leqslant 1, 0 \leqslant \theta \leqslant 2\pi$.
所以

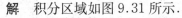

$$\iiint\limits_{\Omega}(x^2 + y^2 + z^2)\mathrm{d}x\mathrm{d}y\mathrm{d}z = \iiint\limits_{\Omega}(r^2 + z^2)r\mathrm{d}r\mathrm{d}\theta\mathrm{d}z = \int_0^{2\pi}\mathrm{d}\theta\int_0^1\mathrm{d}r\int_{r^2}^1(r^2 + z^2)r\mathrm{d}z$$

$$= \int_0^{2\pi}\mathrm{d}\theta\int_0^1\left(r^3 + \frac{r}{3} - r^5 - \frac{r^7}{3}\right)\mathrm{d}r = \frac{5}{12}\pi$$

例 2 计算 $I = \iiint\limits_{\Omega}z\sqrt{x^2 + y^2}\mathrm{d}v$,其中 Ω 是圆柱面 $y = \sqrt{2x - x^2}$ 及平面 $y = 0, z = 0$ 和 $z = 3$ 所围成的空间闭区域.

解 积分区域如图 9.31 所示.

将 Ω 投影到 xOy 坐标面得投影区域 D_{xy},而 D_{xy} 是由 $y = 0$ 和曲线 $y = \sqrt{2x - x^2}$ 围成,于是在柱面坐标系下 Ω 可由不等式:$0 \leqslant z \leqslant 3, 0 \leqslant r \leqslant 2\cos\theta, 0 \leqslant \theta \leqslant \frac{\pi}{2}$ 来表示,所以

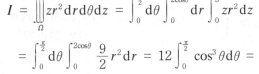

$$I = \iiint\limits_{\Omega}zr^2\mathrm{d}r\mathrm{d}\theta\mathrm{d}z = \int_0^{\frac{\pi}{2}}\mathrm{d}\theta\int_0^{2\cos\theta}\mathrm{d}r\int_0^3 zr^2\mathrm{d}z$$

图 9.31

$$= \int_0^{\frac{\pi}{2}}\mathrm{d}\theta\int_0^{2\cos\theta}\frac{9}{2}r^2\mathrm{d}r = 12\int_0^{\frac{\pi}{2}}\cos^3\theta\mathrm{d}\theta = 8$$

一般情况下,当 Ω 为圆柱体(或其一部分),或 Ω 在 xOy 坐标面上的投影区域为圆域(或其一部分),或被积函数含有 $x^2 + y^2$ 时,采用柱面坐标计算三重积分比较方便.

例 3 计算 $I = \iiint\limits_{\Omega}(x^2 + y^2)\mathrm{d}x\mathrm{d}y\mathrm{d}z$,其中 Ω 是由曲线 $y^2 = 2z, x = 0$ 绕 z 轴旋转一周而成的曲面与两平面 $z = 2, z = 8$ 所围的区域.

解 曲线 $y^2 = 2z, x = 0$ 绕 z 轴旋转所得的旋转曲面方程为 $x^2 + y^2 = 2z$.

积分区域 Ω 在 xOy 面上的投影区域为 D,由于过 D 中的点作 z 轴平行线穿过 Ω 时,与不同边界曲面相交,因

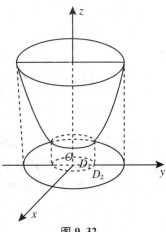

图 9.32

此需把 D 分成两个部分 D_1 和 D_2(见图9.32).

Ω 可表示为

$$\left\{2\leqslant z\leqslant 8,0\leqslant r\leqslant 2,0\leqslant\theta\leqslant 2\pi\right\}+\left\{\frac{r^2}{2}\leqslant z\leqslant 8,2\leqslant r\leqslant 4,0\leqslant\theta\leqslant 2\pi\right\}$$

从而有

$$
\begin{aligned}
I &= \iint_{D_1}\mathrm{d}r\mathrm{d}\theta\int_2^8 r^3\mathrm{d}z + \iint_{D_2}\mathrm{d}r\mathrm{d}\theta\int_{\frac{r^2}{2}}^8 r^3\mathrm{d}z \\
&= \int_0^{2\pi}\mathrm{d}\theta\int_0^2 6r^3\mathrm{d}r + \int_0^{2\pi}\mathrm{d}\theta\int_2^4 r^3\left(8-\frac{r^2}{2}\right)\mathrm{d}r \\
&= 336\pi
\end{aligned}
$$

考虑到积分区域 Ω 平行于 xOy 面的截面为圆,本题用切片法计算更适宜.此时,积分区域 $\Omega=\left\{(x,y)\in D_z:0\leqslant r\leqslant\sqrt{2z},0\leqslant\theta\leqslant 2\pi,2\leqslant z\leqslant 8\right\}$.有

$$I = \int_2^8\mathrm{d}z\int_0^{2\pi}\mathrm{d}\theta\int_0^{\sqrt{2z}} r^2\cdot r\mathrm{d}r = 2\pi\int_2^8 z^2\mathrm{d}z = 336\pi$$

9.4.2 利用球面坐标计算三重积分

设 $M(x,y,z)$ 为空间内一点,则点 M 也可用这样三个有序的数 r,φ,θ 来确定,其中 r 为原点 O 与点 M 间的距离,φ 为有向线段 $\overrightarrow{OM}$ 与 z 轴正向所夹的角,θ 为从 z 正轴来看自 x 轴按逆时针方向转到有向线段 $\overrightarrow{OP}$ 的角,这里 P 为点 M 在 xOy 面上的投影(见图9.33).

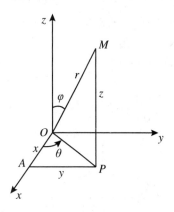

图 9.33

这样的三个数 r,φ,θ 就称为点 M 的球面坐标,这里 r,φ,θ 的变化范围为

$$0\leqslant r<+\infty,\quad 0\leqslant\varphi\leqslant\pi,\quad 0\leqslant\theta\leqslant 2\pi$$

三组坐标面分别为:

$r=$ 常数,即以原点为球心的球面.

$\varphi=$ 常数,即以原点为顶点、z 轴为轴的圆锥面.

$\theta=$ 常数,即过 z 轴的半平面.

设点 M 在 xOy 面上的投影为 P,点 P 在 x 轴上的投影为 A,则 $OA=x$,$AP=y$,$PM=z$.又 $OP=r\sin\varphi$,$z=r\cos\varphi$,因此,点 M 的直角坐标与球面坐标的关系为

$$\begin{cases} x=OP\cos\theta=r\sin\varphi\cos\theta \\ y=OP\sin\theta=r\sin\varphi\sin\theta \\ z=r\cos\varphi \end{cases}$$

现在来考察三重积分在球面坐标系下的形式.为此,用球面坐标系中的三族坐标面把空间区域 Ω 划分为许多小闭区域.考虑由 r,φ,θ 分别取微小增量 $\mathrm{d}r,\mathrm{d}\varphi,\mathrm{d}\theta$ 而产生的"六面体"体积 $\mathrm{d}v$(见图9.34).

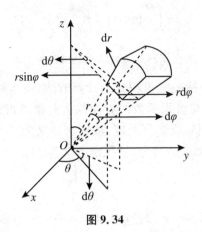

图 9.34

在不计高阶无穷小时,这个六面体可近似地看作长方体,三边长分别为 $r\mathrm{d}\varphi$,$r\sin\varphi\mathrm{d}\theta$,$\mathrm{d}r$. 从而可得

$$\mathrm{d}v = r^2\sin\varphi\mathrm{d}r\mathrm{d}\varphi\mathrm{d}\theta$$

这就是球面坐标中的体积微元. 进一步可得到球面坐标下三重积分的表达式:

$$\iiint\limits_{\Omega}f(x,y,z)\mathrm{d}x\mathrm{d}y\mathrm{d}z = \iiint\limits_{\Omega}f(r\sin\varphi\cos\theta,r\sin\varphi\sin\theta,r\cos\varphi)\cdot r^2\sin\varphi\mathrm{d}r\mathrm{d}\varphi\mathrm{d}\theta$$

要计算变量变换为球面坐标后的三重积分,可把它化为对 r、对 φ 及对 θ 的三次积分.

若积分区域 Ω 的边界曲面是一个包围原点在内的闭曲面,其球面坐标方程为 $r = r(\varphi,\theta)$,则

$$I = \iiint\limits_{\Omega}F(r,\varphi,\theta)r^2\sin\varphi\mathrm{d}r\mathrm{d}\varphi\mathrm{d}\theta = \int_0^{2\pi}\mathrm{d}\theta\int_0^{\pi}\mathrm{d}\varphi\int_0^{r(\varphi,\theta)}F(r,\varphi,\theta)r^2\sin\varphi\mathrm{d}r$$

当积分区域 Ω 为球面 $r = a$ 所围成时,有

$$I = \int_0^{2\pi}\mathrm{d}\theta\int_0^{\pi}\mathrm{d}\varphi\int_0^{a}F(r,\varphi,\theta)r^2\sin\varphi\mathrm{d}r$$

特别的,当 $F(r,\varphi,\theta)=1$ 时,由上式即得球的体积:

$$V = \int_0^{2\pi}\mathrm{d}\theta\int_0^{\pi}\sin\varphi\mathrm{d}\varphi\int_0^{a}r^2\mathrm{d}r = 2\pi\cdot2\cdot\frac{a^3}{3} = \frac{4}{3}\pi a^3$$

这是我们所熟知的结果.

例 4 求球面 $x^2 + y^2 + z^2 = 2az$($a>0$)与锥面 $z = \sqrt{x^2 + y^2}$ 所围的包含球心的那部分区域的体积.

解 画出积分区域 Ω,见图 9.35,Ω 可以表示为 $0\leqslant r\leqslant 2a\cos\varphi$,$0\leqslant\varphi\leqslant\frac{\pi}{4}$,$0\leqslant\theta\leqslant2\pi$. 则体积

$$V = \iiint\limits_{\Omega}r^2\sin\varphi\mathrm{d}r\mathrm{d}\varphi\mathrm{d}\theta$$

$$= \int_0^{2\pi}\mathrm{d}\theta\int_0^{\frac{\pi}{4}}\mathrm{d}\varphi\int_0^{2a\cos\varphi}r^2\sin\varphi\mathrm{d}r$$

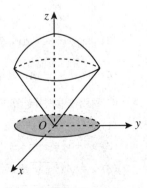

图 9.35

$$= 2\pi \int_0^{\frac{\pi}{4}} \sin\varphi \, \mathrm{d}\varphi \int_0^{2a\cos\varphi} r^2 \, \mathrm{d}r$$

$$= \frac{16\pi a^3}{3} \int_0^{\frac{\pi}{4}} \cos^3\varphi \sin\varphi \, \mathrm{d}\varphi = \pi a^3$$

本节介绍了两种不同坐标中三重积分的计算方法,在实际计算中,选择合适的坐标非常关键,应根据积分区域与被积函数两方面综合起来考虑. 一般来讲,若积分区域在 xOy 平面上的投影区域为圆域或部分圆域,被积函数又为 $f(x^2 + y^2)$ 型,宜采用柱面坐标;若积分区域是球域或球域的一部分,被积函数又为 $f(x^2 + y^2 + z^2)$ 型,则宜采用球面坐标.

≪ 习题 9.4 ≫

A

1. 利用柱面坐标计算三重积分 $\iiint\limits_{\Omega} z \, \mathrm{d}v$,其中 Ω 是由曲面 $z = \sqrt{2 - x^2 - y^2}$ 及 $z = x^2 + y^2$ 所围成的闭区域.

2. 利用柱面坐标计算三重积分 $\iiint\limits_{\Omega} (x^2 + y^2) \, \mathrm{d}v$,其中 Ω 是由曲面 $x^2 + y^2 = 2z$ 及平面 $z = 2$ 所围成的闭区域.

3. 利用球面坐标计算三重积分 $\iiint\limits_{\Omega} (x^2 + y^2 + z^2) \, \mathrm{d}v$,其中 Ω 是由球面 $x^2 + y^2 + z^2 = 1$ 所围成的闭区域.

4. 利用球面坐标计算三重积分 $\iiint\limits_{\Omega} z \, \mathrm{d}v$,其中 Ω 由不等式 $x^2 + y^2 + (z - a)^2 \leqslant a^2$,$\sqrt{x^2 + y^2} \leqslant z$ 所确定.

5. 选用适当的坐标计算下列三重积分.

(1) $\iiint\limits_{\Omega} xy \, \mathrm{d}v$,其中 Ω 为柱面 $x^2 + y^2 = 1$ 及平面 $z = 1, z = 0, x = 0, y = 0$ 所围成的在第一卦限内的闭区域;

(2) $\iiint\limits_{\Omega} \frac{\cos\left(\sqrt{x^2 + y^2 + z^2}\right)}{\sqrt{x^2 + y^2 + z^2}} \, \mathrm{d}v$,其中 Ω 为 $\pi^2 \leqslant x^2 + y^2 + z^2 \leqslant 4\pi^2$;

(3) $\iiint\limits_{\Omega} z \sqrt{x^2 + y^2} \, \mathrm{d}v$,其中 Ω 是由 $y = \sqrt{2x - x^2}$ 及 $z = 0, z = 3, y = 0$ 所围成的闭区域;

(4) $\iiint\limits_{\Omega} (x^2 + y^2) \, \mathrm{d}v$,其中 Ω 为 $1 \leqslant x^2 + y^2 + z^2 \leqslant 2, x \geqslant 0, y \geqslant 0$.

6. 利用三重积分计算下列由曲面所围成的立体的体积.

(1) $z = 6 - x^2 - y^2$ 及 $z = \sqrt{x^2 + y^2}$;

(2) $x^2 + y^2 + z^2 = 4a^2$ 及 $x^2 + y^2 = z^2$(含有 z 轴的部分);

(3) $z = \sqrt{x^2 + y^2}$ 及 $z = x^2 + y^2$;

(4) $z = \sqrt{5 - x^2 - y^2}$ 及 $x^2 + y^2 = 4z$.

B

1. 设 $f(x,y,z)$ 为连续函数,求 $\lim\limits_{t \to 0^+} \dfrac{1}{\pi t^3} \iiint\limits_{\Omega : x^2 + y^2 + z^2 \leqslant t^2} f(x,y,z)\mathrm{d}x\mathrm{d}y\mathrm{d}z$.

2. 设 $f(x)$ 连续且恒大于零,$F(t) = \dfrac{\iiint\limits_{\Omega(t)} f(x^2 + y^2 + z^2)\mathrm{d}v}{\iint\limits_{D(t)} f(x^2 + y^2)\mathrm{d}\sigma}$,其中 $\Omega(t) : x^2 + y^2 + z^2 \leqslant t^2$,$D(t)$:

$x^2 + y^2 \leqslant t^2$. 证明:$F(x)$ 在 $(0, +\infty)$ 内单调增加.

9.5 重积分的应用

由前面的讨论可知,曲顶柱体的体积、平面薄片的质量可以用二重积分计算,空间物体的质量可以用三重积分计算. 本节中我们将把定积分应用中的元素法推广到重积分的应用中,具体讨论重积分在几何、物理上的一些其他应用.

9.5.1 空间曲面的面积

设曲面 S 的方程为 $z = f(x,y)$,D 为曲面 S 在 xOy 面上的投影区域,函数 $f(x,y)$ 在 D 上具有连续偏导数 $f_x(x,y)$ 和 $f_y(x,y)$,要求计算曲面 S 的面积 A.

在闭区域 D 上任取一直径很小的面积微元 $\mathrm{d}\sigma$,在 $\mathrm{d}\sigma$ 内任取一点 $P(x,y)$,对应的曲面 S 上有一点 $M(x,y,f(x,y))$,点 M 在 xOy 面上的投影即点 P. 点 M 处曲面 S 的切平面设为 T(见图 9.36). 以小闭区域 $\mathrm{d}\sigma$ 的边界为准线作母线平行于 z 轴的柱面,这个柱面在曲面 S 上截下一小片曲面,其面积记为 ΔA;柱面在切平面上截下一小片平面,其面积记为 $\mathrm{d}A$. 由于 $\mathrm{d}\sigma$ 的直径很小,切平面 T 上的那一小片平面的面积 $\mathrm{d}A$ 可认为近似等于曲面 S 上相应的那一小片曲面的面积 ΔA,即 $\Delta A \approx \mathrm{d}A$.

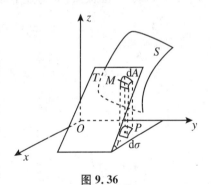

图 9.36

设点 M 处曲面 S 的法线(指向朝上)与 z 轴正向的夹角为 γ,则

$$\mathrm{d}A = \frac{\mathrm{d}\sigma}{\cos\gamma}$$

因为 $\cos\gamma = \dfrac{1}{\sqrt{1 + f_x^2(x,y) + f_y^2(x,y)}}$,所以 $\mathrm{d}A = \sqrt{1 + f_x^2(x,y) + f_y^2(x,y)}\,\mathrm{d}\sigma$. 这就是曲面 S 的面积元素. 对其在闭区域 D 上积分,得

$$A = \iint\limits_{D} \sqrt{1 + f_x^2(x,y) + f_y^2(x,y)}\,\mathrm{d}\sigma$$

上式也可写成

$$A = \iint\limits_{D} \sqrt{1 + \left(\frac{\partial z}{\partial x}\right)^2 + \left(\frac{\partial z}{\partial y}\right)^2}\,\mathrm{d}x\mathrm{d}y$$

这就是曲面面积的计算公式.

设曲面方程为 $x = g(y,z)$ 或 $y = h(z,x)$,则可把曲面投影到 yOz 面或 zOx 面上,得投影区域 D_{yz} 或 D_{zx},类似可得

$$A = \iint\limits_{D_{yz}} \sqrt{1 + \left(\frac{\partial x}{\partial y}\right)^2 + \left(\frac{\partial x}{\partial z}\right)^2}\,\mathrm{d}y\mathrm{d}z$$

或

$$A = \iint\limits_{D_{zx}} \sqrt{1 + \left(\frac{\partial y}{\partial x}\right)^2 + \left(\frac{\partial y}{\partial z}\right)^2}\,\mathrm{d}z\mathrm{d}x$$

例 1 求半径为 a 的球的表面积.

解 设上半球面方程为 $z = \sqrt{a^2 - x^2 - y^2}$,则它在 xOy 面上的投影区域 D 为 $\{(x,y)\,|\,x^2 + y^2 \leqslant a^2\}$.

由 $\dfrac{\partial z}{\partial x} = \dfrac{-x}{\sqrt{a^2 - x^2 - y^2}},\dfrac{\partial z}{\partial y} = \dfrac{-y}{\sqrt{a^2 - x^2 - y^2}}$,得

$$\sqrt{1 + \left(\frac{\partial z}{\partial x}\right)^2 + \left(\frac{\partial z}{\partial y}\right)^2} = \frac{a}{\sqrt{a^2 - x^2 - y^2}}$$

由于该函数在闭区域 D 上无界,我们不能直接应用曲面面积公式.所以先取区域 $D_1 = \{(x,y)\,|\,x^2 + y^2 \leqslant b^2\}$ $(0 < b < a)$ 为积分区域,算出相应于 D_1 上的球面面积 A_1 后,再令 $b \to a$ 取 A_1 的极限,即为上半球面的面积.采用极坐标计算,得

$$A_1 = \iint\limits_{D_1} \frac{a}{\sqrt{a^2 - x^2 - y^2}}\mathrm{d}x\mathrm{d}y = \iint\limits_{D_1} \frac{a}{\sqrt{a^2 - r^2}}r\mathrm{d}r\mathrm{d}\theta = a\int_0^{2\pi}\mathrm{d}\theta\int_0^b \frac{r\mathrm{d}r}{\sqrt{a^2 - r^2}}$$

$$= 2\pi a\int_0^b \frac{r\mathrm{d}r}{\sqrt{a^2 - r^2}} = 2\pi a\left(a - \sqrt{a^2 - b^2}\right)$$

有 $\lim\limits_{b \to a}A_1 = \lim\limits_{b \to a}2\pi a\left(a - \sqrt{a^2 - b^2}\right) = 2\pi a^2$,故整个球面的面积为 $A = 4\pi a^2$.

例 2 求底圆半径相等的两直交圆柱所围立体的表面积 A.

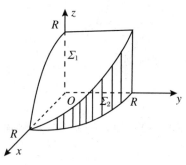

图 9.37

解 建立坐标系如图 9.37 所示,设圆柱的底圆半径为 R,则两圆柱的方程分别为

$$x^2 + y^2 = R^2, \quad x^2 + z^2 = R^2$$

由几何对称性可知,所围立体表面在第一卦限的部分曲面 Σ_1,Σ_2 的面积相等.设 Σ_1 的面积为 A_1,则 $A = 16A_1$.

Σ_1 的方程为 $z = \sqrt{R^2 - x^2}$,其在 xOy 坐标面上的投影区域为

$$D_{xy} = \left\{(x,y)\,\middle|\,0 \leqslant y \leqslant \sqrt{R^2 - x^2}, 0 \leqslant x \leqslant R\right\}$$

故

$$A = 16A_1 = 16\iint_{D_{xy}} \sqrt{1 + (z_x')^2 + (z_y')^2}\,\mathrm{d}x\mathrm{d}y = 16\iint_{D_{xy}} \frac{R}{\sqrt{R^2 - x^2}}\,\mathrm{d}x\mathrm{d}y$$

$$= 16R\int_0^R \mathrm{d}x \int_0^{\sqrt{R^2 - x^2}} \frac{1}{\sqrt{R^2 - x^2}}\,\mathrm{d}y = 16R^2$$

9.5.2 质心

设在 xOy 平面上有 n 个质点,它们分别位于点 $(x_1, y_1), (x_2, y_2), \cdots, (x_n, y_n)$ 处,质量分别为 $m_1, m_2, \cdots, m_n$. 由力学知识可知,该质点系的质心的坐标为

$$\bar{x} = \frac{M_y}{M} = \frac{\sum\limits_{i=1}^n m_i x_i}{\sum\limits_{i=1}^n m_i}, \quad \bar{y} = \frac{M_x}{M} = \frac{\sum\limits_{i=1}^n m_i y_i}{\sum\limits_{i=1}^n m_i}$$

其中 $M = \sum\limits_{i=1}^n m_i$ 为该质点系的总质量,$M_y = \sum\limits_{i=1}^n m_i x_i$,$M_x = \sum\limits_{i=1}^n m_i y_i$ 分别为该质点系对 y 轴和 x 轴的静矩.

设有一平面薄片,占有 xOy 面上的闭区域 D,在点 (x, y) 处的面密度为 $\mu(x, y)$,$\mu(x, y)$ 在 D 上连续. 下面计算该薄片的质心的坐标.

在闭区域 D 上任取一直径很小的闭区域 $\mathrm{d}\sigma$(这个小闭区域的面积也记作 $\mathrm{d}\sigma$),(x, y) 是这个闭区域上的一个点,由于 $\mathrm{d}\sigma$ 直径很小,且 $\mu(x, y)$ 在 D 上连续,所以薄片中相应于 $\mathrm{d}\sigma$ 的部分的质量近似等于 $\mu(x, y)\mathrm{d}\sigma$,这个部分质量可近似看作集中在点 (x, y) 上,于是可写出静矩元素 $\mathrm{d}M_y$ 及 $\mathrm{d}M_x$ 分别为

$$\mathrm{d}M_y = x\mu(x, y)\mathrm{d}\sigma, \quad \mathrm{d}M_x = y\mu(x, y)\mathrm{d}\sigma$$

以这些元素为被积表达式,在闭区域 D 上积分,便得

$$M_y = \iint_D x\mu(x, y)\mathrm{d}\sigma, \quad M_x = \iint_D y\mu(x, y)\mathrm{d}\sigma$$

又由 9.1 节知识知道,薄片的质量为

$$M = \iint_D \mu(x, y)\mathrm{d}\sigma$$

所以,薄片的质心的坐标为

$$\bar{x} = \frac{M_y}{M} = \frac{\iint_D x\mu(x, y)\mathrm{d}\sigma}{\iint_D \mu(x, y)\mathrm{d}\sigma}, \quad \bar{y} = \frac{M_x}{M} = \frac{\iint_D y\mu(x, y)\mathrm{d}\sigma}{\iint_D \mu(x, y)\mathrm{d}\sigma}$$

如果薄片是均匀的,即面密度为常量,则在上式中可把 μ 提到积分记号外面从分子、分母中约去,便得到均匀薄片的质心的坐标为

$$\bar{x} = \frac{1}{A}\iint_D x\mathrm{d}\sigma, \quad \bar{y} = \frac{1}{A}\iint_D y\mathrm{d}\sigma$$

其中 $A = \iint_D \mathrm{d}\sigma$ 为闭区域 D 的面积. 这时薄片的质心完全由闭区域 D 的形状决定. 我们把均匀平面薄片的质心叫作这平面薄片所占的平面图形的形心. 因此,平面图形 D 的形心

就可用上述公式计算.

例3 现有一个半径为1的半圆平面薄片,其在各点处的密度等于该点到圆心的距离,求此半圆形平面薄片的质心坐标.

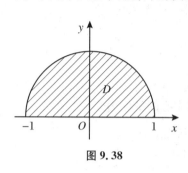

图 9.38

解 建立坐标系如图 9.38 所示,则平面薄片所占有的平面区域为 $D = \{(x,y) \mid x^2 + y^2 \leqslant 1, y \geqslant 0\}$. 由题意,平面薄片上 (x,y) 处的密度为 $\mu(x,y) = \sqrt{x^2 + y^2}$,设平面薄片的质心坐标为 $(\bar{x}, \bar{y})$,由对称性可知,质心必在 y 轴上,从而 $\bar{x} = 0$. 又

$$\bar{y} = \frac{\iint\limits_D y \sqrt{x^2 + y^2}\,\mathrm{d}\sigma}{\iint\limits_D \sqrt{x^2 + y^2}\,\mathrm{d}\sigma}$$

而

$$\iint\limits_D y \sqrt{x^2 + y^2}\,\mathrm{d}\sigma = \iint\limits_D r\sin\theta \cdot r \cdot r\mathrm{d}r\mathrm{d}\theta = \int_0^\pi \mathrm{d}\theta \int_0^1 r^3\sin\theta\,\mathrm{d}\theta = \frac{1}{2}$$

$$\iint\limits_D \sqrt{x^2 + y^2}\,\mathrm{d}\sigma = \iint\limits_D r \cdot r\mathrm{d}r\mathrm{d}\theta = \int_0^\pi \mathrm{d}\theta \int_0^1 r^2\mathrm{d}r = \frac{\pi}{3}$$

故 $\bar{y} = \dfrac{3}{2\pi}$,从而所求薄片的质心坐标为 $\left(0, \dfrac{3}{2\pi}\right)$.

类似的,占有空间有界闭区域 Ω、在点 (x,y,z) 处的密度为 $\rho(x,y,z)$(假定 $\rho(x,y,z)$ 在 Ω 上连续)的物体的质心坐标是 $\bar{x} = \dfrac{1}{M}\iiint\limits_\Omega x\rho(x,y,z)\mathrm{d}v, \bar{y} = \dfrac{1}{M}\iiint\limits_\Omega y\rho(x,y,$ $z)\mathrm{d}v, \bar{z} = \dfrac{1}{M}\iiint\limits_\Omega z\rho(x,y,z)\mathrm{d}v$,其中 $M = \iiint\limits_\Omega \rho(x,y,z)\mathrm{d}v$.

例4 求均匀半球体的质心.

解 取半球体的对称轴为 z 轴,原点取在球心上,又设球半径为 a,则半球体所占空间闭区域为

$$\Omega = \{(x,y,z) \mid x^2 + y^2 + z^2 \leqslant a^2, z \geqslant 0\}$$

显然,质心在 z 轴上,故 $\bar{x} = \bar{y} = 0$.

$$\bar{z} = \frac{1}{M}\iiint\limits_\Omega z\rho\mathrm{d}v = \frac{1}{V}\iiint\limits_\Omega z\mathrm{d}v$$

其中 $V = \dfrac{2}{3}\pi a^3$ 为半球体的体积.

$$\iiint\limits_\Omega z\mathrm{d}v = \iiint\limits_\Omega r\cos\varphi \cdot r^2\sin\varphi\,\mathrm{d}r\mathrm{d}\varphi\mathrm{d}\theta = \int_0^{2\pi}\mathrm{d}\theta\int_0^{\frac{\pi}{2}}\cos\varphi\sin\varphi\,\mathrm{d}\varphi\int_0^a r^3\mathrm{d}r$$

$$= 2\pi \cdot \left[\frac{\sin^2\varphi}{2}\right]_0^{\frac{\pi}{2}} \cdot \frac{a^4}{4} = \frac{\pi a^4}{4}$$

因此,$\bar{z} = \dfrac{3}{8}a$. 质心坐标为 $\left(0, 0, \dfrac{3}{8}a\right)$.

9.5.3 转动惯量

设在 xOy 平面上有 n 个质点,它们分别位于点 $(x_1, y_1), (x_2, y_2), \cdots, (x_n, y_n)$ 处,质量分别为 $m_1, m_2, \cdots, m_n$. 由力学知识可知,该质点系对于 x 轴以及对于 y 轴的转动惯量依次为

$$I_x = \sum_{i=1}^{n} y_i^2 m_i, \quad I_y = \sum_{i=1}^{n} x_i^2 m_i$$

设有一薄片,占有 xOy 面上的闭区域 D,在点 (x, y) 处的面密度为 $\mu(x, y)$,$\mu(x, y)$ 在 D 上连续. 下面计算该薄片对于 x 轴的转动惯量 I_x 以及对于 y 轴的转动惯量 I_y.

在闭区域 D 上任取一直径很小的闭区域 $d\sigma$(这个小闭区域的面积也记作 $d\sigma$),(x, y) 是这个闭区域上的一个点,由于 $d\sigma$ 直径很小,且 $\mu(x, y)$ 在 D 上连续,所以薄片中相应于 $d\sigma$ 的部分的质量近似等于 $\mu(x, y)d\sigma$,这个部分质量可近似看作集中在点 (x, y) 上,于是可写出薄片对于 x 轴以及对于 y 轴的转动惯量:

$$I_x = \iint_D y^2 \mu(x, y) d\sigma, \quad I_y = \iint_D x^2 \mu(x, y) d\sigma$$

例 5 求半径为 a 的均匀半圆薄片(面密度为常量 μ)对于其直径边的转动惯量.

解 取坐标系如图 9.39 所示,则薄片所占闭区域 $D = \{(x, y) \mid x^2 + y^2 \leqslant a^2, y \geqslant 0\}$,而所求转动惯量即半圆薄片对于 x 轴的转动惯量 I_x,即有

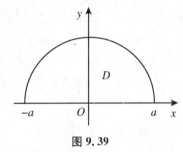

图 9.39

$$I_x = \iint_D \mu y^2 d\sigma = \mu \iint_D r^3 \sin^2 \theta dr d\theta = \mu \int_0^\pi d\theta \int_0^a r^3 \sin^2 \theta dr$$

$$= \mu \cdot \frac{a^4}{4} \int_0^\pi \sin^2 \theta d\theta = \frac{1}{4} \mu a^4 \cdot \frac{\pi}{2} = \frac{1}{4} M a^2$$

其中 $M = \frac{1}{2} \pi a^2 \mu$ 为半圆薄片的质量.

类似的,占有空间有界闭区域 Ω、在点 (x, y, z) 处的密度为 $\rho(x, y, z)$(假定 $\rho(x, y, z)$ 在 Ω 上连续)的物体对于 x, y, z 轴的转动惯量分别为

$$I_x = \iiint_\Omega (y^2 + z^2) \rho(x, y, z) dv$$

$$I_y = \iiint_\Omega (z^2 + x^2) \rho(x, y, z) dv$$

$$I_z = \iiint_\Omega (x^2 + y^2) \rho(x, y, z) dv$$

例 6 求密度为 1 的均匀球体 $x^2 + y^2 + z^2 \leqslant a^2$ 对 z 轴的转动惯量.

解 由公式知

$$I_z = \iiint_\Omega (x^2 + y^2) dv$$

在球面坐标下,积分区域 Ω 可表示为 $0 \leqslant r \leqslant a, 0 \leqslant \varphi \leqslant \pi, 0 \leqslant \theta \leqslant 2\pi$,故有

$$I_z = \int_0^{2\pi} d\theta \int_0^\pi d\varphi \int_0^a r^2 \sin^2 \varphi \cdot r^2 \sin \varphi dr = \int_0^{2\pi} d\theta \int_0^\pi \sin^3 \varphi d\varphi \int_0^a r^4 dr$$

$$= 2\pi \cdot \frac{4}{3} \cdot \frac{a^5}{5} = \frac{8}{15}\pi a^5$$

9.5.4 引力

设有一薄片,占有 xOy 面上的闭区域 D,在点 (x,y) 处的面密度为 $\mu(x,y)$,$\mu(x,y)$ 在 D 上连续.下面计算该薄片对于位于 z 轴上的点 $M_0(0,0,a)$ $(a>0)$ 处的单位质量的质点的引力.

我们应用元素法来求引力 $F = (F_x, F_y, F_z)$.在闭区域 D 上任取一直径很小的闭区域 $\mathrm{d}\sigma$(这个小闭区域的面积也记作 $\mathrm{d}\sigma$),(x,y) 是这个闭区域上的一个点.薄片中相应于 $\mathrm{d}\sigma$ 的部分的质量近似等于 $\mu(x,y)\mathrm{d}\sigma$,这部分质量可近似看作集中在点 (x,y) 处,于是,按两质点间的引力公式,可得出薄片中相当于 $\mathrm{d}\sigma$ 的部分对该质点的引力的大小近似为 $\dfrac{G\mu(x,y)\mathrm{d}\sigma}{r^2}$,引力的方向与 $(x,y,-a)$ 一致,其中 $r = \sqrt{x^2 + y^2 + a^2}$,$G$ 为引力常数.于是薄片对该质点的引力在三个坐标轴上的投影 F_x, F_y, F_z 的元素分别为

$$\mathrm{d}F_x = G\frac{\mu(x,y)x\mathrm{d}\sigma}{r^3}, \quad \mathrm{d}F_y = G\frac{\mu(x,y)y\mathrm{d}\sigma}{r^3}, \quad \mathrm{d}F_z = -G\frac{\mu(x,y)a\mathrm{d}\sigma}{r^3}$$

以这些元素为被积表达式,在闭区域 D 上积分,便得到

$$F_x = G\iint_D \frac{\mu(x,y)x}{(x^2 + y^2 + a^2)^{3/2}}\mathrm{d}\sigma$$

$$F_y = G\iint_D \frac{\mu(x,y)y}{(x^2 + y^2 + a^2)^{3/2}}\mathrm{d}\sigma$$

$$F_z = -Ga\iint_D \frac{\mu(x,y)}{(x^2 + y^2 + a^2)^{3/2}}\mathrm{d}\sigma$$

例7 求面密度为常量、半径为 R 的匀质圆形薄片:$x^2 + y^2 \leqslant R, z = 0$ 对位于 z 轴上点 $M_0(0,0,a)$ $(a>0)$ 处单位质量的质点的引力.

解 由积分区域的对称性易知,$F_x = F_y = 0$.记面密度为常量 μ,这时有

$$F_z = -Ga\mu\iint_D \frac{\mathrm{d}\sigma}{(x^2 + y^2 + a^2)^{3/2}} = -Ga\mu\int_0^{2\pi}\mathrm{d}\theta\int_0^R \frac{r\mathrm{d}r}{(r^2 + a^2)^{3/2}}$$

$$= 2\pi Ga\rho\left(\frac{1}{\sqrt{R^2 + a^2}} - \frac{1}{a}\right)$$

故所求引力为 $\left(0,0,2\pi Ga\rho\left(\dfrac{1}{\sqrt{R^2 + a^2}} - \dfrac{1}{a}\right)\right)$.

设物体占有空间闭区域 Ω,在点 (x,y,z) 处的体密度为 $\rho(x,y,z)$,假定 $\rho(x,y,z)$ 在区域 Ω 上连续.在物体内任取一微元 $\mathrm{d}v$(这个微元的体积也记作 $\mathrm{d}v$),(x,y,z) 为该微元内一点,将此微元的质量 $\mathrm{d}M = \rho\mathrm{d}v$ 近似看作集中在点 (x,y,z) 处.根据两质点间的引力公式,可得到微元 $\mathrm{d}v$ 对于该物体外一点 $P_0(x_0, y_0, z_0)$ 处质量为 m 的质点的引力为

$$\mathrm{d}F = \{\mathrm{d}F_x, \mathrm{d}F_y, \mathrm{d}F_z\} = \left\{\frac{G\rho m(x - x_0)}{r^3}\mathrm{d}v, \frac{G\rho m(y - y_0)}{r^3}\mathrm{d}v, \frac{G\rho m(z - z_0)}{r^3}\mathrm{d}v\right\}$$

其中 $\mathrm{d}F_x, \mathrm{d}F_y, \mathrm{d}F_z$ 为引力微元 $\mathrm{d}F$ 在三个坐标轴上的投影,G 为引力常数,r 为点 (x, y, z) 与 P_0 间的距离.

将 $\mathrm{d}F_x, \mathrm{d}F_y, \mathrm{d}F_z$ 在 Ω 上分别积分,即可得

$$F_x = Gm \iiint\limits_{\Omega} \frac{\rho(x,y,z)(x-x_0)}{r^3} \mathrm{d}v$$

$$F_y = Gm \iiint\limits_{\Omega} \frac{\rho(x,y,z)(y-y_0)}{r^3} \mathrm{d}v$$

$$F_z = Gm \iiint\limits_{\Omega} \frac{\rho(x,y,z)(z-z_0)}{r^3} \mathrm{d}v$$

例 8 设半径为 R 的匀质球占有空间闭区域

$$\Omega = \{(x,y,z) \mid x^2 + y^2 + z^2 \leqslant R^2\}$$

求它对位于点 $M_0(0,0,a)(a>R)$ 处的单位质量的质点的引力.

解 设球的密度为 ρ_0,由球体的对称性及质量分布的均匀性知 $F_x = F_y = 0$. 所求引力沿 z 轴的分量为

$$F_z = G\rho_0 \iiint\limits_{\Omega} \frac{z-a}{[x^2+y^2+(z-a)^2]^{3/2}} \mathrm{d}v$$

$$= G\rho_0 \int_{-R}^{R} (z-a)\mathrm{d}z \iint\limits_{x^2+y^2 \leqslant R^2-z^2} \frac{\mathrm{d}x\mathrm{d}y}{[x^2+y^2+(z-a)^2]^{3/2}}$$

$$= G\rho_0 \int_{-R}^{R} (z-a)\mathrm{d}z \int_0^{2\pi} \mathrm{d}\theta \int_0^{\sqrt{R^2-z^2}} \frac{r\mathrm{d}r}{[r^2+(z-a)^2]^{3/2}}$$

$$= 2\pi G\rho_0 \int_{-R}^{R} (z-a)\left(\frac{1}{a-z} - \frac{1}{\sqrt{R^2-2az+a^2}}\right)\mathrm{d}z$$

$$= 2\pi G\rho_0 \left[-2R + \frac{1}{a}\int_{-R}^{R} (z-a)\mathrm{d}\sqrt{R^2-2az+a^2}\right]$$

$$= 2\pi G\rho_0 \left(-2R + 2R - \frac{2R^3}{3a^2}\right) = -G \cdot \frac{4\pi R^3}{3}\rho_0 \cdot \frac{1}{a^2}$$

$$= -G\frac{M}{a^2}$$

其中 $M = \frac{4\pi R^3}{3}\rho_0$ 为球的质量.

上述结果表明:匀质球对球外一质点的引力如同球的质量集中在球心时两质点间的引力.

习题 9.5

A

1. 求球面 $x^2 + y^2 + z^2 = a^2$ 含在圆柱面 $x^2 + y^2 = ax$ 内部的那部分面积.

2. 求锥面 $z = \sqrt{x^2 + y^2}$ 被柱面 $z^2 = 2x$ 所割下部分的曲面面积.

3. 求底圆半径相等的两个直交圆柱面 $x^2 + y^2 = R^2$ 及 $x^2 + z^2 = R^2$ 所围立体的表面积.

4. 设薄片所占的闭区域 D 如下,求均匀薄片的质心.

(1) D 由 $y = \sqrt{2px}, x = x_0, y = 0$ 所围成;

（2）D 是半椭圆形闭区域 $\left\{(x,y)\left|\dfrac{x^2}{a^2}+\dfrac{y^2}{b^2}\leqslant 1,y\geqslant 0\right.\right\}$；

（3）D 是介于两个圆 $\rho=a\cos\theta,\rho=b\cos\theta(0<a<b)$ 之间的闭区域.

5. 设有一等腰直角三角形薄片，腰长为 a，各点处的面密度等于该点到直角顶点的距离的平方，求这薄片的质心.

6. 设球体占有闭区域 $\Omega=\{(x,y,z)\,|\,x^2+y^2+z^2\leqslant 2Rz\}$，它在内部各点处的密度的大小等于该点到坐标原点的距离的平方. 求这球体的质心.

7. 设均匀薄片（面密度为常数 1）所占闭区域 D 为 $\dfrac{x^2}{a^2}+\dfrac{y^2}{b^2}\leqslant 1$，求转动惯量 I_y.

8. 一均匀物体（密度 ρ 为常数）占有的闭区域 Ω 由曲面 $z=x^2+y^2$ 和平面 $z=0$，$|x|=a$，$|y|=a$ 所围成.

（1）求物体的质心；

（2）求物体关于 z 轴的转动惯量.

B

1. 在均匀半圆形薄片的直径上，要接上一个一边与直径等长的均匀矩形薄片，为了使整个均匀薄片的重心恰好落在圆心上，问接上去的均匀矩形薄片另一边的长度应是多少？

2. 密度均匀的平面薄片，由曲线 $y=x^2,x=0,y=t>0(x>0,t$ 可变) 所围成，求该可变面积平面薄片的重心轨迹.

3. 设有一由 $y=\ln x,y=0$ 及 $x=e$ 所围成的均匀薄片（面密度为 1），问此薄片绕哪一条垂直于 x 轴的直线旋转时转动惯量最小？

4. 求面密度为常量 ρ 的匀质半圆环形薄片：$R_1\leqslant\sqrt{x^2+y^2}\leqslant R_2(x\geqslant 0,z=0)$ 对位于 z 轴上点 $M_0(0,0,a)(a>0)$ 处单位质量的质点的引力.

5. 求均匀柱体：$x^2+y^2\leqslant R^2,0\leqslant z\leqslant h$ 对位于点 $M_0(0,0,a)(a>h)$ 处的单位质量质点的引力.

维纳——控制论创始人

  诺伯特·维纳（Norbert Wiener, 1894～1964）是美国数学家，控制论的创始人. 维纳 1894 年 11 月 26 日生于密苏里州的哥伦比亚，1964 年 3 月 18 日卒于斯德哥尔摩. 维纳在其 50 年的科学生涯中，先后涉足哲学、数学、物理学和工程学，最后转向生物学，在各个领域中都取得了丰硕成果，称得上是恩格斯颂扬过的、本世纪多才多艺和学识渊博的科学巨人. 在第二次世界大战期间，维纳接受了一项与火力控制有关的研究工作. 这个问题促使他深入探索了用机器来模拟人脑的计算功能，建立预测理论并应用于防空火力控制系统的预测装置. 1948 年，维纳发表《控制论》，宣告了这门新兴学科的诞生. 他的主要成果有如下八个方面：建立维纳测度；引进巴拿赫—维纳空间；阐述位势理论；发展调和分析；发

现维纳—霍普夫方法;提出维纳滤波理论;开创维纳信息论;创立控制论.

≪ 复习题 9 ≫

1. 选择题.

(1) 设 $f(\mu)$ 为连续函数且严格单减, $I_1 = \iint\limits_{x^2+y^2\leqslant 1} f\left(\frac{1}{1+\sqrt{x^2+y^2}}\right)\mathrm{d}\sigma, I_2 = \iint\limits_{x^2+y^2\leqslant 1} f\left(\frac{1}{1+\sqrt[3]{x^2+y^2}}\right)\mathrm{d}\sigma$, 则( ).

A. $I_1 < I_2$ B. $I_1 > I_2$

C. $I_1 = 4I_2$ D. I_1 与 I_2 大小不能确定

(2) 设有平面闭区域 $D = \{(x,y) \mid -a\leqslant x\leqslant a, x\leqslant y\leqslant a\}, D_1 = \{(x,y) \mid 0\leqslant x\leqslant a, x\leqslant y\leqslant a\}$, 则 $\iint\limits_{D}(xy+\cos x\sin y)\mathrm{d}x\mathrm{d}y = ($).

A. 0   B. $2\iint\limits_{D_1} xy\mathrm{d}x\mathrm{d}y$

C. $2\iint\limits_{D_1}\cos x\sin y\mathrm{d}x\mathrm{d}y$ D. $4\iint\limits_{D_1}(xy+\cos x\sin y)\mathrm{d}x\mathrm{d}y$

(3) 设有空间区域 $\Omega_1: x^2+y^2+z^2\leqslant R^2, z\geqslant 0$; $\Omega_2: x^2+y^2+z^2\leqslant R^2, x\geqslant 0, y\geqslant 0, z\geqslant 0$, 则( ).

A. $\iiint\limits_{\Omega_1} x\mathrm{d}v = 4\iiint\limits_{\Omega_2} x\mathrm{d}v$ B. $\iiint\limits_{\Omega_1} y\mathrm{d}v = 4\iiint\limits_{\Omega_2} y\mathrm{d}v$

C. $\iiint\limits_{\Omega_1} z\mathrm{d}v = 4\iiint\limits_{\Omega_2} z\mathrm{d}v$ D. $\iiint\limits_{\Omega_1} xyz\mathrm{d}v = 4\iiint\limits_{\Omega_2} xyz\mathrm{d}v$

(4) 设函数 $f(u)$ 有连续导数且 $f(0) = 0$, 则 $\lim\limits_{t\to 0^+}\frac{1}{\pi t^4}\iiint\limits_{\Omega} f\left(\sqrt{x^2+y^2+z^2}\right)\mathrm{d}v = ($), 其中 $\Omega: x^2+y^2+z^2\leqslant t^2$.

A. $f(0)$ B. $f'(0)$ C. $\frac{1}{\pi}f'(0)$ D. $\frac{2}{\pi}f'(0)$

(5) 若 $\iint\limits_{D} f(x,y)\mathrm{d}\sigma = \int_{-\frac{\pi}{2}}^{\frac{\pi}{2}}\mathrm{d}\theta\int_0^{a\cos\theta} f(r\cos\theta, r\sin\theta)r\mathrm{d}r$, 则积分区域 D 为( ).

A. $x^2+y^2\leqslant a^2$ B. $x^2+y^2\leqslant a^2 (x\geqslant 0)$

C. $x^2+y^2\leqslant ax (a>0)$ D. $x^2+y^2\leqslant ax (a<0)$

(6) $I = \int_1^e \mathrm{d}x\int_0^{\ln x} f(x,y)\mathrm{d}y$, 交换积分次序后为( ).

A. $I = \int_1^e \mathrm{d}y\int_0^{\ln x} f(x,y)\mathrm{d}x$ B. $I = \int_0^e \mathrm{d}y\int_0^1 f(x,y)\mathrm{d}x$

C. $I = \int_0^{\ln x} \mathrm{d}y\int_1^e f(x,y)\mathrm{d}x$ D. $I = \int_0^1 \mathrm{d}y\int_{e^y}^e f(x,y)\mathrm{d}x$

(7) 已知 $\int_0^1 f(x)\mathrm{d}x = \int_0^1 xf(x)\mathrm{d}x$, 则 $\iint\limits_{D} f(x)\mathrm{d}x\mathrm{d}y = ($), 其中 $D: x+y\leqslant 1, x\geqslant 0, y\geqslant 0$.

A. 2   B. 0   C. $\frac{1}{2}$ D. 1

(8) 曲面 $x^2+y^2+z^2 = 2z$ 之内及曲面 $x^2+y^2 = z$ 之外所围的立体体积 $V = ($).

A. $\int_0^{2\pi}\mathrm{d}\theta\int_0^1 r\mathrm{d}r\int_{r^2}^{1-r^2}\mathrm{d}z$ 　　　　　B. $\int_0^{2\pi}\mathrm{d}\theta\int_0^r r\mathrm{d}r\int_1^{1-\sqrt{1-r^2}}\mathrm{d}z$

C. $\int_0^{2\pi}\mathrm{d}\theta\int_0^1 r\mathrm{d}r\int_{r^2}^{1-r}\mathrm{d}z$ 　　　　　D. $\int_0^{2\pi}\mathrm{d}\theta\int_0^1 r\mathrm{d}r\int_{1-\sqrt{1-r^2}}^{r^2}\mathrm{d}z$

(9) 设 $f(x)$ 为连续函数，$F(t)=\int_1^t\mathrm{d}y\int_y^t f(x)\mathrm{d}x$，则 $F'(2)=$（　　　）.

A. $2f(2)$ 　　　　B. $f(2)$ 　　　　C. $-f(2)$ 　　　　D. 0

(10) 设 $f(x,y)$ 连续，且 $f(x,y)=xy+\iint\limits_D f(x,y)\mathrm{d}x\mathrm{d}y$，其中 D 是由 $y=0,y=x^2,x=1$ 所围区域，则 $f(x,y)=$（　　　）.

A. $xy+\dfrac{1}{8}$ 　　　　B. $xy+1$ 　　　　C. xy 　　　　D. $2xy$

2. 填空题.

(1) $\int_0^2\mathrm{d}x\int_x^2 \mathrm{e}^{-y^2}\mathrm{d}y=$ _____ .

(2) 交换二次积分的次序，$\int_0^1\mathrm{d}x\int_0^{\sqrt{2x-x^2}}f(x,y)\mathrm{d}y=$ _____ ．

(3) $\iint\limits_{|x|+|y|\leqslant 1}|xy|\mathrm{d}x\mathrm{d}y=$ _____ .

(4) $\iint\limits_D\min(x,y)\mathrm{d}\sigma=$ _____ ，其中 $D:0\leqslant x\leqslant 3,0\leqslant y\leqslant 1$.

(5) $\iiint\limits_\Omega z^2\mathrm{d}v=$ _____ ，其中 $\Omega:x^2+\dfrac{y^2}{2^2}+\dfrac{z^2}{3^2}\leqslant 1,0\leqslant z\leqslant 1$.

(6) 曲面 $z=\sqrt{x^2+y^2}$ 夹在圆柱面 $x^2+y^2=y,x^2+y^2=2y$ 之间部分的面积为_____ ．

3. 设 $f(x)$ 为 $[a,b]$ 上的正连续函数，试用二重积分证明不等式：

$$\int_a^b f(x)\mathrm{d}x\int_a^b\frac{\mathrm{d}x}{f(x)}\geqslant(b-a)^2$$

4. 设函数 $f(x,y)$ 与 $g(x,y)$ 均在有界闭区域 D 上连续且 $g(x,y)$ 不变号，证明：至少存在一点 $(\xi,\eta)\in D$，使得 $\iint\limits_D f(x,y)g(x,y)\mathrm{d}\sigma=f(\xi,\eta)\iint\limits_D g(x,y)\mathrm{d}\sigma$.

5. 求 $\lim\limits_{x\to 0}\dfrac{\int_0^{\frac{x}{2}}\mathrm{d}t\int_t^{\frac{x}{2}}\mathrm{e}^{-(t-u)^2}\mathrm{d}u}{1-\mathrm{e}^{-\frac{x^2}{4}}}$.

6. 计算 $\iint\limits_D x[1+yf(x^2+y^2)]\mathrm{d}x\mathrm{d}y$，$D$ 由 $y=x^3,y=1,x=-1$ 所围成，f 为连续函数.

7. 设 $f(x)$ 连续且恒大于零，$F(t)=\dfrac{\iiint\limits_{\Omega(t)}f(x^2+y^2+z^2)\mathrm{d}v}{\iint\limits_{D(t)}f(x^2+y^2)\mathrm{d}\sigma}$，其中 $\Omega(t):x^2+y^2+z^2\leqslant t^2,D(t):$

$x^2+y^2\leqslant t^2$.证明：$F(t)$ 在 $(0,+\infty)$ 内单调增加.

8. 求 $\iint\limits_D(\sqrt{x^2+y^2}+y)\mathrm{d}\sigma$，其中 D 是由圆 $x^2+y^2=4$ 和 $(x+1)^2+y^2=1$ 所围成的公共部分的平面区域.

9. 设 $f(x,y)=\begin{cases}x^2y,&1\leqslant x\leqslant 2,0\leqslant y\leqslant x\\0,&\text{其他}\end{cases}$，求 $\iint\limits_D f(x,y)\mathrm{d}x\mathrm{d}y$，其中 $D:x^2+y^2\geqslant 2x$.

10. 设有一半径为 R 的球体，P_0 是此球表面上的一定点，球体上的任一点的密度与该点到 P_0 距离的平方成正比（比例常数 $k>0$），求球体的质心位置.

LESSON

10

第10章　曲线积分与曲面积分

在第9章中，我们已经把积分概念从积分范围为数轴上一个区间的情形推广到积分范围为平面或空间内的一个闭区域的情形.本章将进一步把积分概念推广到积分范围为一段曲线弧或一片曲面的情形,相应地称为曲线积分与曲面积分,并阐明有关这两种积分的一些基本内容.

10.1　对弧长的曲线积分

10.1.1　对弧长的曲线积分的概念与性质

在设计曲线形构件时,为了合理使用材料,应该根据构件各部分受力情况,把构件上各点处的粗细程度设计得不完全一样.因此,可以认为这构件的线密度(单位长度的质量)是变量.设一条有限长的曲线形构件在 xOy 面内的占有位置为曲线弧 L(见图10.1),A 和 B 是 L 的两个端点,L 的线密度为 $\mu(x,y)$,试求该构件的质量.

若构件的线密度为常量,则此构件的质量就等于它的线密度与长度的乘积.现在因构件的线密度是变量,所以不能按上述方法来计算.为了计算构件的质量,我们用一系列点 M_1,M_2,$\cdots$,M_{n-1} 将弧 AB 分成 n 个小弧段,其长度为 $\Delta s_i(i=1,2,\cdots,n)$.考虑构件 $M_{i-1}M_i$,因为其长度很短,在弧 $M_{i-1}M_i$ 上任取一点(ξ_i,η_i),则(ξ_i,η_i)点处的线密度 $\mu(\xi_i,\eta_i)$ 就可以用于近似替代其上任意点处的线密度,从而构件 $M_{i-1}M_i$ 的质量为 $\Delta m_i \approx \mu(\xi_i,\eta_i)\Delta s_i$.故构件 AB 的质量

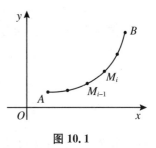

图 10.1

$$M = \sum_{i=1}^{n} \Delta m_i \approx \sum_{i=1}^{n} \mu(\xi_i,\eta_i)\Delta s_i$$

记小弧段长度 $\Delta s_i(i=1,2,\cdots,n)$的最大值为 λ,令 $\lambda \to 0$ 取极限,从而构件 AB 的质量 M 的精确值为

$$M = \lim_{\lambda \to 0} \sum_{i=1}^{n} \mu(\xi_i,\eta_i)\Delta s_i$$

这种和的极限在研究其他问题时也会遇到.现在引进下面的定义.

定义　设 L 为 xOy 面内的一条光滑曲线弧,函数 $f(x,y)$ 在 L 上有界.在 L 上任意

85

插入一点列 M_1, M_2, $\cdots$, M_{n-1} 把 L 分成 n 个小段,设第 i 个小段的长度为 Δs_i. 又 (ξ_i, η_i) 为第 i 个小段上任意取定的一点,作乘积 $f(\xi_i, \eta_i)\Delta s_i (i = 1, 2, \cdots, n)$,并作和 $\sum\limits_{i=1}^{n} f(\xi_i, \eta_i)\Delta s_i$,如果当各小弧段的长度的最大值 $\lambda \to 0$ 时,这和的极限总存在,则称此极限为函数 $f(x, y)$ 在曲线弧 L 上对弧长的曲线积分或第一类曲线积分,记作 $\int_L f(x, y)\mathrm{d}s$,即

$$\int_L f(x, y)\mathrm{d}s = \lim_{\lambda \to 0} \sum_{i=1}^{n} f(\xi_i, \eta_i)\Delta s_i$$

其中 $f(x, y)$ 叫作被积函数,L 叫作积分弧段.

在 10.1.2 节中我们将看到,当 $f(x, y)$ 在光滑曲线弧 L 上连续时,对弧长的曲线积分 $\int_L f(x, y)\mathrm{d}s$ 是存在的.以后我们总假定 $f(x, y)$ 在 L 上是连续的.

由此定义可知,前述曲线形构件的质量 M 当线密度 $\mu(x, y)$ 在 L 上连续时,就等于 $\mu(x, y)$ 对弧长的曲线积分,即

$$M = \int_L \mu(x, y)\mathrm{d}s$$

上述定义可以类似推广到空间情形.若 Γ 为空间曲线弧段,则相应地有函数 $f(x, y, z)$ 在曲线弧段 Γ 上对弧长的曲线积分:

$$\int_\Gamma f(x, y, z)\mathrm{d}s = \lim_{\lambda \to 0} \sum_{i=1}^{n} f(\xi_i, \eta_i, \zeta_i)\Delta s_i$$

若 L 或 Γ 为封闭曲线,则记为 $\oint_L f(x, y)\mathrm{d}s$ 或 $\oint_\Gamma f(x, y, z)\mathrm{d}s$.特别的,当 $f = 1$ 时,则曲线积分 $\int_L f(x, y)\mathrm{d}s = \int_\Gamma f(x, y, z)\mathrm{d}s = s$ 为曲线弧 L 或 Γ 的长度.

由对弧长的曲线积分的定义可知,它有以下性质:

性质 1 设 α, β 为常数,则

$$\int_L [\alpha f(x, y) + \beta g(x, y)]\mathrm{d}s = \alpha \int_L f(x, y)\mathrm{d}s + \beta \int_L g(x, y)\mathrm{d}s$$

性质 2 设 L 由 L_1 和 L_2 两段光滑曲线组成(记为 $L = L_1 + L_2$),则

$$\int_{L_1+L_2} f(x, y)\mathrm{d}s = \int_{L_1} f(x, y)\mathrm{d}s + \int_{L_2} f(x, y)\mathrm{d}s$$

性质 3 设在 L 上 $f(x, y) \leqslant g(x, y)$,则

$$\int_L f(x, y)\mathrm{d}s \leqslant \int_L g(x, y)\mathrm{d}s$$

特别的,有 $\left| \int_L f(x, y)\mathrm{d}s \right| \leqslant \int_L |f(x, y)|\mathrm{d}s$.

10.1.2　对弧长的曲线积分的计算方法

定理　设 $f(x, y)$ 在曲线弧 L 上有定义且连续,L 的参数方程为

$$\begin{cases} x = \varphi(t) \\ y = \psi(t) \end{cases}, \quad \alpha \leqslant t \leqslant \beta$$

其中 $\varphi(t),\psi(t)$ 在 $[\alpha,\beta]$ 上具有一阶连续导数,且 $\varphi'^2(t)+\psi'^2(t)\neq0$,则曲线积分 $\int_L f(x,y)\mathrm{d}s$ 存在,且

$$\int_L f(x,y)\mathrm{d}s = \int_\alpha^\beta f[\varphi(t),\psi(t)]\sqrt{\varphi'^2(t)+\psi'^2(t)}\mathrm{d}t,\quad \alpha<\beta$$

注 利用弧微分 $\mathrm{d}s=\sqrt{(\mathrm{d}x)^2+(\mathrm{d}y)^2}=\sqrt{x'^2(t)+y'^2(t)}$ 易证.

上述公式表明,计算对弧长的曲线积分 $\int_L f(x,y)\mathrm{d}s$ 时,只要把 $x,y,\mathrm{d}s$ 依次换为 $\varphi(t),\psi(t),\sqrt{\varphi'^2(t)+\psi'^2(t)}\mathrm{d}t$,然后从 α 到 β 作定积分就行了.这里必须注意,定积分的下限 α 一定要小于上限 β.这是因为小弧段的长度 Δs_i 总是正的,从而 $\Delta t_i>0$,所以定积分的下限 α 一定小于上限 β.

若平面曲线弧 L 的方程为 $y=y(x)(x_1\leqslant x\leqslant x_2)$ 和 $x=x(y)(y_1\leqslant y\leqslant y_2)$,则曲线积分的计算公式分别是

$$\int_L f(x,y)\mathrm{d}s = \int_{x_1}^{x_2} f[x,y(x)]\sqrt{1+y'^2(x)}\mathrm{d}x$$

和

$$\int_L f(x,y)\mathrm{d}s = \int_{y_1}^{y_2} f[x(y),y]\sqrt{1+x'^2(y)}\mathrm{d}y$$

若曲线弧 L 的方程为 $r=r(\theta),\alpha\leqslant\theta\leqslant\beta$,则

$$\int_L f(x,y)\mathrm{d}s = \int_\alpha^\beta f(r\cos\theta,r\sin\theta)\sqrt{r^2(\theta)+r'^2(\theta)}\mathrm{d}\theta$$

若空间曲线弧 Γ 的方程为 $x=\varphi(t),y=\psi(t),z=\omega(t),\alpha\leqslant t\leqslant\beta$,则曲线积分的计算公式为

$$\int_\Gamma f(x,y,z)\mathrm{d}s = \int_\alpha^\beta f[x(t),y(t),z(t)]\sqrt{x'^2(t)+y'^2(t)+z'^2(t)}\mathrm{d}t$$

例 1 计算 $\int_L x\mathrm{d}s$,其中:

(1) L 是 $y=x^2$ 上从点 $O(0,0)$ 到点 $B(1,1)$ 间的一段弧;

(2) L 是从点 $O(0,0)$ 到点 $A(1,0)$ 再到点 $B(1,1)$ 的折线 OAB.

解 (1) 由于 L 由方程 $y=x^2,0\leqslant x\leqslant1$ 给出,故

$$\int_L x\mathrm{d}s = \int_0^1 x\sqrt{1+(x^2)'^2}\mathrm{d}x = \int_0^1 x\sqrt{1+4x^2}\mathrm{d}x = \left[\frac{1}{12}(1+4x^2)^{3/2}\right]_0^1 = \frac{5\sqrt{5}-1}{12}$$

(2) 由于 $L=OAB=OA+AB,OA:y=0,0\leqslant x\leqslant1;AB:x=1,0\leqslant y\leqslant1$,故

$$\int_L x\mathrm{d}s = \int_{OA} x\mathrm{d}s + \int_{AB} x\mathrm{d}s = \int_0^1 x\mathrm{d}x + \int_0^1 1\mathrm{d}y = \frac{3}{2}$$

例 2 计算曲线积分 $\int_\Gamma (x^2+y^2+z^2)\mathrm{d}s$,其中 Γ 为螺旋线 $x=a\cos t,y=a\sin t,z=kt$ 上相应于 t 从 0 到 2π 的一段弧.

解 有

$$\int_\Gamma (x^2+y^2+z^2)\mathrm{d}s = \int_0^{2\pi}[(a\cos t)^2+(a\sin t)^2+(kt)^2]\sqrt{(-a\sin t)^2+(a\cos t)^2+k^2}\mathrm{d}t$$

$$= \int_0^{2\pi} (a^2 + k^2 t^2) \sqrt{a^2 + k^2} \, dt = \sqrt{a^2 + k^2} \left[a^2 t + \frac{k^2}{3} t^3 \right]_0^{2\pi}$$

$$= \frac{2}{3} \pi \sqrt{a^2 + k^2} (3a^2 + 4\pi^2 k^2)$$

例 3 计算半径为 R、中心角为 2α 的圆弧 L 对于它的对称轴的转动惯量 I（设线密度 $\mu = 1$）.

解 取坐标系如图 10.2 所示,则有

$$I = \int_L y^2 \, ds$$

由于 L 的参数方程为 $x = R\cos\theta, y = R\sin\theta, -\alpha \leqslant \theta \leqslant \alpha$,故

$$I = \int_L y^2 \, ds = \int_{-\alpha}^{\alpha} R^2 \sin^2\theta \sqrt{(-R\sin\theta)^2 + (R\cos\theta)^2} \, d\theta$$

$$= R^3 \int_{-\alpha}^{\alpha} \sin^2\theta \, d\theta = \frac{R^3}{2} \left[\theta - \frac{\sin 2\theta}{2} \right]_{-\alpha}^{\alpha} = \frac{R^3}{2} (2\alpha - \sin 2\alpha)$$

$$= R^3 (\alpha - \sin\alpha\cos\alpha)$$

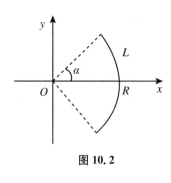

图 10.2

≪ **习题 10.1** ≫

A

1. 设在 xOy 面内有一分布着均匀质量的曲线弧 L,在点 (x,y) 处它的线密度为 $\mu(x,y)$,用对弧长的曲线积分分别表达:

(1) 这曲线弧对 x 轴、y 轴的转动惯量 I_x 和 I_y;

(2) 这曲线弧的质心坐标 $\bar{x}$ 和 $\bar{y}$.

2. 利用对弧长的曲线积分的定义证明性质 3.

3. 计算 $\oint_L (x^2 + y^2)^n \, ds$,其中 $L: x = a\cos t, y = a\sin t, 0 \leqslant t \leqslant 2\pi$.

4. 计算 $\int_L (x + y) \, ds$,其中 L 为连接 $(1,0)$ 及 $(0,1)$ 两点的直线段.

5. 计算 $\oint_L x \, ds$,其中 L 为由 $y = x$ 及 $y = x^2$ 所围成区域的边界.

6. 计算 $\oint_L e^{\sqrt{x^2+y^2}} \, ds$,其中 L 为圆周 $x^2 + y^2 = a^2$,直线 $y = x$ 及 y 轴在第一象限内所围成的扇形的整个边界.

7. 计算 $\int_\Gamma \frac{1}{x^2 + y^2 + z^2} \, ds$,其中 Γ 为曲线 $x = e^t \cos t, y = e^t \sin t, z = e^t$ 上相应于 t 从 0 变到 2 的这段弧.

8. 计算 $\int_\Gamma x^2 yz \, ds$,其中 Γ 为折线 $ABCD$,这里 A,B,C,D 依次为点 $(0,0,0),(0,0,2),(1,0,2),(1,3,2)$.

B

1. 计算 $\int_L y^2 \, ds$,其中 L 为摆线的一拱:$x = a(t - \sin t), y = a(1 - \cos t), 0 \leqslant t \leqslant 2\pi$.

2. 计算 $\displaystyle\int_L (x^2 + y^2)\mathrm{d}s$,其中 L 为曲线:$x = a(\cos t + t\sin t)$,$y = a(\sin t - t\cos t)$,$0 \leqslant t \leqslant 2\pi$.

3. 计算 $\displaystyle\int_L x^2 \mathrm{d}s$,其中 L 为对数螺旋 $r = a\mathrm{e}^{k\varphi}$,$k > 0$ 在圆 $r = a$ 内部的部分.

4. 计算 $\displaystyle\oint_\Gamma \sqrt{2y^2 + z^2}\,\mathrm{d}s$,其中 Γ 为球面 $x^2 + y^2 + z^2 = a^2$ 与平面 $y = x$ 的交线.

5. 求半径为 a、中心角为 2φ 的均匀圆弧(线密度 $\rho = 1$)的质心.

6. 设螺旋形弹簧一圈的方程为 $x = a\cos t$,$y = a\sin t$,$z = kt$,其中 $0 \leqslant t \leqslant 2\pi$,它的线密度 $\rho(x,y,z) = x^2 + y^2 + z^2$.求:

(1) 螺旋形弹簧关于 z 轴的转动惯量 I_z;

(2) 螺旋形弹簧的重心.

7. 计算球面上的三角形 $x^2 + y^2 + z^2 = a^2$,$x > 0$,$y > 0$,$z > 0$ 的均匀围线的重心坐标.

10.2 对坐标的曲线积分

10.2.1 对坐标的曲线积分的概念与性质

变力沿曲线所做的功:

设一个质点在 xOy 面内受到力
$$F(x,y) = P(x,y)\boldsymbol{i} + Q(x,y)\boldsymbol{j}$$
的作用,从点 A 沿光滑曲线弧 L 移动到点 B,其中函数 $P(x,y)$,$Q(x,y)$ 在 L 上连续.要计算在上述移动过程中变力 $F(x,y)$ 所做的功(见图 10.3).

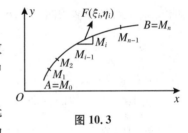

图 10.3

我们已知,若力 $F(x,y)$ 为常数 F,则质点沿平面光滑曲线 L 从点 A 移动到点 B 时,$F(x,y)$ 所做的功 $W = F \cdot \overrightarrow{AB}$,即等于向量 F 与 $\overrightarrow{AB}$ 的数量积.

现在 $F(x,y)$ 是变力,且质点沿曲线 L 移动,功 W 不能直接按以上公式计算,但可以按上节中计算曲线形构件质量问题的方法来处理.

先用曲线弧 L 上的点 $M_1(x_1, y_1)$,$M_2(x_2, y_2)$,$\cdots$,$M_{n-1}(x_{n-1}, y_{n-1})$,把 L 分成 n 个小弧段,取其中一个有向小弧段 $M_{i-1}M_i$,由于该小弧段很短且光滑,所以考虑用有向线段 $\overrightarrow{M_{i-1}M_i}$ 近似替代.在小弧段 $M_{i-1}M_i$ 上任取一点 (ξ_i, η_i),由于函数 $P(x,y)$,$Q(x,y)$ 在 L 上连续,所以可以用点 (ξ_i, η_i) 处的力 $F(\xi_i, \eta_i) = P(\xi_i, \eta_i)\boldsymbol{i} + Q(\xi_i, \eta_i)\boldsymbol{j}$ 近似替代其上各点处的力.

由此可以认为,变力 $F(x,y)$ 沿有向小弧段 $M_{i-1}M_i$ 所做的功 ΔW_i 近似等于常力 $F(\xi_i, \eta_i)$ 沿有向线段 $\overrightarrow{M_{i-1}M_i}$ 所做的功,即
$$\Delta W_i \approx F(\xi_i, \eta_i) \cdot \overrightarrow{M_{i-1}M_i} \approx P(\xi_i, \eta_i)\Delta x_i + Q(\xi_i, \eta_i)\Delta y_i$$
故变力 $F(x,y)$ 沿曲线 L 从点 A 移动到点 B 时所做的功为

$$W \approx \sum_{i=1}^{n} \Delta W_i \approx \sum_{i=1}^{n} \left[P(\xi_i, \eta_i) \Delta x_i + Q(\xi_i, \eta_i) \Delta y_i \right]$$

记 n 个小弧段长度的最大值为 λ，令 $\lambda \to 0$ 取极限，从而功 W 的精确值为

$$W = \lim_{\lambda \to 0} \sum_{i=1}^{n} \left[P(\xi_i, \eta_i) \Delta x_i + Q(\xi_i, \eta_i) \Delta y_i \right]$$

这种和的极限在研究其他问题时也会遇到. 现在引进下面的定义：

定义 设 L 为 xOy 面上从点 A 到点 B 的一条有向光滑曲线弧，$P(x,y)$，$Q(x,y)$ 为定义在 L 上的有界函数，在 L 上沿 L 的方向任意插入一点列 $M_1(x_1, y_1), M_2(x_2, y_2), \cdots$，$M_{n-1}(x_{n-1}, y_{n-1})$ 把 L 分成 n 个有向小弧段 $M_{i-1}M_i (i=1,2,\cdots,n; M_0 = A, M_n = B)$，在小弧段 $M_{i-1}M_i$ 上任取一点 (ξ_i, η_i)，记 $\Delta x_i = x_i - x_{i-1}$，$\Delta y_i = y_i - y_{i-1}$，$n$ 个小弧段长度的最大值为 λ，若 $\lambda \to 0$ 时，极限 $\lim\limits_{\lambda \to 0} \sum\limits_{i=1}^{n} P(\xi_i, \eta_i) \Delta x_i$ 总存在，则称此极限为函数 $P(x,y)$ 在有向光滑曲线 L 上对坐标 x 的曲线积分或第二类曲线积分，记作为 $\int_L P(x,y)\mathrm{d}x$，即

$$\int_L P(x,y)\mathrm{d}x = \lim_{\lambda \to 0} \sum_{i=1}^{n} P(\xi_i, \eta_i) \Delta x_i$$

类似的，若极限 $\lim\limits_{\lambda \to 0} \sum\limits_{i=1}^{n} Q(\xi_i, \eta_i) \Delta y_i$ 存在，则称此极限为函数 $Q(x,y)$ 在有向光滑曲线 L 上对坐标 y 的曲线积分或第二类曲线积分，记作 $\int_L Q(x,y)\mathrm{d}y$，即

$$\int_L Q(x,y)\mathrm{d}y = \lim_{\lambda \to 0} \sum_{i=1}^{n} Q(\xi_i, \eta_i) \Delta y_i$$

其中称函数 $P(x,y)$，$Q(x,y)$ 为被积函数，L 为积分弧段.

在 10.2.2 节我们将会看到，当 $P(x,y)$ 与 $Q(x,y)$ 在有向光滑曲线弧 L 上连续时，对坐标的曲线积分 $\int_L P(x,y)\mathrm{d}x$ 及 $\int_L Q(x,y)\mathrm{d}y$ 都存在. 以后我们总假定 $P(x,y)$ 与 $Q(x,y)$ 在 L 上连续.

上述定义可以类似地推广到积分弧段为空间有向曲线弧 Γ 的情形：

$$\int_\Gamma P(x,y,z)\mathrm{d}x = \lim_{\lambda \to 0} \sum_{i=1}^{n} P(\xi_i, \eta_i, \zeta_i) \Delta x_i$$

$$\int_\Gamma Q(x,y,z)\mathrm{d}y = \lim_{\lambda \to 0} \sum_{i=1}^{n} Q(\xi_i, \eta_i, \zeta_i) \Delta y_i$$

$$\int_\Gamma R(x,y,z)\mathrm{d}z = \lim_{\lambda \to 0} \sum_{i=1}^{n} R(\xi_i, \eta_i, \zeta_i) \Delta z_i$$

在应用中通常记

$$\int_L P(x,y)\mathrm{d}x + \int_L Q(x,y)\mathrm{d}y = \int_L P(x,y)\mathrm{d}x + Q(x,y)\mathrm{d}y$$

也可以写成向量形式：

$$\int_L \boldsymbol{F}(x,y) \cdot \mathrm{d}\boldsymbol{r}$$

其中 $\boldsymbol{F}(x,y) = P(x,y)\boldsymbol{i} + Q(x,y)\boldsymbol{j}$ 为向量值函数，$\mathrm{d}\boldsymbol{r} = \mathrm{d}x\boldsymbol{i} + \mathrm{d}y\boldsymbol{j}$.

例如,本节开始时讨论的变力 $\boldsymbol{F}$ 所做的功可以表示为

$$W = \int_L P(x,y)\mathrm{d}x + Q(x,y)\mathrm{d}y$$

类似的,把

$$\int_\Gamma P(x,y,z)\mathrm{d}x + \int_\Gamma Q(x,y,z)\mathrm{d}y + \int_\Gamma R(x,y,z)\mathrm{d}z$$

简写成

$$\int_\Gamma P(x,y,z)\mathrm{d}x + Q(x,y,z)\mathrm{d}y + R(x,y,z)\mathrm{d}z$$

或

$$\int_\Gamma \boldsymbol{A}(x,y,z) \cdot \mathrm{d}\boldsymbol{r}$$

其中 $\boldsymbol{A}(x,y,z) = P(x,y,z)\boldsymbol{i} + Q(x,y,z)\boldsymbol{j} + R(x,y,z)\boldsymbol{k}, \mathrm{d}\boldsymbol{r} = \mathrm{d}x\boldsymbol{i} + \mathrm{d}y\boldsymbol{j} + \mathrm{d}z\boldsymbol{k}.$

若 L 或 Γ 为封闭曲线,则记为

$$\oint_L P(x,y)\mathrm{d}x + Q(x,y)\mathrm{d}y$$

或

$$\oint_\Gamma P(x,y,z)\mathrm{d}x + Q(x,y,z)\mathrm{d}y + R(x,y,z)\mathrm{d}z$$

根据对坐标的曲线积分的定义,容易推导出对坐标的曲线积分的下列性质(为简单起见,我们用向量形式表达,并假定其中的向量值函数在曲线 L 上连续).

性质 1 设 α 与 β 为常数,则

$$\int_L [\alpha \boldsymbol{F}_1(x,y) + \beta \boldsymbol{F}_2(x,y)] \cdot \mathrm{d}\boldsymbol{r} = \alpha \int_L \boldsymbol{F}_1(x,y) \cdot \mathrm{d}\boldsymbol{r} + \beta \int_L \boldsymbol{F}_2(x,y) \cdot \mathrm{d}\boldsymbol{r}$$

性质 2 若有向曲线弧 L 可分成两段光滑的有向曲线弧 L_1 和 L_2,则

$$\int_L \boldsymbol{F}(x,y) \cdot \mathrm{d}\boldsymbol{r} = \int_{L_1} \boldsymbol{F}(x,y) \cdot \mathrm{d}\boldsymbol{r} + \int_{L_2} \boldsymbol{F}(x,y) \cdot \mathrm{d}\boldsymbol{r}$$

性质 3 设 L 是有向光滑曲线弧,L^- 是 L 的反向曲线弧,则

$$\int_{L^-} \boldsymbol{F}(x,y) \cdot \mathrm{d}\boldsymbol{r} = - \int_L \boldsymbol{F}(x,y) \cdot \mathrm{d}\boldsymbol{r}$$

证 把 L 分成 n 小段,相应的 L^- 也分成 n 小段.对每一个小弧段来说,当曲线弧的方向改变时,有向弧段在坐标轴上的投影,其绝对值不变,但要改变符号,故性质 3 成立.

性质 3 表明,当积分弧段的方向改变时,对坐标的曲线积分要改变符号.因此关于对坐标的曲线积分,我们必须注意积分弧段的方向.

10.2.2 对坐标的曲线积分的计算方法

定理 设 $P(x,y)$ 与 $Q(x,y)$ 在有向弧段 L 上有定义且连续,L 的参数方程为

$$\begin{cases} x = \varphi(t) \\ y = \psi(t) \end{cases}$$

当参数 t 单调地由 α 变到 β 时,点 $M(x,y)$ 从 L 的起点 A 沿 L 运动到终点 B,若 $\varphi(t)$ 与 $\psi(t)$ 在以 α 及 β 为端点的闭区间上具有一阶连续导数,且 $\varphi'^2(t) + \psi'^2(t) \neq 0$,则曲线积

分 $\int_L P(x,y)\mathrm{d}x + Q(x,y)\mathrm{d}y$ 存在,且

$$\int_L P(x,y)\mathrm{d}x + Q(x,y)\mathrm{d}y = \int_\alpha^\beta \{P[\varphi(t),\psi(t)]\varphi'(t) + Q[\varphi(t),\psi(t)]\varphi'(t)\}\mathrm{d}t$$

证 有

$$\int_L P(x,y)\mathrm{d}x + Q(x,y)\mathrm{d}y = \int_L \boldsymbol{F}\cdot\mathrm{d}\boldsymbol{s} = \int_L \boldsymbol{F}\cdot\boldsymbol{\tau}(x,y)\mathrm{d}s$$

其中

$$\boldsymbol{F}(x,y) = P(x,y)\boldsymbol{i} + Q(x,y)\boldsymbol{j}, \quad \mathrm{d}s = \sqrt{x'^2(t) + y'^2(t)}\,\mathrm{d}t$$

而曲线 L 上点 (x,y) 处与 L 方向一致的单位切向量

$$\boldsymbol{\tau}(x,y) = \frac{\mathrm{d}\boldsymbol{s}}{\mathrm{d}s} = \frac{x'(t)}{\sqrt{x'^2(t) + y'^2(t)}}\boldsymbol{i} + \frac{y'(t)}{\sqrt{x'^2(t) + y'^2(t)}}\boldsymbol{j}$$

所以点 (x,y) 处的有向弧元素

$$\mathrm{d}\boldsymbol{s} = \boldsymbol{\tau}(x,y)\mathrm{d}s = [x'(t)\boldsymbol{i} + y'(t)\boldsymbol{j}]\mathrm{d}t$$

故

$$\int_L P(x,y)\mathrm{d}x + Q(x,y)\mathrm{d}y = \int_L \boldsymbol{F}\cdot\mathrm{d}\boldsymbol{s} = \int_\alpha^\beta (P\boldsymbol{i} + Q\boldsymbol{j})[x'(t)\boldsymbol{i} + y'(t)\boldsymbol{j}]\mathrm{d}t$$

$$= \int_\alpha^\beta \{P[x(t),y(t)]x'(t) + Q[x(t),y(t)]y'(t)\}\mathrm{d}t$$

这里必须注意,下限 α 对应于 L 的起点,上限 β 对应于 L 的终点,α 不一定小于 β.

若曲线 L 由方程 $y = \psi(x)$ 或 $x = \varphi(y)$ 给出,则计算公式分别是

$$\int_L P(x,y)\mathrm{d}x + Q(x,y)\mathrm{d}y = \int_a^b \{P[x,\psi(x)] + Q[x,\psi(x)]\psi'(x)\}\mathrm{d}x$$

和

$$\int_L P(x,y)\mathrm{d}x + Q(x,y)\mathrm{d}y = \int_a^b \{P[\varphi(y),y]\varphi'(y) + Q[\varphi(y),y]\}\mathrm{d}y$$

这里下限 a 对应于 L 的起点,上限 b 对应于 L 的终点.

若空间曲线 Γ 由参数方程

$$x = \varphi(t), \quad y = \psi(t), \quad z = \omega(t)$$

给出,则有

$$\int_L P\mathrm{d}x + Q\mathrm{d}y + R\mathrm{d}z = \int_\alpha^\beta \{P\cdot x'(t) + Q\cdot y'(t) + R\cdot z'(t)\}\mathrm{d}t$$

这里下限 α 对应于 Γ 的起点,上限 β 对应于 Γ 的终点.

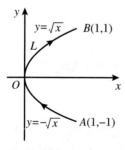

图 10.4

例 1 计算 $\int_L xy\mathrm{d}x$,其中 L 为抛物线 $y^2 = x$ 上从点 $A(1,-1)$ 到点 $B(1,1)$ 的一段弧(见图 10.4).

解法一 将所给积分化为对 x 的定积分来计算:

$$\int_L xy\mathrm{d}x = \int_{AO} xy\mathrm{d}x + \int_{OB} xy\mathrm{d}x = \int_1^0 x(-\sqrt{x})\mathrm{d}x + \int_0^1 x\sqrt{x}\mathrm{d}x$$

$$= 2\int_0^1 x^{\frac{3}{2}}\mathrm{d}x = \frac{4}{5}$$

解法二 将所给积分化为对 y 的定积分来计算:

$$\int_L xy \mathrm{d}x = \int_{-1}^{1} y^2 y(y^2)' \mathrm{d}y = 2\int_{-1}^{1} y^4 \mathrm{d}y = \frac{4}{5}$$

例 2 计算 $\oint_L \dfrac{-y\mathrm{d}x + x\mathrm{d}y}{x^2 + y^2}$，其中 L 为圆周 $x^2 + y^2 = a^2$（逆时针方向）.

解 由于 $L: \begin{cases} x = a\cos\theta \\ y = a\sin\theta \end{cases}$，$\theta$ 从 0 到 2π，故

$$I = \int_0^{2\pi} \frac{(-a\sin\theta)\mathrm{d}(a\cos\theta) + a\cos\theta\mathrm{d}(a\sin\theta)}{a^2}$$

$$= \int_0^{2\pi} (\sin^2\theta + \cos^2\theta)\mathrm{d}\theta = 2\pi$$

例 3 计算 $\int_L 2xy\mathrm{d}x + x^2\mathrm{d}y$，其中 L 为（见图 10.5）:

（1）抛物线 $y = x^2$ 上从 $O(0,0)$ 到 $B(1,1)$ 的一段弧;

（2）抛物线 $x = y^2$ 上从 $O(0,0)$ 到 $B(1,1)$ 的一段弧;

（3）有向折线 OAB，这里 O, A, B 依次是点 $(0,0)$，$(1,0)$，$(1,1)$.

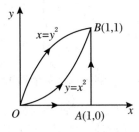

图 10.5

解 （1）化为对 x 的定积分. $L: y = x^2$，$x: 0 \to 1$，故

$$\int_L 2xy\mathrm{d}x + x^2\mathrm{d}y = \int_0^1 (2x \cdot x^2 + x^2 \cdot 2x)\mathrm{d}x = 4\int_0^1 x^3 \mathrm{d}x = 1$$

（2）化为对 y 的定积分. $L: x = y^2$，$y: 0 \to 1$，故

$$\int_L 2xy\mathrm{d}x + x^2\mathrm{d}y = \int_0^1 (2y^2 \cdot y \cdot 2y + y^4)\mathrm{d}y = 5\int_0^1 y^4 \mathrm{d}y = 1$$

（3）有

$$\int_L 2xy\mathrm{d}x + x^2\mathrm{d}y = \int_{OA} 2xy\mathrm{d}x + x^2\mathrm{d}y + \int_{AB} 2xy\mathrm{d}x + x^2\mathrm{d}y$$

在 OA 上，$y = x$，$x: 0 \to 1$；在 AB 上，$x = 1$，$y: 0 \to 1$，故

$$\int_L 2xy\mathrm{d}x + x^2\mathrm{d}y = \int_0^1 (2x \cdot 0 + x^2 \cdot 0)\mathrm{d}x + \int_0^1 (2y \cdot 0 + 1)\mathrm{d}y = 0 + 1 = 1$$

从例 3 可以看出，沿不同路径，曲线积分的值可以相等.

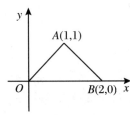

图 10.6

例 4 计算 $I = \int_L (x^2 + y^2)\mathrm{d}x + (x^2 - y^2)\mathrm{d}y$，其中 L 为:

（1）折线 OAB;（2）直线 BO（见图 10.6）.

解 （1）有

$$I = \int_{OA} + \int_{AB}$$

$$= \int_0^1 (x^2 + x^2)\mathrm{d}x + (x^2 - x^2)\mathrm{d}x + \int_1^2 [x^2 + (2-x)^2]\mathrm{d}x$$

$$\quad + [x^2 - (2-x)^2]\mathrm{d}(2-x)$$

$$= \frac{4}{3}$$

（2）有

$$I = \int_2^0 (x^2 + 0^2)\mathrm{d}x + (x^2 - 0^2)\mathrm{d}0 = -\int_0^2 x^2 \mathrm{d}x = -\frac{8}{3}$$

从例 4 可以看出,虽然两个曲线积分的被积函数相同,起点和终点也相同,但沿不同路径得出的积分值并不相等.

例 5 计算 $I = \int_\Gamma x\mathrm{d}x + y\mathrm{d}y + (x + y - 1)\mathrm{d}z$,其中 Γ 为从 $A(1,1,1)$ 到 $B(2,3,4)$ 的直线段.

解 因为 $\Gamma : \dfrac{x-1}{2-1} = \dfrac{y-1}{3-1} = \dfrac{z-1}{4-1}$,即 $\Gamma : x = 1 + t, y = 1 + 2t, z = 1 + 3t, t$ 从 0 到 1,故

$$I = \int_0^1 (1 + t)\mathrm{d}(1 + t) + (1 + 2t)\mathrm{d}(1 + 2t) + (1 + 3t)\mathrm{d}(1 + 3t)$$

$$= \int_0^1 (6 + 14t)\mathrm{d}t = 13$$

例 6 设一个质点在 $M(x,y)$ 处受到力 $\boldsymbol{F}$ 的作用,质点从点 $A(a,0)$ 沿椭圆 $\dfrac{x^2}{a^2} + \dfrac{y^2}{b^2}$ $= 1$ 按逆时针方向移动到点 $B(0,b)$,求在此过程中力 $\boldsymbol{F}$ 所做的功 W.其中 $\boldsymbol{F}$ 的大小与 M 到原点的距离成正比,$\boldsymbol{F}$ 的方向恒指向原点.

解 由题意知,$|\boldsymbol{F}| = k\sqrt{x^2 + y^2}$,其中 $k > 0$ 是比例常数.

因为 $\overrightarrow{OM} = x\boldsymbol{i} + y\boldsymbol{j}$,所以 $\boldsymbol{F}^0 = -\dfrac{x\boldsymbol{i} + y\boldsymbol{j}}{\sqrt{x^2 + y^2}}$,有 $\boldsymbol{F} = -k(x\boldsymbol{i} + y\boldsymbol{j})$. 故

$$W = \int_{\widehat{AB}} -kx\mathrm{d}x - ky\mathrm{d}y = -k\int_{\widehat{AB}} x\mathrm{d}x + y\mathrm{d}y$$

椭圆参数方程为 $\begin{cases} x = a\cos t \\ y = b\sin t \end{cases}$,$t$ 从 0 到 $\dfrac{\pi}{2}$,故

$$W = -k\int_0^{\frac{\pi}{2}} (-a^2 \cos t \sin t + b^2 \sin t \cos t)\mathrm{d}t$$

$$= k(a^2 - b^2)\int_0^{\frac{\pi}{2}} \cos t \sin t \mathrm{d}t = \frac{k}{2}(a^2 - b^2)$$

10.2.3 两类曲线积分之间的联系

虽然对弧长的曲线积分的积分路径是无向曲线,对坐标的曲线积分的积分路径是有向曲线,但它们的计算都是化为定积分来完成的,因此两类曲线积分之间也是有联系的.现在我们以定积分作桥梁,建立两者之间的联系.

设有向曲线弧 L 的起点为 A,终点为 B.曲线弧 L 由参数方程

$$\begin{cases} x = \varphi(t) \\ y = \psi(t) \end{cases}$$

给出,起点 A 与终点 B 分别对应参数 α 与 β.不妨设 $\alpha < \beta$(若 $\alpha > \beta$,可令 $s = -t$,A,B 对应 $s = -\alpha$,$s = -\beta$,就有 $(-\alpha) < (-\beta)$,下面的讨论改为对参数 s 进行即可),并设函数 $\varphi(t)$ 与 $\psi(t)$ 在闭区间 $[\alpha,\beta]$ 上具有一阶连续导数,且 $\varphi'^2(t) + \psi'^2(t) \neq 0$,又函数 $P(x,y)$ 与 $Q(x,y)$ 在 L 上连续.于是,由对坐标的曲线积分计算公式有

$$\int_L P(x,y)\mathrm{d}x + Q(x,y)\mathrm{d}y$$

$$= \int_\alpha^\beta \{P[\varphi(t),\psi(t)]\varphi'(t) + Q[\varphi(t),\psi(t)]\psi'(t)\}\mathrm{d}t$$

我们知道向量 $\boldsymbol{\tau} = \varphi'(t)\boldsymbol{i} + \psi'(t)\boldsymbol{j}$ 是曲线弧 L 在点 $M(\varphi(t),\psi(t))$ 处的一个切向量,它的指向与参数 t 的增长方向一致,当 $\alpha<\beta$ 时,这个指向就是有向曲线弧 L 的方向. 我们称这种指向与有向曲线弧段的方向一致的切向量为有向曲线弧的切向量. 则有向曲线弧 L 的切向量为

$$\boldsymbol{\tau} = \varphi'(t)\boldsymbol{i} + \psi'(t)\boldsymbol{j}$$

它的方向余弦为

$$\cos\alpha = \frac{\varphi'(t)}{\sqrt{\varphi'^2(t) + \psi'^2(t)}}, \quad \cos\beta = \frac{\psi'(t)}{\sqrt{\varphi'^2(t) + \psi'^2(t)}}$$

则

$$\int_L \left[P(x,y)\cos\alpha + Q(x,y)\cos\beta\right]\mathrm{d}s$$

$$= \int_\alpha^\beta \left\{P[\varphi(t),\psi(t)]\frac{\varphi'(t)}{\sqrt{\varphi'^2(t) + \psi'^2(t)}}\right.$$

$$\left. + Q[\varphi(t),\psi(t)]\frac{\psi'(t)}{\sqrt{\varphi'^2(t) + \psi'^2(t)}}\right\}\sqrt{\varphi'^2(t) + \psi'^2(t)}\mathrm{d}t$$

$$= \int_\alpha^\beta \{P[\varphi(t),\psi(t)]\varphi'(t) + Q[\varphi(t),\psi(t)]\psi'(t)\}\mathrm{d}t$$

可见平面曲线弧 L 上的两类曲线积分之间有如下联系:

$$\int_L P\mathrm{d}x + Q\mathrm{d}y = \int_L (P\cos\alpha + Q\cos\beta)\mathrm{d}s$$

其中 $\alpha(x,y)$ 与 $\beta(x,y)$ 为有向曲线弧 L 在点 (x,y) 处的切向量的方向角.

类似的,有

$$\int_\Gamma P(x,y,z)\mathrm{d}x + Q(x,y,z)\mathrm{d}y + R(x,y,z)\mathrm{d}z$$

$$= \int_\Gamma (P\cos\alpha + Q\cos\beta + R\cos\gamma)\mathrm{d}s$$

其中 $\boldsymbol{\tau}(x,y,z) = \cos\alpha\boldsymbol{i} + \cos\beta\boldsymbol{j} + \cos\gamma\boldsymbol{k}$ 是有向曲线 Γ 上点 (x,y,z) 处与 Γ 方向一致的单位切向量.

例 7 将对坐标的曲线积分 $\int_L P(x,y)\mathrm{d}x + Q(x,y)\mathrm{d}y$ 化为对弧长的曲线积分,其中 L 为沿上半圆周 $x^2 + y^2 = 2x$ 从 $O(0,0)$ 到 $A(1,1)$ 的一段有向曲线(见图 10.7).

解法一 L 的参数方程为 $\begin{cases} x = 1 + \cos\theta \\ y = \sin\theta \end{cases}$, $\theta : \pi \to \dfrac{\pi}{2}$, 故 L 上任一点处与 L 同方向的切向量为

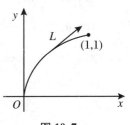

图 10.7

$$\boldsymbol{\tau} = -\left\{\frac{\mathrm{d}x}{\mathrm{d}\theta}, \frac{\mathrm{d}y}{\mathrm{d}\theta}\right\} = \{\sin\theta, -\cos\theta\} = \{y, 1-x\}$$

有 $\cos\alpha = y, \cos\beta = 1-x$，所以

$$\int_L P(x,y)\mathrm{d}x + Q(x,y)\mathrm{d}y = \int_L [yP(x,y) + (1-x)Q(x,y)]\mathrm{d}s$$

解法二　L 的方程为 $y = \sqrt{2x-x^2}, x:0\to 1$，故 L 上任一点处与 L 同向的切向量为

$$\boldsymbol{\tau} = \{1, y'(x)\} = \left\{1, \frac{1-x}{y}\right\}$$

因此，$\cos\alpha = \dfrac{1}{\sqrt{1+\left(\dfrac{1-x}{y}\right)^2}} = y, \cos\beta = \dfrac{\dfrac{1-x}{y}}{\sqrt{1+\left(\dfrac{1-x}{y}\right)^2}} = 1-x$，所以

$$\int_L P(x,y)\mathrm{d}x + Q(x,y)\mathrm{d}y = \int_L [yP(x,y) + (1-x)Q(x,y)]\mathrm{d}s$$

≪ 习题 10.2 ≫

A

1. 设 L 为 xOy 面内直线 $x=a$ 上的一段，证明：$\displaystyle\int_L P(x,y)\mathrm{d}x = 0$.

2. 设 L 为 xOy 面内 x 轴上从点 $(a,0)$ 到点 $(b,0)$ 的一段直线，证明：$\displaystyle\int_L P(x,y)\mathrm{d}x = \int_a^b P(x,0)\mathrm{d}x$.

3. 计算下列对坐标的曲线积分.

(1) $\displaystyle\int_L (x^2-y^2)\mathrm{d}x$，其中 L 是抛物线 $y=x^2$ 上从点 $(0,0)$ 到 $(2,4)$ 的一段弧；

(2) $\displaystyle\oint_L xy\mathrm{d}y$，其中 L 为圆周 $(x-a)^2+y^2=a^2 (a>0)$ 及 x 轴所围成的在第一象限内的区域的整个边界(按逆时针方向绕行)；

(3) $\displaystyle\int_L y\mathrm{d}x + x\mathrm{d}y$，其中 L 为圆周 $x=R\cos t, y=R\sin t$ 上对应 t 从 0 到 $\dfrac{\pi}{2}$ 的一段弧；

(4) $\displaystyle\oint_L \frac{(x+y)\mathrm{d}x - (x-y)\mathrm{d}y}{x^2+y^2}$，其中 L 为圆周 $x^2+y^2=a^2$ (按逆时针方向绕行)；

(5) $\displaystyle\int_\Gamma x^2\mathrm{d}x + z\mathrm{d}y - y\mathrm{d}z$，其中 Γ 为曲线 $x=k\theta, y=a\cos\theta, z=a\sin\theta$ 上对应 θ 从 0 到 π 的一段弧；

(6) $\displaystyle\int_\Gamma x\mathrm{d}x + y\mathrm{d}y + (x+y-1)\mathrm{d}z$，其中 Γ 是从点 $(1,1,1)$ 到点 $(2,3,4)$ 的一段直线；

(7) $\displaystyle\oint_\Gamma \mathrm{d}x - \mathrm{d}y + y\mathrm{d}z$，其中 Γ 为有向闭折线 $ABCA$，这里 A, B, C 依次为点 $(1,0,0), (0,1,0), (0,0,1)$；

(8) $\displaystyle\int_L (x^2-2xy)\mathrm{d}x + (y^2-2xy)\mathrm{d}y$，其中 L 是抛物线 $y=x^2$ 上从点 $(-1,1)$ 到点 $(1,1)$ 的一段弧.

B

1. 计算 $\displaystyle\int_L (x+y)\mathrm{d}x + (y-x)\mathrm{d}y$，其中 L 为：

(1) 抛物线 $y^2 = x$ 上从点 $(1,1)$ 到点 $(4,2)$ 的一段弧；

(2) 从点 $(1,1)$ 到点 $(4,2)$ 的直线段；

(3) 先沿直线从 $(1,1)$ 到 $(1,2)$，再沿直线到 $(4,2)$ 的折线；

(4) 曲线 $x = 2t^2 + t + 1$，$y = t^2 + 1$ 上从点 $(1,1)$ 到点 $(4,2)$ 的一段弧.

2. 计算 $\int_\Gamma y^2 \mathrm{d}x + z^2 \mathrm{d}y + x^2 \mathrm{d}z$，其中 Γ 为维维安尼曲线 $x^2 + y^2 + z^2 = a^2$，$x^2 + y^2 = ax$ $(z \geqslant 0, a > 0)$，若从 x 轴的正方向 $(x > a)$ 看去，此曲线沿逆时针方向.

3. 计算沿空间曲线对坐标的曲线积分 $\int_\Gamma xyz\mathrm{d}z$，其中 Γ 是 $x^2 + y^2 + z^2 = 1$ 与 $y = z$ 相交的圆，其方向沿曲线依次经过 $1, 2, 7, 8$ 卦限.

4. 一力场由沿横轴正方向的常力 $\boldsymbol{F}$ 所构成，试求当一质量为 m 的质点沿圆周 $x^2 + y^2 = R^2$ 按逆时针方向移过位于第一象限的那一段弧时场力所做的功.

5. 设 z 轴与重力的方向一致，求质量为 m 的质点从位置 (x_1, y_1, z_1) 沿直线移动到位置 (x_2, y_2, z_2) 时重力所做的功.

6. 把对坐标的曲线积分 $\int_L P(x,y)\mathrm{d}x + Q(x,y)\mathrm{d}y$ 化成对弧长的积分，其中 L 为：

(1) 在 xOy 面内沿直线从点 $(0,0)$ 到点 $(1,1)$；

(2) 沿上半圆周 $x^2 + y^2 = 2x$ 从点 $(0,0)$ 到点 $(1,1)$.

7. 设 Γ 为曲线 $x = t$，$y = t^2$，$z = t^3$ 上相应于 t 从 0 变到 1 的曲线弧. 把对坐标的曲线积分 $\int_L P\mathrm{d}x + Q\mathrm{d}y + R\mathrm{d}z$ 化成对弧长的曲线积分.

10.3 格林公式及其应用

10.3.1 格林公式

在本节我们将介绍曲线积分和二重积分之间的联系，即讨论平面闭区域上二重积分与沿这个区域边界曲线的曲线积分之间的关系.

在一元函数积分学中，牛顿—布莱尼茨公式 $\int_a^b f(x)\mathrm{d}x = F(b) - F(a)$ 体现了函数 $f(x)$ 在 $[a, b]$ 上的定积分与其原函数 $F(x)$ 在积分区间 $[a, b]$ 的端点（边界点）处函数值之间的关系.

下面要介绍的格林 (Green, 1793～1841, 英国数学家、物理学家) 公式告诉我们，在平面闭区域 D 上的二重积分可以通过闭区域 D 的边界曲线 L 上的曲线积分来表达.

现在先介绍平面单连通区域的概念. 设 D 为平面区域，若 D 内任意闭曲线所围的部分都属于 D，则称 D 为平面单连通区域，否则称为复连通区域. 通俗地说，平面单连通区域就是不含有"洞"（包括点"洞"）的区域，复连通区域是含有"洞"（包括点"洞"）的区域. 例如，平面上的圆形区域 $\{(x,y) \mid x^2 + y^2 < 1\}$，上半平面 $\{(x,y) \mid y > 0\}$ 都是单连通区域，圆环形区域 $\{(x,y) \mid 1 < x^2 + y^2 < 4\}$，$\{(x,y) \mid 0 < x^2 + y^2 < 2\}$ 是复连通区域.

对平面区域 D 的边界曲线 L，我们规定 L 的正向如下：当观察者沿 L 的这个方向行走时，D 内在他近处的那一部分总在他的左边. 例如，D 是边界曲线 L 及 l 所围成的复连

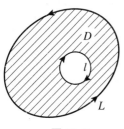

图 10.8

通区域(见图10.8),作为 D 的正向边界,L 的正向是逆时针方向,而 l 的正向是顺时针方向.

定理1 **(格林公式)** 设闭区域 D 由分段光滑的曲线 L 围成,若函数 $P(x,y)$ 及 $Q(x,y)$ 在 D 上具有一阶连续偏导数,则有

$$\iint_D \left(\frac{\partial Q}{\partial x} - \frac{\partial P}{\partial y}\right) dx dy = \oint_L P dx + Q dy$$

其中 L 是 D 的取正向的边界曲线.

证 本定理分三种情形证明.

(1) 先假设区域 D 既是 X 型区域,也是 Y 型区域(见图 10.9).

设 $D = \{(x,y) \mid a \leqslant x \leqslant b, \varphi_1(x) \leqslant y \leqslant \varphi_2(x)\}$,则

$$\iint_D \frac{\partial P}{\partial y} dx dy = \int_a^b dx \int_{\varphi_1(x)}^{\varphi_2(x)} \frac{\partial P}{\partial y} dy$$

$$= \int_a^b \{P[x, \varphi_2(x)] - P[x, \varphi_1(x)]\} dx$$

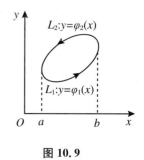

图 10.9

而

$$\oint_L P dx = \int_{L_1} P dx + \int_{L_2} P dx = \int_a^b \{P[x, \varphi_1(x)] - P[x, \varphi_2(x)]\} dx$$

$$= -\int_a^b \{P[x, \varphi_2(x)] - P[x, \varphi_1(x)]\} dx$$

故

$$\iint_D \frac{\partial P}{\partial y} dx dy = -\oint_L P dx$$

同理可得

$$\iint_D \frac{\partial Q}{\partial x} dx dy = \oint_L Q dy$$

合并后,有

$$\iint_D \left(\frac{\partial Q}{\partial x} - \frac{\partial P}{\partial y}\right) dx dy = \oint_L P dx + Q dy$$

(2) 区域 D 为单连通区域,但 D 不是 X 型区域,也不是 Y 型区域.

此时,可以用平行于坐标轴的若干条线段将 D 分成有限个部分区域,使得每个部分区域既是 X 型区域,也是 Y 型区域,再由(1)的结论可证得结果(见图 10.10).

例如,就图示的闭区域 D 来说,它的边界曲线 L 为 $\overset{\frown}{MNPM}$,引进一条辅助线 ABC,把 D 分成 D_1,D_2,D_3 三个部分,得

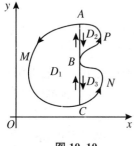

图 10.10

$$\iint_{D_1} \left(\frac{\partial Q}{\partial x} - \frac{\partial P}{\partial y}\right) dx dy = \oint_{\overset{\frown}{MCBAM}} P dx + Q dy$$

$$\iint\limits_{D_2}\left(\frac{\partial Q}{\partial x}-\frac{\partial P}{\partial y}\right)\mathrm{d}x\mathrm{d}y = \oint_{\overset{\frown}{ABPA}}P\mathrm{d}x + Q\mathrm{d}y$$

$$\iint\limits_{D_3}\left(\frac{\partial Q}{\partial x}-\frac{\partial P}{\partial y}\right)\mathrm{d}x\mathrm{d}y = \oint_{\overset{\frown}{BCNB}}P\mathrm{d}x + Q\mathrm{d}y$$

把这三个部分相加,注意到相加时沿辅助曲线来回的曲线积分相互抵消,即得

$$\iint\limits_{D}\left(\frac{\partial Q}{\partial x}-\frac{\partial P}{\partial y}\right)\mathrm{d}x\mathrm{d}y = \oint_{L}P\mathrm{d}x + Q\mathrm{d}y$$

其中 L 的方向对 D 来说为正方向.

对于单连通区域的其他情形可类似处理.

(3) 区域 D 为复连通区域.

此时,用若干条直线段将 D 分割为单连通区域,再利用(2)的结论可证得结果.

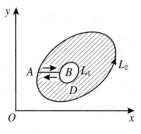

图 10.11

例如在图 10.11 中,区域 D 为复连通区域,且有一个"洞".
D 的边界 $L = L_1 \bigcup L_2$,其中 L_1 取顺时针方向,L_2 取逆时针方向.用直线段 AB 把 D 分割为两个单连通区域,则有

$$\iint\limits_{D}\left(\frac{\partial Q}{\partial x}-\frac{\partial P}{\partial y}\right)\mathrm{d}x\mathrm{d}y = \oint_{L_1+\overline{BA}+L_2+\overline{AB}}P\mathrm{d}x + Q\mathrm{d}y$$

$$= \oint_{L}P\mathrm{d}x + Q\mathrm{d}y$$

对于复连通区域的其他情形可类似处理.

若 L 为区域 D 的负向边界曲线,则有

$$\iint\limits_{D}\left(\frac{\partial Q}{\partial x}-\frac{\partial P}{\partial y}\right)\mathrm{d}x\mathrm{d}y = -\oint_{L}P\mathrm{d}x + Q\mathrm{d}y$$

若令 $Q = x$,$P = -y$,则有 $2\iint\limits_{D}\mathrm{d}x\mathrm{d}y = \oint_{L}x\mathrm{d}y - y\mathrm{d}x$,即区域 D 的面积为

$$A = \frac{1}{2}\oint_{L}x\mathrm{d}y - y\mathrm{d}x$$

其中 L 为区域 D 的正向边界曲线.

例 1 求椭圆 $x = a\cos\theta$,$y = b\sin\theta$ 所围成图形的面积 A.

解 有

$$\begin{aligned}
A &= \frac{1}{2}\oint_{L}x\mathrm{d}y - y\mathrm{d}x \\
&= \frac{1}{2}\int_{0}^{2\pi}(ab\cos^2\theta + ab\sin^2\theta)\mathrm{d}\theta \\
&= \frac{1}{2}ab\int_{0}^{2\pi}\mathrm{d}\theta \\
&= \pi ab
\end{aligned}$$

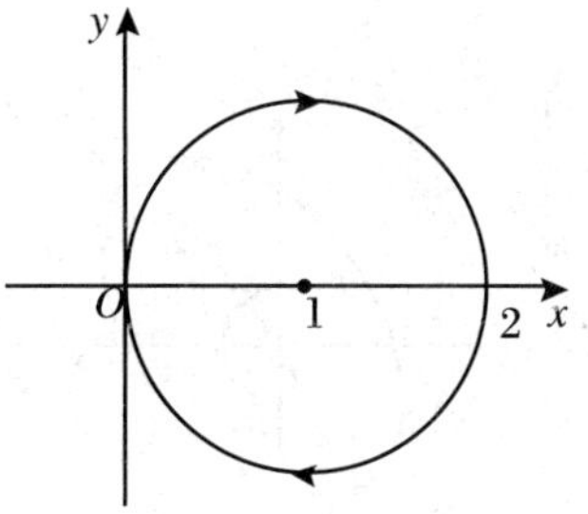

图 10.12

例 2 计算 $\oint_{L}xy^2\mathrm{d}y - x^2y\mathrm{d}x$,其中 L 是圆周 $x^2 + y^2 = 2x$,L 的方向为顺时针方向(见图 10.12).

解 令 $P = -x^2 y, Q = xy^2$，则有

$$\oint_L P\mathrm{d}x + Q\mathrm{d}y = -\iint\limits_D \left(\frac{\partial Q}{\partial x} - \frac{\partial P}{\partial y}\right)\mathrm{d}x\mathrm{d}y = -\iint\limits_D [y^2 - (-x^2)]\mathrm{d}x\mathrm{d}y$$

$$= -\iint\limits_D (x^2 + y^2)\mathrm{d}x\mathrm{d}y = -\int_{-\frac{\pi}{2}}^{\frac{\pi}{2}} \mathrm{d}\theta \int_0^{2\cos\theta} r^2 \cdot r\mathrm{d}r$$

$$= -4\int_{-\frac{\pi}{2}}^{\frac{\pi}{2}} \cos^4\theta\mathrm{d}\theta = -\frac{3\pi}{2}$$

例 3 计算 $I = \int_L (\mathrm{e}^x \sin y - 8y)\mathrm{d}x + (\mathrm{e}^x \cos y - 8)\mathrm{d}y$，其中 L 为从 $O(0,0)$ 到 $A(a,0)$ 的上半圆周 $x^2 + y^2 = ax(y \geq 0)$.

解 由于被积表达式较复杂，直接化为定积分来计算难以进行. 此时可利用格林公式，而曲线 L 不封闭，故需将其补成封闭曲线再计算，并且要注意补充的曲线与原曲线 L 方向的一致性.

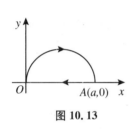

图 10.13

如图 10.13 所示，补作直线段 AO，则有

$$I = \oint_{L+AO} P\mathrm{d}x + Q\mathrm{d}y - \int_{AO} P\mathrm{d}x + Q\mathrm{d}y$$

令 $P = \mathrm{e}^x \sin y - 8y, Q = \mathrm{e}^x \cos y - 8$，则由格林公式可得

$$\oint_{L+AO} P\mathrm{d}x + Q\mathrm{d}y = -\iint\limits_D \left(\frac{\partial Q}{\partial x} - \frac{\partial P}{\partial y}\right)\mathrm{d}x\mathrm{d}y = -8\iint\limits_D \mathrm{d}x\mathrm{d}y = -\pi a^2$$

而 $AO: y = 0, x: a \to 0$，所以

$$\int_{AO} P\mathrm{d}x + Q\mathrm{d}y = \int_a^0 (\mathrm{e}^x \sin 0 - 8 \times 0)\mathrm{d}x + (\mathrm{e}^x \cos 0 - 8)\mathrm{d}0 = 0$$

故 $I = -\pi a^2$.

例 4 计算 $\oint_L \dfrac{x\mathrm{d}y - y\mathrm{d}x}{x^2 + y^2}$，其中 L 为一条分段光滑、不经过原点且无交叉点的连续正向闭曲线.（若 L 是闭曲线，则逆时针方向为 L 的正向.）

解 令 $P = -\dfrac{y}{x^2 + y^2}, Q = \dfrac{x}{x^2 + y^2}$.

(1) 若 L 不包围原点，则 $\dfrac{\partial Q}{\partial x} = \dfrac{y^2 - x^2}{(x^2 + y^2)^2} = \dfrac{\partial P}{\partial y}$，即 P, Q 在 L 所围成的闭区域 D 上一阶偏导数连续且相等. 由格林公式，有

$$\oint_L \frac{x\mathrm{d}y - y\mathrm{d}x}{x^2 + y^2} = \iint\limits_D \left(\frac{\partial Q}{\partial x} - \frac{\partial P}{\partial y}\right)\mathrm{d}x\mathrm{d}y = 0$$

(2) 若 L 包围原点，则 P, Q 在 D 上一阶偏导数不连续，不可直接应用格林公式.

如图 10.14 所示，取适当小的 $r > 0$，作圆周 $l: x^2 + y^2 = r^2$，则 P, Q 在由 $(L+l)$ 所围成的闭区域 D_1 上一阶偏导数连续且相等. 由格林公式，有

$$\oint_{L+l} \frac{x\mathrm{d}y - y\mathrm{d}x}{x^2 + y^2} = \iint\limits_{D_1} \left(\frac{\partial Q}{\partial x} - \frac{\partial P}{\partial y}\right)\mathrm{d}x\mathrm{d}y = 0$$

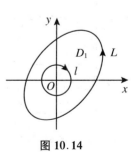

图 10.14

从而

$$\oint_L \frac{x\mathrm{d}y - y\mathrm{d}x}{x^2 + y^2} = -\oint_l \frac{x\mathrm{d}y - y\mathrm{d}x}{x^2 + y^2}$$

又因为

$$\oint_l \frac{x\mathrm{d}y - y\mathrm{d}x}{x^2 + y^2} = \int_{2\pi}^0 \frac{r\cos\theta \mathrm{d}(r\sin\theta) - r\sin\theta \mathrm{d}(r\cos\theta)}{r^2}$$

$$= -\int_0^{2\pi} \mathrm{d}\theta = -2\pi$$

故

$$\oint_L \frac{x\mathrm{d}y - y\mathrm{d}x}{x^2 + y^2} = -\oint_l \frac{x\mathrm{d}y - y\mathrm{d}x}{x^2 + y^2} = 2\pi$$

10.3.2　平面上曲线积分与路径无关的条件

在物理力学中要研究的所谓势场,就是要研究场力所做的功与路径无关的情形.在什么条件下场力所做的功与路径无关? 这个问题在数学上就是要研究曲线积分与路径无关的条件.为了研究这个问题,首先明确什么叫曲线积分 $\int_L P\mathrm{d}x + Q\mathrm{d}y$ 与路径无关.

设 D 是一个区域, $P(x, y)$ 以及 $Q(x, y)$ 在区域 D 内具有一阶连续偏导数.如果对于 D 内任意指定的两个点 A, B 以及 D 内从点 A 到点 B 的任意两条曲线 L_1, L_2(见图10.15),等式

$$\int_{L_1} P\mathrm{d}x + Q\mathrm{d}y = \int_{L_2} P\mathrm{d}x + Q\mathrm{d}y$$

恒成立,就说曲线积分 $\int_L P\mathrm{d}x + Q\mathrm{d}y$ 在 D 内与路径无关,否则便说与路径有关.

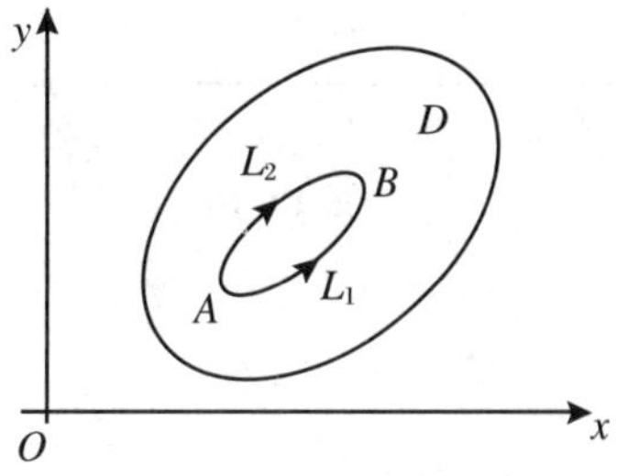

图 10.15

由此,若曲线积分 $\int_{L_1} P\mathrm{d}x + Q\mathrm{d}y$ 在 D 内与路径无关,则有

$$\int_{L_1} P\mathrm{d}x + Q\mathrm{d}y = \int_{L_2} P\mathrm{d}x + Q\mathrm{d}y$$

由于

$$\int_{L_2} P\mathrm{d}x + Q\mathrm{d}y = -\int_{-L_2} P\mathrm{d}x + Q\mathrm{d}y$$

所以

$$\int_{L_1} P\mathrm{d}x + Q\mathrm{d}y + \int_{-L_2} P\mathrm{d}x + Q\mathrm{d}y = 0$$

故

$$\oint_{L_1 + (-L_2)} P\mathrm{d}x + Q\mathrm{d}y = 0$$

其中 $L_1 + (-L_2)$ 是区域 D 内任意一条有向闭曲线.反之,若沿区域 D 内的任意一条有

向闭曲线 L' 的曲线积分为零,易得曲线积分 $\displaystyle\int_{L_1} P\mathrm{d}x + Q\mathrm{d}y$ 在区域 D 内与路径无关.

从而我们得到结论:曲线积分 $\displaystyle\int_{L_1} P\mathrm{d}x + Q\mathrm{d}y$ 在区域 D 内与路径无关相当于沿区域 D 内的任意一条有向闭曲线 L' 的曲线积分 $\displaystyle\int_{L'} P\mathrm{d}x + Q\mathrm{d}y = 0$.

定理2 设区域 D 是一个单连通区域,若函数 $P(x,y)$ 以及 $Q(x,y)$ 在区域 D 内具有一阶连续偏导数,则曲线积分 $\displaystyle\int_L P\mathrm{d}x + Q\mathrm{d}y$ 在 D 内与路径无关(或沿 D 内任意闭曲线的曲线积分为零)的充分必要条件是

$$\frac{\partial Q}{\partial x} = \frac{\partial P}{\partial y}$$

在 D 内恒成立.

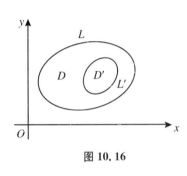

图 10.16

证 先证明充分性.

如图 10.16 所示,设 L' 为区域 D 内任意一条闭曲线,L' 所围成的闭区域为 D'. 由于 D 是单连通区域,所以 D' 包含于 D,故等式 $\dfrac{\partial Q}{\partial x} = \dfrac{\partial P}{\partial y}$ 在区域 D' 内恒成立. 在 D' 上应用格林公式,有

$$\int_{L'} P\mathrm{d}x + Q\mathrm{d}y = \pm \iint\limits_{D'} \left(\frac{\partial Q}{\partial x} - \frac{\partial P}{\partial y} \right) \mathrm{d}x\mathrm{d}y = 0$$

从而曲线积分 $\displaystyle\int_L P\mathrm{d}x + Q\mathrm{d}y$ 在 D 内与路径无关.

再证明必要性.

因为曲线积分 $\displaystyle\int_L P\mathrm{d}x + Q\mathrm{d}y$ 在 D 内与路径无关,所以沿区域 D 内的任意一条有向闭曲线 L' 的曲线积分为零,现在要证明等式 $\dfrac{\partial Q}{\partial x} = \dfrac{\partial P}{\partial y}$ 在 D 内恒成立,对此采用反证法.

若等式 $\dfrac{\partial Q}{\partial x} = \dfrac{\partial P}{\partial y}$ 在 D 内不恒成立,则在 D 内至少存在一点 M_0,使得在点 M_0 处 $\dfrac{\partial Q}{\partial x} \neq \dfrac{\partial P}{\partial y}$,即 $\dfrac{\partial Q}{\partial x} - \dfrac{\partial P}{\partial y} \neq 0$,不妨设 $\dfrac{\partial Q}{\partial x} - \dfrac{\partial P}{\partial y} = \mu > 0$.

由定理条件知 $\dfrac{\partial Q}{\partial x}, \dfrac{\partial P}{\partial y}$ 在 D 内连续,因此在 D 内总可以取到以 M_0 为圆心、半径 r 充分小的圆形闭区域 U,使得在 U 上恒有 $\dfrac{\partial Q}{\partial x} - \dfrac{\partial P}{\partial y} \geqslant \dfrac{\mu}{2}$,在 U 上应用格林公式,得

$$\oint_l P\mathrm{d}x + Q\mathrm{d}y = \iint\limits_{U} \left(\frac{\partial Q}{\partial x} - \frac{\partial P}{\partial y} \right) \mathrm{d}x\mathrm{d}y \geqslant \iint\limits_{U} \frac{\mu}{2} \mathrm{d}x\mathrm{d}y = \frac{\mu}{2}\sigma > 0$$

其中 l 为区域 U 的正向边界曲线,σ 为区域 U 的面积.

这与沿区域 D 内的任意一条有向闭曲线 L' 的曲线积分为零矛盾,所以在 D 内恒成立等式 $\dfrac{\partial Q}{\partial x} = \dfrac{\partial P}{\partial y}$.

在 10.2 节例 3 中我们看到,起点与终点相同的三个曲线积分 $\int_L 2xy\mathrm{d}x + x^2\mathrm{d}y$ 相等. 由定理 2 来看,这不是偶然的,因为这里 $\dfrac{\partial Q}{\partial x} = \dfrac{\partial P}{\partial y} = 2x$ 在整个 xOy 面内恒成立,而整个 xOy 面是单连通域,因此曲线积分 $\int_L 2xy\mathrm{d}x + x^2\mathrm{d}y$ 与路径无关.

在定理 2 中,要求区域 D 是单连通区域,且函数 $P(x,y)$ 与 $Q(x,y)$ 在 D 内具有一阶连续偏导数. 如果这两个条件之一不能满足,那么定理的结论不能保证成立. 例如,在例 4 中我们已经看到,当 L 所围成的区域含有原点时,虽然除去原点外,恒有 $\dfrac{\partial Q}{\partial x} = \dfrac{\partial P}{\partial y}$,但沿曲线的积分 $\oint_L P\mathrm{d}x + Q\mathrm{d}y \neq 0$,其原因在于区域内含有破坏函数 P, Q 及 $\dfrac{\partial Q}{\partial x}, \dfrac{\partial P}{\partial y}$ 连续性条件的点 O,这种点通常称为奇点.

例 5 计算 $I = \int_L (6xy^2 - y^3)\mathrm{d}x + (6x^2y - 3xy^2)\mathrm{d}y$,其中 L 为沿 $y = x^2 + 1$ 从 $A(0,1)$ 到 $B(1,2)$ 的一段弧.

解 令 $P = 6xy^2 - y^3$,$Q = 6x^2y - 3xy^2$,则 $\dfrac{\partial Q}{\partial x} = 12xy - 3y^2 = \dfrac{\partial P}{\partial y}$ 在全平面上成立. 而全平面是单连通区域,所以此积分在全平面上与路径无关,故可重新选择路径.

如图 10.17 所示,不妨取 $L = ACB$,$C(1,1)$,则 $AC: y = 1, x: 0 \to 1$,$CB: x = 1, y: 1 \to 2$,所以

$$
\begin{aligned}
I &= \int_{ACB} = \int_{AC} + \int_{CB} \\
&= \int_0^1 (6x \cdot 1^2 - 1^3)\mathrm{d}x + (6x^2 \cdot 1 - 3x \cdot 1^2)\mathrm{d}1 \\
&\quad + \int_1^2 (6 \cdot 1 \cdot y^2 - y^3)\mathrm{d}1 + (6 \cdot 1^2 \cdot y - 3 \cdot 1 \cdot y^2)\mathrm{d}y \\
&= \int_0^1 (6x - 1)\mathrm{d}x + \int_1^2 (6y - 3y^2)\mathrm{d}y = 2 + 2 = 4
\end{aligned}
$$

注 此题也可像例 3 一样,补充路径后利用格林公式计算.

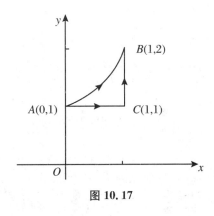

图 10.17

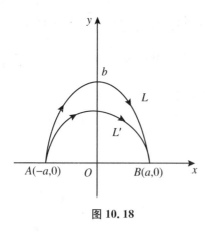

图 10.18

例 6 计算 $I = \int_L \dfrac{x-y}{x^2+y^2}\mathrm{d}x + \dfrac{x+y}{x^2+y^2}\mathrm{d}y$，其中 L 为沿上半椭圆 $\dfrac{x^2}{a^2} + \dfrac{y^2}{b^2} = 1$ 由点 $A(-a,0)$ 到 $B(a,0)$ 的一段弧.

解 令 $P = \dfrac{x-y}{x^2+y^2}$，$Q = \dfrac{x+y}{x^2+y^2}$，则 $\dfrac{\partial Q}{\partial x} = \dfrac{y^2 - 2xy - x^2}{(x^2+y^2)^2} = \dfrac{\partial P}{\partial y}$ 在不含 $(0,0)$ 的单连通区域内成立，即此积分与路径无关，故可重新选择路径.

如图 10.18 所示，不妨取 L' 为从点 $A(-a,0)$ 到 $B(a,0)$ 的上半圆（不可取 L 为直线 AB）. 由于 L'：$x = a\cos\theta$，$y = a\sin\theta$，θ 从 π 到 0，所以

$$I = \int_L \frac{x-y}{x^2+y^2}\mathrm{d}x + \frac{x+y}{x^2+y^2}\mathrm{d}y = \int_{L'} \frac{x-y}{x^2+y^2}\mathrm{d}x + \frac{x+y}{x^2+y^2}\mathrm{d}y$$

$$= \int_\pi^0 \frac{(a\cos\theta - a\sin\theta)\mathrm{d}(a\cos\theta) + (a\cos\theta + a\sin\theta)\mathrm{d}(a\sin\theta)}{a^2}$$

$$= \int_\pi^0 \mathrm{d}\theta = -\pi$$

10.3.3 二元函数的全微分求积

我们知道，当二元函数 $u(x,y)$ 具有一阶连续偏导数时，有全微分 $\mathrm{d}u = \dfrac{\partial u}{\partial x}\mathrm{d}x + \dfrac{\partial u}{\partial y}\mathrm{d}y$. 现在要讨论：函数 $P(x,y)$ 与 $Q(x,y)$ 满足什么条件时，表达式 $P(x,y)\mathrm{d}x + Q(x,y)\mathrm{d}y$ 才是某个二元函数 $u(x,y)$ 的全微分；当这样的二元函数存在时把它求出来.

定理 3 设函数 $P(x,y)$，$Q(x,y)$ 在单连通区域 D 内具有一阶连续偏导数，则表达式 $P(x,y)\mathrm{d}x + Q(x,y)\mathrm{d}y$ 在 D 内为某个二元函数 $u(x,y)$ 的全微分的充分必要条件是等式 $\dfrac{\partial Q}{\partial x} = \dfrac{\partial P}{\partial y}$ 在 D 内恒成立.

证 先证必要性. 假设存在某一函数 $u(x,y)$，使得

$$\mathrm{d}u = P(x,y)\mathrm{d}x + Q(x,y)\mathrm{d}y$$

则必有 $P(x,y) = \dfrac{\partial u}{\partial x}$，$Q(x,y) = \dfrac{\partial u}{\partial y}$. 因为 P，Q 在 D 内具有一阶连续偏导数，所以 $\dfrac{\partial^2 u}{\partial x \partial y}$，$\dfrac{\partial^2 u}{\partial y \partial x}$ 在 D 内连续，故有 $\dfrac{\partial P}{\partial y} = \dfrac{\partial^2 u}{\partial x \partial y} = \dfrac{\partial^2 u}{\partial y \partial x} = \dfrac{\partial Q}{\partial x}$ 在 D 内恒成立.

再证充分性. 设在单连通区域 D 内恒有 $\dfrac{\partial Q}{\partial x} = \dfrac{\partial P}{\partial y}$，如图 10.19 所示.

由定理 2 知，起点为 $A(x_0, y_0)$，终点为 $B(x,y)$ 的积分 $\int_{(x_0, y_0)}^{(x,y)} P\mathrm{d}x + Q\mathrm{d}y$ 在 D 内与路径无关，若点 A 固定，则此积

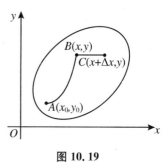

图 10.19

分是点 B 的坐标(x,y)的二元函数,记为 $u(x,y)$,即

$$u(x,y) = \int_{(x_0,y_0)}^{(x,y)} P\mathrm{d}x + Q\mathrm{d}y$$

下证 $\mathrm{d}u(x,y) = P(x,y)\mathrm{d}x + Q(x,y)\mathrm{d}y$,亦即证明 $P(x,y) = \dfrac{\partial u}{\partial x},Q(x,y) = \dfrac{\partial u}{\partial y}$.

由偏导数的定义知

$$\frac{\partial u}{\partial x} = \lim_{\Delta x \to 0} \frac{u(x+\Delta x,y) - u(x,y)}{\Delta x}$$

而 $u(x+\Delta x,y) = \int_{(x_0,y_0)}^{(x+\Delta x,y)} P\mathrm{d}x + Q\mathrm{d}y$,因为积分与路径无关,所以积分路径可取由 $A(x_0,y_0)$ 经 $B(x,y)$ 平行于 x 轴到 $C(x+\Delta x,y)$,则

$$u(x+\Delta x,y) = \int_{(x_0,y_0)}^{(x,y)} P\mathrm{d}x + Q\mathrm{d}y + \int_{(x,y)}^{(x+\Delta x,y)} P\mathrm{d}x + Q\mathrm{d}y$$

$$= u(x,y) + \int_{(x,y)}^{(x+\Delta x,y)} P\mathrm{d}x + Q\mathrm{d}y$$

因此

$$u(x+\Delta x,y) - u(x,y) = \int_{(x,y)}^{(x+\Delta x,y)} P\mathrm{d}x + Q\mathrm{d}y = \int_{(x,y)}^{(x+\Delta x,y)} P\mathrm{d}x$$

$$= P(x+\theta\Delta x,y)\Delta x, \quad 0 < \theta < 1$$

已知 P,Q 在 D 内具有一阶连续偏导数,从而 P,Q 在 D 内连续,故

$$\frac{\partial u}{\partial x} = \lim_{\Delta x \to 0} \frac{u(x+\Delta x,y) - u(x,y)}{\Delta x} = \lim_{\Delta x \to 0} P(x+\theta\Delta x,y) = P(x,y)$$

同理可证 $\dfrac{\partial u}{\partial y} = Q(x,y)$.

由定理 2 及定理 3,立即可得如下推论:

推论 设区域 D 是一个单连通区域,若函数 $P(x,y),Q(x,y)$ 在 D 内具有一阶连续偏导数,则曲线积分 $\int_L P\mathrm{d}x + Q\mathrm{d}y$ 在 D 内与路径无关的充分必要条件是:在 D 内存在函数 $u(x,y)$,使得 $\mathrm{d}u = P\mathrm{d}x + Q\mathrm{d}y$.

由上述定理可知,若函数 $P(x,y),Q(x,y)$ 在单连通区域 D 内具有一阶连续偏导数,且 $\dfrac{\partial Q}{\partial x} = \dfrac{\partial P}{\partial y}$ 在 D 内恒成立,则在 D 内 $P\mathrm{d}x + Q\mathrm{d}y$ 为某个二元函数 $u(x,y)$ 的全微分,且由公式 $u(x,y) = \int_{(x_0,y_0)}^{(x,y)} P\mathrm{d}x + Q\mathrm{d}y$ 可以求出 $u(x,y)$.

当曲线积分与路径无关时,积分可写成 $\int_{M_0}^{M} P\mathrm{d}x + Q\mathrm{d}y$.

为计算方便起见,如图 10.20 所示,可以选择平行于坐标轴的直线段连成的折线 ARB 作为积分曲线,则有

$$u(x,y) = \int_{x_0}^{x} P(x,y_0)\mathrm{d}x + \int_{y_0}^{y} Q(x,y)\mathrm{d}y$$

若取折线 ASB,则有

$$u(x,y) = \int_{x_0}^{x} P(x,y)\mathrm{d}x + \int_{y_0}^{y} Q(x_0,y)\mathrm{d}y$$

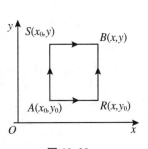

图 10.20

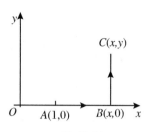

图 10.21

例 7 验证：$\dfrac{x\mathrm{d}y - y\mathrm{d}x}{x^2 + y^2}$ 在右半面$(x>0)$内是某个函数的全微分，并求出一个这样的函数.

解 令 $P = \dfrac{-y}{x^2 + y^2}$，$Q = \dfrac{x}{x^2 + y^2}$，有 $\dfrac{\partial P}{\partial y} = \dfrac{y^2 - x^2}{(x^2 + y^2)^2} = \dfrac{\partial Q}{\partial x}$

在右半平面内恒成立，因此在右半平面内，$\dfrac{x\mathrm{d}y - y\mathrm{d}x}{x^2 + y^2}$ 是某个函数的全微分.

取积分路径如图 10.21 所示，则所求函数为

$$u(x,y) = \int_{(1,0)}^{(x,y)} \frac{x\mathrm{d}y - y\mathrm{d}x}{x^2 + y^2}$$

$$= \int_{AB} \frac{x\mathrm{d}y - y\mathrm{d}x}{x^2 + y^2} + \int_{BC} \frac{x\mathrm{d}y - y\mathrm{d}x}{x^2 + y^2}$$

$$= 0 + \int_0^y \frac{x\mathrm{d}y}{x^2 + y^2} = \left[\arctan \frac{y}{x}\right]_0^y = \arctan \frac{y}{x}$$

例 8 计算 $I = \displaystyle\int_{(1,0)}^{(2,1)} (2xy - y^4 + 3)\mathrm{d}x + (x^2 - 4xy^3)\mathrm{d}y$.

解 有

$$I = \int_{x_0}^{x} P(x, y_0)\mathrm{d}x + \int_{y_0}^{y} Q(x, y)\mathrm{d}y$$

$$= \int_1^2 (2x \cdot 0 - 0^4 + 3)\mathrm{d}x + \int_0^1 (2^2 - 4 \cdot 2 \cdot y^3)\mathrm{d}y$$

$$= 3 + 4 - 2 = 5$$

≪ 习题 10.3 ≫

A

1. 利用格林公式计算下列曲线积分.

(1) $\displaystyle\oint_L (2xy - x^2)\mathrm{d}x + (x + y^2)\mathrm{d}y$，其中 L 是由抛物线 $y = x^2$ 和 $y^2 = x$ 所围成的区域的正向边界曲线；

(2) $\displaystyle\oint_L \mathrm{e}^x(1 - \cos y)\mathrm{d}x - \mathrm{e}^x(y - \sin y)\mathrm{d}y$，其中 L 是区域 $0 \leqslant x \leqslant \pi, 0 \leqslant y \leqslant \sin x$ 的正向边界曲线；

(3) $\displaystyle\oint_L (x^2 y \cos x + 2xy \sin x - y^2 \mathrm{e}^x)\mathrm{d}x + (x^2 \sin x - 2y\mathrm{e}^x)\mathrm{d}y$，其中 L 为正向星形线 $x^{\frac{2}{3}} + y^{\frac{2}{3}} = a^{\frac{2}{3}}$ $(a>0)$；

(4) $\displaystyle\int_L (2xy^3 - y^2 \cos x)\mathrm{d}x + (1 - 2y\sin x + 3x^2 y^2)\mathrm{d}y$，其中 L 为抛物线 $2x = \pi y^2$ 上由点$(0,0)$到点 $\left(\dfrac{\pi}{2}, 1\right)$ 的一段弧线；

(5) $\displaystyle\int_L (x^2 - y)\mathrm{d}x - (x + \sin^2 y)\mathrm{d}y$，其中 L 是在圆周 $y = \sqrt{2x - x^2}$ 上由点$(0,0)$到点$(1,1)$的一段弧线.

2. 利用曲线积分计算下列曲线围成的图形的面积.

(1) 星形线 $x = a\cos^3 t, y = a\sin^3 t$；

(2) 椭圆 $9x^2 + 16y^2 = 144$；

(3) 圆 $x^2 + y^2 = 2ax$.

3. 证明下列曲线积分在整个 xOy 面内与路径无关,并计算积分值.

(1) $\int_{(1,1)}^{(2,3)} (x + y)\mathrm{d}x + (x - y)\mathrm{d}y$；

(2) $\int_{(1,2)}^{(3,4)} (6xy^2 - y^3)\mathrm{d}x + (6x^2 y - 3xy^2)\mathrm{d}y$；

(3) $\int_{(1,0)}^{(2,1)} (2xy - y^4 + 3)\mathrm{d}x + (x^2 - 4xy^3)\mathrm{d}y$.

4. 验证下列 $P(x, y)\mathrm{d}x + Q(x, y)\mathrm{d}y$ 在整个 xOy 面内是某一函数 $u(x, y)$ 的全微分,求这样的一个 $u(x, y)$.

(1) $4\sin x \sin 3y \cos x \mathrm{d}x - 3\cos 3y \cos 2x \mathrm{d}y$；

(2) $(3x^2 y + 8xy^2)\mathrm{d}x + (x^3 + 8x^2 y + 12ye^y)\mathrm{d}y$；

(3) $(2x\cos y + y^2\cos x)\mathrm{d}x + (2y\sin x - x^2\sin y)\mathrm{d}y$.

B

1. 计算曲线积分 $I = \oint_L \dfrac{y\mathrm{d}x - x\mathrm{d}y}{2(x^2 + y^2)}$.其中 L 分别为:

(1) 圆周 $(x - 1)^2 + (y - 1)^2 = 1$,沿逆时针方向；

(2) 闭曲线 $|x| + |y| = 1$,沿逆时针方向.

2. 计算 $\oint_L [x\cos((\widehat{n}, x)) + y\cos((\widehat{n}, y))]\mathrm{d}s$,其中 L 为包围有界闭区域 D 的简单正向闭曲线,D 的面积为 S,n 为 L 的外法线方向.

3. 设有一变力在坐标轴上的投影 $X = x^2 + y^2$,$Y = 2xy - 8$,这变力确定了一个力场,证明质点在此场内移动时,场力所做的功与路径无关.

4. 试求指数 λ,使曲线积分 $\int_{(x_0, y_0)}^{(x, y)} \dfrac{x}{y} r^\lambda \mathrm{d}x - \dfrac{x^2}{y^2} r^\lambda \mathrm{d}y (r = \sqrt{x^2 + y^2})$ 在 $y \neq 0$ 区域内与路径无关,并求此积分.

5. 已知 $\varphi(\pi) = 1$,试确定函数 $\varphi(x)$,使得 $\int_L [\sin x - \varphi(x)] \dfrac{y}{x}\mathrm{d}x + \varphi(x)\mathrm{d}y$ 在 $x > 0$ 或 $x < 0$ 的区域内与路径无关,并求由 $A(1, 0)$ 到 $B(\pi, \pi)$ 的上述曲线积分.

10.4 对面积的曲面积分

在 10.1 节的质量问题中,如果把曲线改为曲面,并相应地把线密度 $\mu(x, y)$ 改为面密度 $\mu(x, y, z)$,小段曲线的弧长 Δs_i 改为小块曲面的面积 ΔS_i,而第 i 小段曲线上的一点 (ξ_i, η_i) 改为第 i 小块曲面上的一点 (ξ_i, η_i, ζ_i),那么,在面密度 $\mu(x, y, z)$ 连续时,所求的质量 M 就是下列和的极限:

$$M = \lim_{\lambda \to 0} \sum_{i=1}^n \mu(\xi_i, \eta_i, \zeta_i)\Delta S_i$$

其中 λ 表示 n 小块曲面的直径的最大值.

在介绍对面积的曲面积分之前,我们做如下说明:以后都假定曲面是光滑的或是分片光滑的.光滑的曲面是指曲面上每一点处都存在切平面,并且随着曲面上的点连续变动时,切平面也连续变化;分片光滑的曲面是指曲面是由几片曲面所构成的,且每一片曲面都是光滑的,还假定曲面是有界的,且曲面的边界曲线是光滑的或是分段光滑的闭曲线,曲面的直径是指曲面上任意两点之间距离的最大值.

10.4.1 对面积的曲面积分的概念与性质

定义 设 $f(x,y,z)$ 是定义在光滑曲面 Σ 上的有界函数,把 Σ 任意分成 n 个小曲面 $\Delta S_i (i = 1,2,\cdots,n)$,其面积也用 ΔS_i 表示.在第 i 个小曲面上任意取一点 (ξ_i, η_i, ζ_i),作乘积 $f(\xi_i, \eta_i, \zeta_i)\Delta S_i (i = 1,2,\cdots,n)$,并作和 $\sum_{i=1}^{n} f(\xi_i, \eta_i, \zeta_i)\Delta S_i$,如果当各小曲面直径的最大值 $\lambda \to 0$ 时,这和的极限总存在,且与曲面 Σ 的分法及点 (ξ_i, η_i, ζ_i) 的取法无关,那么称此极限为函数 $f(x,y,z)$ 在曲面 Σ 上对面积的曲面积分或第一类曲面积分,记作 $\iint\limits_{\Sigma} f(x,y,z)\mathrm{d}S$,即

$$\iint\limits_{\Sigma} f(x,y,z)\mathrm{d}S = \lim_{\lambda \to 0} \sum_{i=1}^{n} f(\xi_i, \eta_i, \zeta_i)\Delta S_i$$

其中 $f(x,y,z)$ 叫作被积函数,Σ 叫作积分曲面.

由定义可知,面密度为 $\mu(x,y,z)$ 的曲面形构件的质量为

$$M = \iint\limits_{\Sigma} \mu(x,y,z)\mathrm{d}S$$

我们指出,当 $f(x,y,z)$ 在光滑曲面 Σ 上连续时,对面积的曲面积分是存在的.今后总假定 $f(x,y,z)$ 在 Σ 上连续.

根据对面积的曲面积分的定义,容易推导出对面积的曲面积分的如下性质:

性质 1 设 α,β 为常数,则有

$$\iint\limits_{\Sigma} [\alpha f(x,y,z) + \beta g(x,y,z)]\mathrm{d}S$$

$$= \alpha \iint\limits_{\Sigma} f(x,y,z)\mathrm{d}S + \beta \iint\limits_{\Sigma} g(x,y,z)\mathrm{d}S$$

性质 2 设 Σ 由 Σ_1 和 Σ_2 两片光滑曲面组成(记为 $\Sigma = \Sigma_1 + \Sigma_2$),则有

$$\iint\limits_{\Sigma} f(x,y,z)\mathrm{d}S = \iint\limits_{\Sigma_1} f(x,y,z)\mathrm{d}S + \iint\limits_{\Sigma_2} f(x,y,z)\mathrm{d}S$$

10.4.2　对面积的曲面积分的计算方法

对面积的曲面积分计算的基本思想是将其化为二重积分来计算,我们给出下列结论.

定理　设函数 $f(x,y,z)$ 在光滑曲面 Σ 上连续,Σ 的方程为 $z = z(x,y)$,平行于 z 轴穿过 Σ 的直线与 Σ 只相交于一点,Σ 在 xOy 面上的投影域为 D_{xy}.若函数 $z(x,y)$ 在 D_{xy} 上具有连续偏导数,则曲面积分 $\iint\limits_{\Sigma} f(x,y,z)\mathrm{d}S$ 存在,且

$$\iint\limits_{\Sigma} f(x,y,z)\mathrm{d}S = \iint\limits_{D_{xy}} f(x,y,z(x,y))\sqrt{1 + z_x^2 + z_y^2}\,\mathrm{d}x\mathrm{d}y$$

注　利用曲面面积元素 $\mathrm{d}S = \sqrt{1 + z_x^2 + z_y^2}\,\mathrm{d}x\mathrm{d}y$ 和二重积分的中值定理可证.

类似的,Σ 的方程为 $x = x(y,z)$,Σ 在 yOz 面上的投影域为 D_{yz} 时,有

$$\iint\limits_{\Sigma} f(x,y,z)\mathrm{d}S = \iint\limits_{D_{yz}} f(x(y,z),y,z)\sqrt{1 + x_y^2 + x_z^2}\,\mathrm{d}y\mathrm{d}z$$

Σ 的方程为 $y = y(z,x)$,Σ 在 zOx 面上的投影域为 D_{zx} 时,有

$$\iint\limits_{\Sigma} f(x,y,z)\mathrm{d}S = \iint\limits_{D_{zx}} f(x,y(z,x),z)\sqrt{1 + y_z^2 + y_x^2}\,\mathrm{d}z\mathrm{d}x$$

例 1　计算 $\oiint\limits_{\Sigma}(x^2 + y^2)\mathrm{d}S$,其中 Σ 为锥面 $z = \sqrt{x^2 + y^2}$ 与平面 $z = 1$ 所围成区域的整个边界曲面.

解　如图 10.22 所示,$\Sigma = \Sigma_1 + \Sigma_2$.

因为

$$\Sigma_1 : z = \sqrt{x^2 + y^2},\quad D_{xy} : x^2 + y^2 \leqslant 1$$

$$\mathrm{d}S = \sqrt{1 + z_x^2 + z_y^2}\,\mathrm{d}x\mathrm{d}y = \sqrt{2}\,\mathrm{d}x\mathrm{d}y$$

$$\Sigma_2 : z = 1,\quad D_{xy} : x^2 + y^2 \leqslant 1$$

$$\mathrm{d}S = \sqrt{1 + z_x^2 + z_y^2}\,\mathrm{d}x\mathrm{d}y = \mathrm{d}x\mathrm{d}y$$

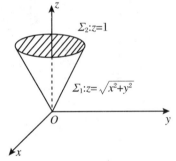

图 10.22

所以

$$\iint\limits_{\Sigma_1}(x^2 + y^2)\mathrm{d}S = \iint\limits_{D_{xy}}(x^2 + y^2)\sqrt{2}\,\mathrm{d}x\mathrm{d}y = \sqrt{2}\int_0^{2\pi}\mathrm{d}\theta\int_0^1 r^2 \cdot r\,\mathrm{d}r = \frac{\sqrt{2}}{2}\pi$$

$$\iint\limits_{\Sigma_2}(x^2 + y^2)\mathrm{d}S = \iint\limits_{D_{xy}}(x^2 + y^2)\mathrm{d}x\mathrm{d}y = \frac{1}{2}\pi$$

故

$$\oiint\limits_{\Sigma}(x^2 + y^2)\mathrm{d}S = \iint\limits_{\Sigma_1}(x^2 + y^2)\mathrm{d}S + \iint\limits_{\Sigma_2}(x^2 + y^2)\mathrm{d}S = \frac{\sqrt{2} + 1}{2}\pi$$

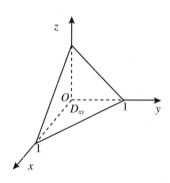

图 10.23

例 2 计算 $\oiint\limits_{\Sigma} xyz \, \mathrm{d}S$，其中 Σ 是由平面 $x = 0$，$y = 0$，$z = 0$ 及 $x + y + z = 1$ 所围成的四面体的整个边界曲面(见图 10.23).

解 设整个边界曲面 Σ 在平面 $x = 0$，$y = 0$，$z = 0$ 及 $x + y + z = 1$ 上的部分依次为 Σ_1，Σ_2，Σ_3 及 Σ_4，则有

$$\oiint\limits_{\Sigma} xyz \, \mathrm{d}S = \iint\limits_{\Sigma_1} xyz \, \mathrm{d}S + \iint\limits_{\Sigma_2} xyz \, \mathrm{d}S + \iint\limits_{\Sigma_3} xyz \, \mathrm{d}S + \iint\limits_{\Sigma_4} xyz \, \mathrm{d}S$$

在 Σ_1，Σ_2，Σ_3 上，被积函数 $f(x,y,z)$ 均为零，所以

$$\iint\limits_{\Sigma_1} xyz \, \mathrm{d}S = \iint\limits_{\Sigma_2} xyz \, \mathrm{d}S = \iint\limits_{\Sigma_3} xyz \, \mathrm{d}S = 0$$

在 Σ_4 上，$z = 1 - x - y$，有

$$\sqrt{1 + z_x^2 + z_y^2} = \sqrt{1 + (-1)^2 + (-1)^2} = \sqrt{3}$$

从而

$$\oiint\limits_{\Sigma} xyz \, \mathrm{d}S = \iint\limits_{\Sigma_4} xyz \, \mathrm{d}S = \iint\limits_{D_{xy}} \sqrt{3} \, xy(1 - x - y) \, \mathrm{d}x\mathrm{d}y$$

其中 D_{xy} 是 Σ_4 在 xOy 面上的投影区域，即由直线 $x = 0$，$y = 0$ 及 $x + y = 1$ 所围成的闭区域. 因此

$$\oiint\limits_{\Sigma} xyz \, \mathrm{d}S = \sqrt{3} \int_0^1 x \, \mathrm{d}x \int_0^{1-x} y(1 - x - y) \, \mathrm{d}y$$

$$= \sqrt{3} \int_0^1 x \left[(1 - x) \frac{y^2}{2} - \frac{y^3}{3} \right]_0^{1-x} \mathrm{d}x$$

$$= \sqrt{3} \int_0^1 x \cdot \frac{(1 - x)^3}{6} \, \mathrm{d}x$$

$$= \frac{\sqrt{3}}{6} \int_0^1 (x - 3x^2 + 3x^3 - x^4) \, \mathrm{d}x$$

$$= \frac{\sqrt{3}}{120}$$

《 习题 10.4 》

A

1. 设有一分布着质量的曲面 Σ，在点 (x,y,z) 处它的面密度为 $\mu(x,y,z)$，用对面积的曲面积分表示这曲面对于 x 轴的转动惯量.

2. 利用对面积的曲面积分的定义证明公式：

$$\iint\limits_{\Sigma} f(x,y,z) \, \mathrm{d}S = \iint\limits_{\Sigma_1} f(x,y,z) \, \mathrm{d}S + \iint\limits_{\Sigma_2} f(x,y,z) \, \mathrm{d}S$$

其中 Σ 是由 Σ_1 和 Σ_2 组成的.

3. 当 Σ 为 xOy 面内的一个闭区域时,曲面积分 $\iint\limits_{\Sigma} f(x,y,z)\mathrm{d}S$ 与二重积分有什么关系?

4. 计算 $\iint\limits_{\Sigma} f(x,y,z)\mathrm{d}S$,其中 Σ 为抛物面 $z = 2 - (x^2 + y^2)$ 在 xOy 面上方的部分,$f(x,y,z)$ 分别如下:

(1) $f(x,y,z) = 1$;　　　　(2) $f(x,y,z) = x^2 + y^2$;　　　　(3) $f(x,y,z) = 3z$.

5. 计算 $\iint\limits_{\Sigma}(x^2 + y^2)\mathrm{d}S$,其中 Σ 是锥面 $z^2 = 3(x^2 + y^2)$ 被平面 $z = 0$ 和 $z = 3$ 所截得的部分.

6. 计算 $\iint\limits_{\Sigma}\left(z + 2x + \dfrac{4}{3}y\right)\mathrm{d}S$,其中 Σ 为平面 $\dfrac{x}{2} + \dfrac{y}{3} + \dfrac{z}{4} = 1$ 在第一卦限中的部分.

7. 计算 $\iint\limits_{\Sigma}(2xy - 2x^2 - x + z)\mathrm{d}S$,其中 Σ 为平面 $2x + 2y + z = 6$ 在第一卦限中的部分.

B

1. 计算 $\iint\limits_{\Sigma}(x + y + z)\mathrm{d}S$,其中 Σ 为球面 $x^2 + y^2 + z^2 = a^2$ 上 $z \geqslant h(0 < h < a)$ 的部分.

2. 计算 $\iint\limits_{\Sigma}(xy + yz + zx)\mathrm{d}S$,其中 Σ 为锥面 $z = \sqrt{x^2 + y^2}$ 被柱面 $x^2 + y^2 = 2ax$ 截得的有限部分.

3. 计算 $\iint\limits_{\Sigma} z\mathrm{d}S$,其中 Σ 为曲面 $x^2 + y^2 = 2az\,(a > 0)$ 被曲面 $z = \sqrt{x^2 + y^2}$ 所割出的部分.

4. 计算 $\iint\limits_{\Sigma} \dfrac{x^2}{z}\mathrm{d}S$,其中 Σ 为曲面 $x^2 + y^2 = 2az\,(a > 0)$ 被曲面 $z = \sqrt{x^2 + y^2}$ 所截下的部分.

5. 求抛物面壳 $z = \dfrac{1}{2}(x^2 + y^2)\,(0 \leqslant z \leqslant 1)$ 的质量,此壳的面密度的大小为 $\rho = z$.

6. 求面密度为 ρ_0 的均匀半球壳 $x^2 + y^2 + z^2 = a^2\,(z \geqslant 0)$ 对于 z 轴的转动惯量.

7. 试求半径为 a 的上半球壳的重心,已知其上各点处密度等于该点到铅垂直径的距离.

10.5　对坐标的曲面积分

我们知道,对坐标的曲线积分与曲线的方向有关,而本节将讨论的对坐标的曲面积分则与曲面的侧有关.我们先对曲面做一些说明,这里假定曲面是光滑的.

日常生活中,我们遇到的大部分曲面都有两个侧.例如,足球有内侧和外侧,桌子有上侧与下侧.然而,曲面并不总是有两侧.例如,著名的莫比乌斯(Möbius)带就是只有一侧的曲面.

下面我们从数学的角度给出单侧曲面和双侧曲面的定义.

定义 1　在光滑曲面 Σ 上任取一点 M_0,Σ 在点 M_0 处的法向量有两个方向,我们取定其中的一个方向,并记其单位法向量为 n,如果动点 M 从 M_0 出发,在曲面 Σ 上连续移动且不越过 Σ 的边界再次回到 M_0,其 n 的方向总与出发时的方向相同,就称曲面 Σ 是双侧曲面,否则称 Σ 是单侧曲面.

以后我们总假定所考虑的曲面是双侧的.

在讨论对坐标的曲面积分时,需要指定曲面的侧,我们可以通过曲面上法向量的指向来定出曲面的侧.若 Σ 是闭曲面,把法向量 n 指向其内部的一侧称为曲面的内侧,把法向量 n 指向其外部的一侧称为曲面的外侧;若曲面 Σ 不封闭,则当 Σ 由方程 $z = z(x,y)$ 给出时,把法向量 n 指向朝上的一侧称为曲面的上侧,把法向量 n 指向朝下的一侧称为曲面的下侧.类似还有前侧、后侧,左侧、右侧.我们称这种取定了法向量亦即选定了侧的曲面为有向曲面.

下面介绍有向曲面 Σ 在坐标面上的投影的概念.

设 ΔS 为有向曲面 Σ 上的一片小曲面,$(\Delta\sigma)_{xy}$ 为 ΔS 在 xOy 面上投影域的面积.若 ΔS 上各点的法向量与 z 轴夹角余弦 $\cos\gamma$ 有相同的符号,则规定 ΔS 在 xOy 面上的投影为

$$(\Delta S)_{xy} = \begin{cases} (\Delta\sigma)_{xy}, & \cos\gamma > 0 \\ -(\Delta\sigma)_{xy}, & \cos\gamma < 0 \\ 0, & \cos\gamma = 0 \end{cases}$$

类似的,我们可以定义 ΔS 在 yOz 面及 zOx 上的投影 $(\Delta S)_{yz}$ 及 $(\Delta S)_{zx}$.

10.5.1 对坐标的曲面积分的实际背景

物理背景——流体在单位时间内流向曲面指定侧的流量.

设有不可压缩的流体(假设密度为 1)稳定流动(即速度与时间 t 无关),其在点 (x,y,z) 处的流速为

$$v(x,y,z) = P(x,y,z)i + Q(x,y,z)j + R(x,y,z)k$$

其中 $P(x,y,z),Q(x,y,z),R(x,y,z)$ 均为 Σ 上的连续函数,Σ 为一片有向光滑曲面,求单位时间内流体流向曲面 Σ 指定一侧的流量 Φ.

如果流体流过一片面积为 A 的平面,且流体在其上各点处的流速为常量 v,该平面的单位法向量为 n,那么在单位时间内流过此平面流向指定侧的流体为一个底面积为 A、斜高为 $|v|$ 的斜柱体(如图 10.24 所示).

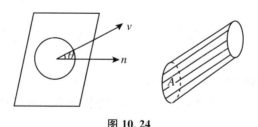

图 10.24

当 $\theta = \widehat{(v,n)} < \dfrac{\pi}{2}$ 时,斜柱体的体积为

$$A|v|\cos\theta = Av \cdot n$$

由条件可知,这就是流过此平面流向指定侧的流量,即 $\Phi = Av \cdot n$.

当 $\theta = \widehat{(\boldsymbol{v}, \boldsymbol{n})} = \dfrac{\pi}{2}$ 时,显然流体通过闭区域 A 流向 $\boldsymbol{n}$ 所指一侧的流量 Φ 为零,而 $A\boldsymbol{v}$ · $\boldsymbol{n} = 0$,故 $\Phi = A\boldsymbol{v} \cdot \boldsymbol{n} = 0$.

当 $\theta = \widehat{(\boldsymbol{v}, \boldsymbol{n})} > \dfrac{\pi}{2}$ 时,$A\boldsymbol{v} \cdot \boldsymbol{n} < 0$,此时表明流过平面流向指定侧的相反侧的流量为 $-A\boldsymbol{v} \cdot \boldsymbol{n}$,我们仍把 $A\boldsymbol{v} \cdot \boldsymbol{n}$ 称为流过此平面流向指定侧的流量.

因此,无论 $\widehat{(\boldsymbol{v}, \boldsymbol{n})}$ 取何值,流体流过平面流向指定侧的流量 $\Phi = A\boldsymbol{v} \cdot \boldsymbol{n}$ 总成立.

由于现在考虑的不是平面区域而是一片曲面,且流速 $\boldsymbol{v}$ 也不是常向量,因此所求流量不能直接用上述方法计算. 我们可以用以往引出各类积分概念时所采用的方法来解决此问题.

把有向光滑曲面 Σ 任意分成 n 片小有向曲面 $\Delta S_i(i = 1, 2, \cdots, n)$,其面积也用 ΔS_i 表示,如果 ΔS_i 的直径很小,就可用其上任一点 (ξ_i, η_i, ζ_i) 处的流速 $\boldsymbol{v}_i = \boldsymbol{v}(\xi_i, \eta_i, \zeta_i)$ 和单位法向量 $\boldsymbol{n}_i$ 替代 ΔS_i 上各点处的流速和单位法向量,因此得到流过 ΔS_i 流向指定侧的流量近似为 $\Delta \Phi_i \approx \boldsymbol{v}_i \cdot \boldsymbol{n}_i \cdot \Delta S_i$,所以流过 Σ 流向指定侧的流量为

$$\Phi = \sum_{i=1}^{n} \Delta \Phi_i \approx \sum_{i=1}^{n} \boldsymbol{v}_i \cdot \boldsymbol{n}_i \cdot \Delta S_i$$

$$= \sum_{i=1}^{n} [P(\xi_i, \eta_i, \zeta_i)\cos\alpha_i + Q(\xi_i, \eta_i, \zeta_i)\cos\beta_i + R(\xi_i, \eta_i, \zeta_i)\cos\gamma_i]\Delta S_i$$

而

$$\cos\alpha_i \cdot \Delta S_i \approx (\Delta S_i)_{yz}, \quad \cos\beta_i \cdot \Delta S_i \approx (\Delta S_i)_{zx}, \quad \cos\gamma_i \cdot \Delta S_i \approx (\Delta S_i)_{xy}$$

故

$$\Phi \approx \sum_{i=1}^{n} [P(\xi_i, \eta_i, \zeta_i)(\Delta S_i)_{yz} + Q(\xi_i, \eta_i, \zeta_i)(\Delta S_i)_{zx} + R(\xi_i, \eta_i, \zeta_i)(\Delta S_i)_{xy}]$$

令小曲面直径的最大值 $\lambda \to 0$,得流量 Φ 为

$$\Phi = \lim_{\lambda \to 0} \sum_{i=1}^{n} [P(\xi_i, \eta_i, \zeta_i)(\Delta S_i)_{yz} + Q(\xi_i, \eta_i, \zeta_i)(\Delta S_i)_{zx} + R(\xi_i, \eta_i, \zeta_i)(\Delta S_i)_{xy}]$$

在实际问题中,很多问题的解决都可归结为此类和式极限,将其具体背景抽去,共性就是对坐标的曲面积分.

10.5.2　对坐标的曲面积分的概念与性质

定义 2　设 $R(x, y, z)$ 是定义在有向光滑曲面 Σ 上的有界函数,把 Σ 任意分成 n 个小曲面 $\Delta S_i(i = 1, 2, \cdots, n)$,其面积也用 ΔS_i 表示,小曲面 ΔS_i 在 xOy 面上的投影为 $(\Delta S_i)_{xy}$,在第 i 个小曲面上任意取一点 (ξ_i, η_i, ζ_i),作乘积 $R(\xi_i, \eta_i, \zeta_i)(\Delta S_i)_{xy}(i = 1, 2, \cdots, n)$,并作和 $\sum_{i=1}^{n} R(\xi_i, \eta_i, \zeta_i)(\Delta S_i)_{xy}$,如果当各小曲面直径的最大值 $\lambda \to 0$ 时,极限 $\lim_{\lambda \to 0} \sum_{i=1}^{n} R(\xi_i, \eta_i, \zeta_i)(\Delta S_i)_{xy}$ 总存在,则称此极限为函数 $R(x, y, z)$ 在有向曲面 Σ 上对坐

标 x,y 的曲面积分或第二类曲面积分,记作 $\iint\limits_{\Sigma}R(x,y,z)\mathrm{d}x\mathrm{d}y$,即

$$\iint\limits_{\Sigma}R(x,y,z)\mathrm{d}x\mathrm{d}y = \lim_{\lambda\to 0}\sum_{i=1}^{n}R(\xi_i,\eta_i,\zeta_i)(\Delta S_i)_{xy}$$

其中函数 $R(x,y,z)$ 称为被积函数,有向曲面 Σ 称为积分曲面.

类似的,我们可以定义:

有界函数 $P(x,y,z)$ 在有向光滑曲面 Σ 上对坐标 y,z 的曲面积分为

$$\iint\limits_{\Sigma}P(x,y,z)\mathrm{d}y\mathrm{d}z = \lim_{\lambda\to 0}\sum_{i=1}^{n}P(\xi_i,\eta_i,\zeta_i)(\Delta S_i)_{yz}$$

有界函数 $Q(x,y,z)$ 在有向光滑曲面 Σ 上对坐标 z,x 的曲面积分为

$$\iint\limits_{\Sigma}Q(x,y,z)\mathrm{d}z\mathrm{d}x = \lim_{\lambda\to 0}\sum_{i=1}^{n}Q(\xi_i,\eta_i,\zeta_i)(\Delta S_i)_{zx}$$

在应用中出现较多的是

$$\iint\limits_{\Sigma}P(x,y,z)\mathrm{d}y\mathrm{d}z + \iint\limits_{\Sigma}Q(x,y,z)\mathrm{d}z\mathrm{d}x + \iint\limits_{\Sigma}R(x,y,z)\mathrm{d}x\mathrm{d}y$$

对这种合并起来的形式,为简便起见,我们把它写成

$$\iint\limits_{\Sigma}P(x,y,z)\mathrm{d}y\mathrm{d}z + Q(x,y,z)\mathrm{d}z\mathrm{d}x + R(x,y,z)\mathrm{d}x\mathrm{d}y$$

则上述流向 Σ 指定侧的流量 Φ 可表示为

$$\Phi = \iint\limits_{\Sigma}P(x,y,z)\mathrm{d}y\mathrm{d}z + Q(x,y,z)\mathrm{d}z\mathrm{d}x + R(x,y,z)\mathrm{d}x\mathrm{d}y$$

根据对坐标的曲面积分的定义,容易推导出对坐标的曲面积分的如下性质:

性质 1 设 Σ 由 Σ_1 和 Σ_2 两片光滑有向曲面组成(记为 $\Sigma = \Sigma_1 + \Sigma_2$),则

$$\iint\limits_{\Sigma}P\mathrm{d}y\mathrm{d}z + Q\mathrm{d}z\mathrm{d}x + R\mathrm{d}x\mathrm{d}y$$

$$= \iint\limits_{\Sigma_1}P\mathrm{d}y\mathrm{d}z + Q\mathrm{d}z\mathrm{d}x + R\mathrm{d}x\mathrm{d}y + \iint\limits_{\Sigma_2}P\mathrm{d}y\mathrm{d}z + Q\mathrm{d}z\mathrm{d}x + R\mathrm{d}x\mathrm{d}y$$

性质 2 设 Σ 是有向光滑曲面,Σ^- 表示与 Σ 取相反侧的有向曲面,则

$$\iint\limits_{\Sigma^-}P\mathrm{d}y\mathrm{d}z + Q\mathrm{d}z\mathrm{d}x + R\mathrm{d}x\mathrm{d}y = -\iint\limits_{\Sigma}P\mathrm{d}y\mathrm{d}z + Q\mathrm{d}z\mathrm{d}x + R\mathrm{d}x\mathrm{d}y$$

注 当积分曲面改变为相反侧时,对坐标的曲面积分要改变符号.因此关于对坐标的曲面积分,我们必须注意积分曲面所取的侧.

10.5.3 对坐标的曲面积分的计算方法

定理 1 设函数 $R(x,y,z)$ 在有向光滑曲面 Σ 上连续,Σ 的方程为 $z = (x,y)$,平行于 z 轴穿过 Σ 的直线与 Σ 只相交于一点,Σ 在 xOy 面上的投影域为 D_{xy},则

$$\iint\limits_{\Sigma}R(x,y,z)\mathrm{d}x\mathrm{d}y = \pm\iint\limits_{D_{xy}}R(x,y,z(x,y))\mathrm{d}x\mathrm{d}y$$

其中当 Σ 取上侧时,二重积分前面的符号为正;当 Σ 取下侧时,二重积分前面的符号为负.

证　根据对坐标的曲面积分的定义,有

$$\iint_{\Sigma} R(x,y,z)\mathrm{d}x\mathrm{d}y = \lim_{\lambda \to 0}\sum_{i=1}^{n} R(\xi_i,\eta_i,\zeta_i)(\Delta S_i)_{xy}$$

若 Σ 取上侧,则 $\cos\gamma > 0$,故 $(\Delta S_i)_{xy} = (\Delta\sigma_i)_{xy}$.又 (ξ_i,η_i,ζ_i) 为曲面 Σ 上的点,所以 $\zeta_i = z(\xi_i,\eta_i)$,从而有

$$\iint_{\Sigma} R(x,y,z)\mathrm{d}x\mathrm{d}y = \lim_{\lambda \to 0}\sum_{i=1}^{n} R(\xi_i,\eta_i,\zeta_i)(\Delta S_i)_{xy}$$

$$= \lim_{\lambda \to 0}\sum_{i=1}^{n} R[\xi_i,\eta_i,z(\xi_i,\eta_i)](\Delta\sigma_i)_{xy}$$

$$= \iint_{D_{xy}} R[x,y,z(x,y)]\mathrm{d}x\mathrm{d}y$$

若 Σ 取下侧,则 Σ^- 取上侧,由性质 2 知:

$$\iint_{\Sigma} R(x,y,z)\mathrm{d}x\mathrm{d}y = -\iint_{D_{xy}} R(x,y,z(x,y))\mathrm{d}x\mathrm{d}y$$

类似的,有:

若 Σ 的方程为 $x = x(y,z)$,则

$$\iint_{\Sigma} P(x,y,z)\mathrm{d}y\mathrm{d}z = \pm\iint_{D_{yz}} P(x(y,z),y,z)\mathrm{d}y\mathrm{d}z$$

其中当 Σ 取前侧时,符号为正;当 Σ 取后侧时,符号为负.

若 Σ 的方程为 $y = y(z,x)$,则

$$\iint_{\Sigma} Q(x,y,z)\mathrm{d}z\mathrm{d}x = \pm\iint_{D_{zx}} Q(x,y(z,x),z)\mathrm{d}z\mathrm{d}x$$

其中当 Σ 取右侧时,符号为正;当 Σ 取左侧时,符号为负.

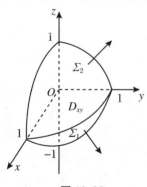

图 10.25

例 1　计算曲面积分 $\iint_{\Sigma} xyz\mathrm{d}x\mathrm{d}y$,其中 Σ 是球面 $x^2 + y^2 + z^2 = 1$ 外侧在 $x \geqslant 0, y \geqslant 0$ 的部分.

解　把 Σ 分为 Σ_1 和 Σ_2 两部分(见图 10.25),Σ_1 的方程为 $z_1 = -\sqrt{1-x^2-y^2}$,Σ_2 的方程为 $z_2 = \sqrt{1-x^2-y^2}$,D_{xy} 是 Σ_1 及 Σ_2 在 xOy 面上的投影区域,有

$$\iint_{\Sigma} xyz\mathrm{d}x\mathrm{d}y = \iint_{\Sigma_2} xyz\mathrm{d}x\mathrm{d}y + \iint_{\Sigma_1} xyz\mathrm{d}x\mathrm{d}y$$

上式右端的第一个积分的积分曲面 Σ_2 取上侧,第二个积分的积分曲面 Σ_1 取下侧,则有

$$\iint_{\Sigma} xyz\mathrm{d}x\mathrm{d}y = \iint_{D_{xy}} xy\sqrt{1-x^2-y^2}\mathrm{d}x\mathrm{d}y - \iint_{D_{xy}} xy(-\sqrt{1-x^2-y^2})\mathrm{d}x\mathrm{d}y$$

$$= 2\iint\limits_{D_{xy}} xy\sqrt{1 - x^2 - y^2}\,\mathrm{d}x\mathrm{d}y$$

$$= 2\iint\limits_{D_{xy}} r^2\sin\theta\cos\theta\sqrt{1 - r^2}\,r\mathrm{d}r\mathrm{d}\theta$$

$$= \int_0^{\frac{\pi}{2}}\sin 2\theta\mathrm{d}\theta\int_0^1 r^3\sqrt{1 - r^2}\,\mathrm{d}r = \frac{2}{15}$$

例 2　计算曲面积分 $\iint\limits_{\Sigma} x^2\mathrm{d}y\mathrm{d}z + y^2\mathrm{d}z\mathrm{d}x + z^2\mathrm{d}x\mathrm{d}y$,其中 Σ 为平面 $x + y + z = 1$ 在第一卦限部分的上侧.

解　对于 $\iint\limits_{\Sigma} z^2\mathrm{d}x\mathrm{d}y$, $\Sigma : z = 1 - x - y$,取上侧,$D_{xy} : \begin{cases} 0 \leqslant x \leqslant 1 \\ 0 \leqslant y \leqslant 1 - x \end{cases}$,所以

$$\iint\limits_{\Sigma} z^2\mathrm{d}x\mathrm{d}y = \iint\limits_{D}(1 - x - y)^2\mathrm{d}x\mathrm{d}y$$

$$= \int_0^1\mathrm{d}x\int_0^{1-x}(1 - x - y)^2\mathrm{d}y$$

$$= \frac{1}{3}\int_0^1(1 - x)^3\mathrm{d}x = \frac{1}{12}$$

同理可得

$$\iint\limits_{\Sigma} x^2\mathrm{d}y\mathrm{d}z = \iint\limits_{\Sigma} y^2\mathrm{d}z\mathrm{d}x = \frac{1}{12}$$

故

$$\iint\limits_{\Sigma} x^2\mathrm{d}y\mathrm{d}z + y^2\mathrm{d}z\mathrm{d}x + z^2\mathrm{d}x\mathrm{d}y = \frac{1}{4}$$

10.5.4　两类曲面积分之间的联系

设有向曲面 Σ 由方程 $z = z(x, y)$ 给出,Σ 在 xOy 面上的投影区域为 D_{xy},函数 $z = z(x, y)$ 在 D_{xy} 上具有一阶连续偏导数,$R(x, y, z)$ 在 Σ 上连续.

如果 Σ 取上侧,那么由对坐标的曲面积分计算公式有

$$\iint\limits_{\Sigma} R(x, y, z)\mathrm{d}x\mathrm{d}y = \iint\limits_{D_{xy}} R[x, y, z(x, y)]\mathrm{d}x\mathrm{d}y$$

因有向曲面 Σ 的法向量的方向余弦为

$$\cos\alpha = \frac{-z_x}{\sqrt{1 + z_x^2 + z_y^2}}, \quad \cos\beta = \frac{-z_y}{\sqrt{1 + z_x^2 + z_y^2}}, \quad \cos\gamma = \frac{1}{\sqrt{1 + z_x^2 + z_y^2}}$$

故由对面积的曲面积分计算公式有

$$\iint\limits_{\Sigma} R(x, y, z)\cos\gamma\mathrm{d}S = \iint\limits_{D_{xy}} R[x, y, z(x, y)]\mathrm{d}x\mathrm{d}y$$

有

$$\iint\limits_{\Sigma} R(x,y,z)\mathrm{d}x\mathrm{d}y = \iint\limits_{\Sigma} R(x,y,z)\cos\gamma\mathrm{d}S$$

如果 Σ 取下侧,则有

$$\iint\limits_{\Sigma} R(x,y,z)\mathrm{d}x\mathrm{d}y = -\iint\limits_{D_{xy}} R[x,y,z(x,y)]\mathrm{d}x\mathrm{d}y$$

而此时 $\cos\gamma = \dfrac{-1}{\sqrt{1+z_x^2+z_y^2}}$,因此

$$\iint\limits_{\Sigma} R(x,y,z)\mathrm{d}x\mathrm{d}y = \iint\limits_{\Sigma} R(x,y,z)\cos\gamma\mathrm{d}S$$

仍成立.

类似的,有

$$\iint\limits_{\Sigma} P(x,y,z)\mathrm{d}y\mathrm{d}z = \iint\limits_{\Sigma} P(x,y,z)\cos\alpha\mathrm{d}S$$

$$\iint\limits_{\Sigma} Q(x,y,z)\mathrm{d}z\mathrm{d}x = \iint\limits_{\Sigma} Q(x,y,z)\cos\beta\mathrm{d}S$$

得到两类曲面积分之间的如下关系:

$$\iint\limits_{\Sigma} P\mathrm{d}y\mathrm{d}z + Q\mathrm{d}z\mathrm{d}x + R\mathrm{d}x\mathrm{d}y = \iint\limits_{\Sigma} (P\cos\alpha + Q\cos\beta + R\cos\gamma)\mathrm{d}S$$

其中 $\cos\alpha, \cos\beta$ 与 $\cos\gamma$ 是有向曲面 Σ 在点 (x,y,z) 处的法向量的方向余弦.

在计算曲面积分 $\iint\limits_{\Sigma} P(x,y,z)\mathrm{d}y\mathrm{d}z + Q(x,y,z)\mathrm{d}z\mathrm{d}x + R(x,y,z)\mathrm{d}x\mathrm{d}y$ 时,需要事

先分别计算 $\iint\limits_{\Sigma} P(x,y,z)\mathrm{d}y\mathrm{d}z, \iint\limits_{\Sigma} Q(x,y,z)\mathrm{d}z\mathrm{d}x$ 和 $\iint\limits_{\Sigma} R(x,y,z)\mathrm{d}x\mathrm{d}y$,因此要将 Σ 表示

成不同的形式,且分别在三个坐标面上进行投影,然后转化为三个二重积分计算,比较

麻烦.

为此下面介绍合一投影法.其基本思想是利用有向投影之间的关系,将三个不同类

型的积分转化为同一类型的积分,进而转化为同一坐标面上的二重积分来计算.

定理 2　(**合一投影法**)设有向光滑曲面 Σ 的方程为 $z = z(x,y)$, $(x,y) \in D_{xy}$(其中

D_{xy} 为 Σ 在 xOy 坐标面上的投影区域),函数 $P(x,y,z)$, $Q(x,y,z)$, $R(x,y,z)$ 在 Σ 上

连续,则

$$\iint\limits_{\Sigma} P(x,y,z)\mathrm{d}y\mathrm{d}z + Q(x,y,z)\mathrm{d}z\mathrm{d}x + R(x,y,z)\mathrm{d}x\mathrm{d}y$$

$$= \pm\iint\limits_{D_{xy}} [R(x,y,z(x,y)) - P(x,y,z(x,y))z_x(x,y) - Q(x,y,z(x,y))z_y(x,y)]\mathrm{d}x\mathrm{d}y$$

其中当 Σ 取上侧时,二重积分前面取正号;当 Σ 取下侧时,二重积分前面取负号.

证　由两类曲面积分之间的联系可知, $\mathrm{d}y\mathrm{d}z = \cos\alpha\mathrm{d}S$, $\mathrm{d}z\mathrm{d}x = \cos\beta\mathrm{d}S$, $\mathrm{d}x\mathrm{d}y =$

$\cos\gamma\mathrm{d}S$,且当 Σ 取上侧或下侧时,其单位法向量分别为

$$n = (\cos\alpha, \cos\beta, \cos\gamma) = \pm\left(\frac{z_x}{\sqrt{1+z_x^2+z_y^2}}, \frac{z_y}{\sqrt{1+z_x^2+z_y^2}}, -\frac{1}{\sqrt{1+z_x^2+z_y^2}}\right)$$

可得

$$\mathrm{d}y\mathrm{d}z = \frac{\cos\alpha}{\cos\gamma}\mathrm{d}x\mathrm{d}y = -z_x\mathrm{d}x\mathrm{d}y, \quad \mathrm{d}z\mathrm{d}x = \frac{\cos\beta}{\cos\gamma}\mathrm{d}x\mathrm{d}y = -z_y\mathrm{d}x\mathrm{d}y$$

因此

$$\iint\limits_{\Sigma} P(x,y,z)\mathrm{d}y\mathrm{d}z + Q(x,y,z)\mathrm{d}z\mathrm{d}x + R(x,y,z)\mathrm{d}x\mathrm{d}y$$

$$= \iint\limits_{\Sigma}\left[R(x,y,z) - P(x,y,z)z_x - Q(x,y,z)z_y\right]\mathrm{d}x\mathrm{d}y$$

$$= \pm\iint\limits_{D_{xy}}\left[R(x,y,z(x,y)) - P(x,y,z(x,y))z_x(x,y) - Q(x,y,z(x,y))z_y(x,y)\right]\mathrm{d}x\mathrm{d}y$$

其中当 Σ 取上侧时，二重积分前面取正号；当 Σ 取下侧时，二重积分前面取负号.

例 3 计算曲面积分 $\iint\limits_{\Sigma}(z^2+y)\mathrm{d}y\mathrm{d}z + 2xy\mathrm{d}z\mathrm{d}x + z\mathrm{d}x\mathrm{d}y$，其中 Σ 是旋转抛物面 $z = \frac{1}{2}(x^2+y^2)$ 介于平面 $z=0$ 和 $z=2$ 之间部分的下侧.

解 因为 Σ 的方程为 $z = \frac{1}{2}(x^2+y^2)$，所以 $z_x = x, z_y = y$，且取下侧. 又 Σ 在 xOy 坐标面上的投影区域为 $D_{xy} = \{(x,y)\mid x^2+y^2 \leqslant 4\}$，则

$$\iint\limits_{\Sigma}(z^2+y)\mathrm{d}y\mathrm{d}z + 2xy\mathrm{d}z\mathrm{d}x + z\mathrm{d}x\mathrm{d}y$$

$$= -\iint\limits_{D_{xy}}\left\{\frac{1}{2}(x^2+y^2) - \left[\frac{1}{4}(x^2+y^2)^2 + y\right]\cdot x - 2xy\cdot y\right\}\mathrm{d}x\mathrm{d}y$$

$$= \iint\limits_{D_{xy}}\left\{x\left[\frac{1}{4}(x^2+y^2)^2 + y + 2y^2\right] - \frac{1}{2}(x^2+y^2)\right\}\mathrm{d}x\mathrm{d}y$$

由对称性知

$$\iint\limits_{D_{xy}} x\left[\frac{1}{4}(x^2+y^2)^2 + y + 2y^2\right]\mathrm{d}x\mathrm{d}y = 0$$

所以

$$\iint\limits_{\Sigma}(z^2+y)\mathrm{d}y\mathrm{d}z + 2xy\mathrm{d}z\mathrm{d}x + z\mathrm{d}x\mathrm{d}y = -\frac{1}{2}\iint\limits_{D_{xy}}(x^2+y^2)\mathrm{d}x\mathrm{d}y$$

$$= -\frac{1}{2}\int_0^{2\pi}\mathrm{d}\theta\int_0^2 r^3\mathrm{d}r$$

$$= -4\pi$$

≪ 习题 10.5 ≫

A

1. 利用对坐标的曲面积分的定义证明公式:

$$\iint\limits_{\Sigma}[P_1(x,y,z) \pm P_2(x,y,z)]\mathrm{d}y\mathrm{d}z = \iint\limits_{\Sigma}P_1(x,y,z)\mathrm{d}y\mathrm{d}z \pm \iint\limits_{\Sigma}P_2(x,y,z)\mathrm{d}y\mathrm{d}z$$

2. 当 Σ 为 xOy 面内的一个闭区域时,曲面积分 $\iint\limits_{\Sigma}R(x,y,z)\mathrm{d}x\mathrm{d}y$ 与二重积分有什么关系?

3. 计算 $\iint\limits_{\Sigma}x^2y^2z\mathrm{d}x\mathrm{d}y$,其中 Σ 为球面 $x^2 + y^2 + z^2 = R^2$ 的下半部分的下侧.

4. 计算 $\iint\limits_{\Sigma}z\mathrm{d}x\mathrm{d}y + x\mathrm{d}y\mathrm{d}z + y\mathrm{d}z\mathrm{d}x$,其中 Σ 为柱面 $x^2 + y^2 = 1$ 被平面 $z = 0$ 及 $z = 3$ 所截得的第一卦限内的部分的前侧.

5. 计算 $\oiint\limits_{\Sigma}xz\mathrm{d}x\mathrm{d}y + xy\mathrm{d}y\mathrm{d}z + yz\mathrm{d}z\mathrm{d}x$,其中 Σ 为平面 $x = 0, y = 0, z = 0, x + y + z = 1$ 所围成的空间区域的整个边界曲面的外侧.

B

1. 计算 $\iint\limits_{\Sigma}(x + y)\mathrm{d}y\mathrm{d}z$,其中 Σ 是以原点为中心、边长为 $2a$ 的正方体:$|x| \leqslant a, |y| \leqslant a, |z| \leqslant a$ 的整个表面的外侧.

2. 计算 $\iint\limits_{\Sigma}z^2\mathrm{d}x\mathrm{d}y$,其中 Σ 是上半球面 $z = \sqrt{a^2 - x^2 - y^2}$ 包含在圆柱面 $x^2 + y^2 = ax(a > 0)$ 之内的部分曲面,并取外侧.

3. 计算 $\iint\limits_{\Sigma}(z^2 + x)\mathrm{d}y\mathrm{d}z - x\mathrm{d}x\mathrm{d}y$,其中 Σ 是旋转抛物面 $z = \dfrac{x^2 + y^2}{2}$ 介于平面 $z = 0$ 及 $z = 2$ 之间的部分的下侧.

4. 计算 $\iint\limits_{\Sigma}(x^2 + y^2)\mathrm{d}z\mathrm{d}x + z\mathrm{d}x\mathrm{d}y$,其中 Σ 是锥面 $z = \sqrt{x^2 + y^2}$ 被平面 $z = 1$ 所截下的在第一卦限的部分的下侧.

5. 设 $f(x,y,z)$ 为连续函数,计算曲面积分

$$\iint\limits_{\Sigma}[f(x,y,z) + x]\mathrm{d}y\mathrm{d}z + [2f(x,y,z) + y]\mathrm{d}z\mathrm{d}x + [f(x,y,z) + z]\mathrm{d}x\mathrm{d}y$$

其中 Σ 是平面 $x - y + z = 1$ 在第四卦限部分的上侧.

10.6 高斯公式及其应用

10.6.1 高斯公式及其应用

格林公式表达了平面闭区域上的二重积分与其边界曲线上的曲线积分之间的关系, 而高斯(Gauss)公式表达了空间闭区域上的三重积分与其边界曲面上的曲面积分之间的关系.

定理 (**高斯公式**)设空间闭区域 Ω 由光滑或分片光滑的闭曲面 Σ 所围成, $P(x,y,z), Q(x,y,z), R(x,y,z)$ 在 Ω 上具有一阶连续偏导数, 则

$$\oiint\limits_{\Sigma} P\mathrm{d}y\mathrm{d}z + Q\mathrm{d}z\mathrm{d}x + R\mathrm{d}x\mathrm{d}y = \iiint\limits_{\Omega}\left(\frac{\partial P}{\partial x} + \frac{\partial Q}{\partial y} + \frac{\partial R}{\partial z}\right)\mathrm{d}v$$

其中 Σ 是 Ω 边界曲面的外侧.

证 本定理分两种情形证明.

(1) 穿过 Ω 内部且平行于坐标轴的直线与 Ω 边界曲线的交点不多于两个.

设闭区域 Ω 在 xOy 面上的投影区域为 D_{xy}, Ω 的边界曲面 $\Sigma = \Sigma_1 + \Sigma_2 + \Sigma_3$, 其中 Σ_1 的方程为 $z = z_1(x,y)$, Σ_2 的方程为 $z = z_2(x,y)$, Σ_3 是以 Ω 在 xOy 坐标面上的投影区域 D_{xy} 的边界曲线为准线而母线平行于 z 轴的柱面上的一部分, 取外侧(见图 10.26).

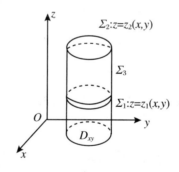

图 10.26

由三重积分的计算方法知

$$\iiint\limits_{\Omega}\frac{\partial R}{\partial z}\mathrm{d}v = \iint\limits_{D_{xy}}\mathrm{d}x\mathrm{d}y\int_{z_1(x,y)}^{z_2(x,y)}\frac{\partial R}{\partial z}\mathrm{d}z$$

$$= \iint\limits_{D_{xy}}\left[R(x,y,z_2(x,y)) - R(x,y,z_1(x,y))\right]\mathrm{d}x\mathrm{d}y$$

由曲面积分的计算方法知

$$\oiint\limits_{\Sigma} R\,\mathrm{d}x\mathrm{d}y = \iint\limits_{\Sigma_1} R\,\mathrm{d}x\mathrm{d}y + \iint\limits_{\Sigma_2} R\,\mathrm{d}x\mathrm{d}y + \iint\limits_{\Sigma_3} R\,\mathrm{d}x\mathrm{d}y$$

$$= -\iint\limits_{D_{xy}} R(x,y,z_1(x,y))\mathrm{d}x\mathrm{d}y + \iint\limits_{D_{xy}} R(x,y,z_2(x,y))\mathrm{d}x\mathrm{d}y + 0$$

$$= \iint\limits_{D_{xy}} \big[R(x,y,z_2(x,y)) - R(x,y,z_1(x,y))\big]\mathrm{d}x\mathrm{d}y$$

故

$$\iiint\limits_{\Omega} \frac{\partial R}{\partial z}\mathrm{d}v = \oiint\limits_{\Sigma} R(x,y,z)\mathrm{d}x\mathrm{d}y$$

同理可证

$$\iiint\limits_{\Omega} \frac{\partial P}{\partial x}\mathrm{d}v = \oiint\limits_{\Sigma} P(x,y,z)\mathrm{d}y\mathrm{d}z$$

$$\iiint\limits_{\Omega} \frac{\partial Q}{\partial y}\mathrm{d}v = \oiint\limits_{\Sigma} Q(x,y,z)\mathrm{d}z\mathrm{d}x$$

把三式相加即得

$$\oiint\limits_{\Sigma} P\,\mathrm{d}y\mathrm{d}z + Q\,\mathrm{d}z\mathrm{d}x + R\,\mathrm{d}x\mathrm{d}y = \iiint\limits_{\Omega}\Big(\frac{\partial P}{\partial x} + \frac{\partial Q}{\partial y} + \frac{\partial R}{\partial z}\Big)\mathrm{d}v$$

(2) 穿过空间区域 Ω 内部且平行于坐标轴的直线与 Ω 边界曲面 Σ 的交点多于两个.

可用平行于坐标面的平面将 Ω 划分成有限个小闭区域,使得每个小闭区域满足(1)的条件,并注意到沿辅助曲面相反两侧的两个曲面积分的绝对值相等而符号相反,相加时正好抵消,从而高斯公式对一般的空间闭区域仍成立.

例1　计算 $I = \oiint\limits_{\Sigma}(x-y)\mathrm{d}x\mathrm{d}y + (y-z)x\mathrm{d}y\mathrm{d}z$,其中 Σ 为柱面 $x^2 + y^2 = 1$ 及平面 $z = 0, z = 3$ 所围成的空间闭区域 Ω 的整个边界曲面的内侧.

解　令 $P = (y-z)x, Q = 0, R = x-y$,则 $\dfrac{\partial P}{\partial x} = y-z, \dfrac{\partial Q}{\partial y} = 0, \dfrac{\partial R}{\partial z} = 0$. 由高斯公式得

$$I = -\iiint\limits_{\Omega}(y-z)\mathrm{d}x\mathrm{d}y\mathrm{d}z = -\int_0^{2\pi}\mathrm{d}\theta\int_0^1\mathrm{d}r\int_0^3(r\sin\theta - z)r\,\mathrm{d}z = \frac{9}{2}\pi$$

例2　计算 $I = \iint\limits_{\Sigma}2x^3\mathrm{d}y\mathrm{d}z + 2y^3\mathrm{d}z\mathrm{d}x + 3(z^2-1)\mathrm{d}x\mathrm{d}y$,其中 Σ 是曲面 $z = 1 - x^2 - y^2(z \geqslant 0)$ 的上侧.

解　由于 Σ 取上侧,且不是封闭曲面,故取 $\Sigma_1: z = 0, x^2 + y^2 \leqslant 1$,并取下侧,则 $\Sigma + \Sigma_1$ 为封闭曲面,且取外侧,故

$$I = \oiint\limits_{\Sigma + \Sigma_1} - \iint\limits_{\Sigma_1}$$

由高斯公式可得

$$\oiint\limits_{\Sigma + \Sigma_1}2x^3\mathrm{d}x\mathrm{d}z + 2y^3\mathrm{d}z\mathrm{d}x + 3(z^2-1)\mathrm{d}x\mathrm{d}y = \iiint\limits_{\Omega}6(x^2 + y^2 + z)\mathrm{d}x\mathrm{d}y\mathrm{d}z$$

$$= 6 \int_0^{2\pi} \mathrm{d}\theta \int_0^1 \mathrm{d}r \int_0^{1-r^2} (z + r^2) r \mathrm{d}z$$

$$= 2\pi$$

$$\iint\limits_{\Sigma_1} 2x^3 \mathrm{d}y\mathrm{d}z + 2y^3 \mathrm{d}z\mathrm{d}x + 3(z^2 - 1)\mathrm{d}x\mathrm{d}y = 0 + 0 + \left[-\iint\limits_{x^2+y^2 \leqslant 1} (-3)\mathrm{d}x\mathrm{d}y \right]$$

$$= 3 \iint\limits_{x^2+y^2 \leqslant 1} \mathrm{d}x\mathrm{d}y = 3\pi$$

故 $I = \oiint\limits_{\Sigma+\Sigma_1} - \iint\limits_{\Sigma_1} = 2\pi - 3\pi = -\pi.$

10.6.2 通量与散度

在物理学中,我们把分布有某种物理量的空间区域 Ω 称为场.如果该物理量是数量,称为数量场,如大气温度分布、流体密度分布等都是数量场;如果该物理量是向量,称为向量场,如电场强度分布、流速分布等是向量场.如果场中的物理量在各点处所对应的值不随时间变化而变化,就称该场为稳定场,否则称为不稳定场.

稳定的数量场确定了一个数值函数 $\mu = \mu(x,y,z), (x,y,z) \in \Omega$,所以研究数量场就是研究数值函数 $\mu = \mu(x,y,z)$,有时也简称数量场 μ.稳定的向量场确定了一个向量值函数 $A = A(x,y,z), (x,y,z) \in \Omega$,研究向量场就是研究向量值函数 $A = A(x,y,z)$,也简称向量场 A.

定义 设有向量场

$$A(x,y,z) = P(x,y,z)i + Q(x,y,z)j + R(x,y,z)k$$

其中函数 P, Q 与 R 均具有一阶连续偏导数,Σ 是场内的一片有向曲面,n 是 Σ 在点 (x, y, z) 处的单位法向量,则积分

$$\iint\limits_{\Sigma} A \cdot n \mathrm{d}S$$

称为向量场 A 通过曲面 Σ 向着指定侧的通量(或流量).

由两类曲面积分的关系,通量又可表达为

$$\iint\limits_{\Sigma} A \cdot n \mathrm{d}S = \iint\limits_{\Sigma} A \cdot \mathrm{d}S = \iint\limits_{\Sigma} P\mathrm{d}y\mathrm{d}z + Q\mathrm{d}z\mathrm{d}x + R\mathrm{d}x\mathrm{d}y$$

若向量场为 $A(x,y,z) = P(x,y,z)i + Q(x,y,z)j + R(x,y,z)k$,则称 $\dfrac{\partial P}{\partial x} + \dfrac{\partial Q}{\partial y} + \dfrac{\partial R}{\partial z}$ 为向量场 A 的散度,记为 $\mathrm{div}A$,即

$$\mathrm{div}A = \frac{\partial P}{\partial x} + \frac{\partial Q}{\partial y} + \frac{\partial R}{\partial z}$$

例 3 设向量场 $A = (2x + 3z)i - (xz + y)j + (y^2 + 2z)k$,曲面 Σ 是球心在点 $(3, -1, 2)$、半径 $R = 3$ 的球面外侧,求向量场 A 的散度及 A 通过曲面 Σ 流向指定侧的流量.

解　散度

$$\mathrm{div}\boldsymbol{A} = \frac{\partial P}{\partial x} + \frac{\partial Q}{\partial y} + \frac{\partial R}{\partial z} = 2 - 1 + 2 = 3$$

通量

$$\Phi = \oiint_{\Sigma} P\mathrm{d}y\mathrm{d}z + Q\mathrm{d}z\mathrm{d}x + R\mathrm{d}x\mathrm{d}y = \iiint_{\Omega} \mathrm{div}\boldsymbol{A}\,\mathrm{d}v = 3 \cdot \frac{4}{3}\pi R^3 = 108\pi$$

≪ 习题 10.6 ≫

A

1. 利用高斯公式计算曲面积分.

(1) $\oiint_{\Sigma} x^2 \mathrm{d}y\mathrm{d}z + y^2 \mathrm{d}z\mathrm{d}x + z^2 \mathrm{d}x\mathrm{d}y$，其中 Σ 为平面 $x = 0, y = 0, z = 0, x = a, y = a, z = a$ 所围成的立体的表面的外侧;

(2) $\oiint_{\Sigma} x^3 \mathrm{d}y\mathrm{d}z + y^3 \mathrm{d}z\mathrm{d}x + z^3 \mathrm{d}x\mathrm{d}y$，其中 Σ 为球面 $x^2 + y^2 + z^2 = a^2$ 的外侧;

(3) $\oiint_{\Sigma} xz^2 \mathrm{d}y\mathrm{d}z + (x^2 y - z^3)\mathrm{d}z\mathrm{d}x + (2xy + y^2 z)\mathrm{d}x\mathrm{d}y$，其中 Σ 为上半球体 $0 \leqslant z \leqslant \sqrt{a^2 - x^2 - y^2}$, $x^2 + y^2 \leqslant a^2$ 的表面的外侧;

(4) $\oiint_{\Sigma} x\mathrm{d}y\mathrm{d}z + y\mathrm{d}z\mathrm{d}x + z\mathrm{d}x\mathrm{d}y$，其中 Σ 是介于 $z = 0$ 和 $z = 3$ 之间的圆柱体 $x^2 + y^2 \leqslant 9$ 的整个表面的外侧;

(5) $\oiint_{\Sigma} 4xz\mathrm{d}y\mathrm{d}z - y^2 \mathrm{d}z\mathrm{d}x + yz\mathrm{d}x\mathrm{d}y$，其中 Σ 是平面 $x = 0, y = 0, z = 0, x = 1, y = 1, z = 1$ 所围成的立方体的全表面的外侧.

2. 求向量场 $\boldsymbol{A} = (2x - z)\boldsymbol{i} + x^2 y\boldsymbol{j} - xz^2 \boldsymbol{k}$ 穿过曲面 Σ 的全表面流向外侧的通量，其中 Σ 为立方体 $0 \leqslant x \leqslant a, 0 \leqslant y \leqslant a, 0 \leqslant z \leqslant a$.

3. 求下列向量场 $\boldsymbol{A}$ 的散度.

(1) $\boldsymbol{A} = (x^2 + yz)\boldsymbol{i} + (y^2 + xz)\boldsymbol{j} + (z^2 + xy)\boldsymbol{k}$;

(2) $\boldsymbol{A} = \mathrm{e}^{xy}\boldsymbol{i} + \cos(xy)\boldsymbol{j} + \cos(xz^2)\boldsymbol{k}$;

(3) $\boldsymbol{A} = y^2 \boldsymbol{i} + xy\boldsymbol{j} + xz\boldsymbol{k}$.

B

1. 证明:若 S 为包围有界域 V 的光滑曲面,则有

(1) $\iint_{S} \frac{\partial u}{\partial n}\mathrm{d}S = \iiint_{V} \Delta u \mathrm{d}x\mathrm{d}y\mathrm{d}z$;

(2) $\iint_{S} u\frac{\partial u}{\partial n}\mathrm{d}S = \iiint_{V}\left[\left(\frac{\partial u}{\partial x}\right)^2 + \left(\frac{\partial u}{\partial y}\right)^2 + \left(\frac{\partial u}{\partial z}\right)^2\right]\mathrm{d}x\mathrm{d}y\mathrm{d}z + \iiint_{V} u\Delta u\mathrm{d}x\mathrm{d}y\mathrm{d}z.$

其中 $\Delta u = \dfrac{\partial^2 u}{\partial x^2} + \dfrac{\partial^2 u}{\partial y^2} + \dfrac{\partial^2 u}{\partial z^2}$ 称为拉普拉斯算子, $\dfrac{\partial}{\partial n}$ 是关于曲面 S 沿外法线 n 方向的方向导数.

2. 利用高斯公式推证阿基米德原理:浸没在液体中的物体所受液体的压力的合力(即浮力)的方向铅直向上,其大小等于物体所排开的液体的重力.

3. 设 $f(u)$ 有连续的导数,计算

$$I = \oiint_S \frac{1}{y}f\left(\frac{x}{y}\right)\mathrm{d}y\mathrm{d}z + \frac{1}{x^2}f\left(\frac{x}{y}\right)\mathrm{d}z\mathrm{d}x + z\mathrm{d}x\mathrm{d}y$$

其中 S 是 $y = x^2 + z^2$, $y = 8 - x^2 - z^2$ 所围成立体的外侧.

4. 设 $u(x,y,z)$, $v(x,y,z)$ 是两个定义在闭区域 Ω 上的具有二阶连续偏导数的函数, $\dfrac{\partial u}{\partial n}$, $\dfrac{\partial v}{\partial n}$ 依次表示 $u(x,y,z)$, $v(x,y,z)$ 沿 Σ 的外法线方向的方向导数.证明:

$$\iiint_\Omega (u\Delta v - v\Delta u)\mathrm{d}x\mathrm{d}y\mathrm{d}z = \oiint_\Sigma \left(u\frac{\partial v}{\partial n} - v\frac{\partial u}{\partial n}\right)\mathrm{d}S$$

其中 Σ 是空间闭区域 Ω 的整个边界曲面.(这个公式称为格林第二公式.)

10.7 斯托克斯公式及其应用

斯托克斯(Stokes)公式是格林公式的推广.格林公式表达了平面闭区域上的二重积分与其边界曲线上的曲线积分间的关系,而斯托克斯公式则把曲面 Σ 上的曲面积分与沿着 Σ 的边界曲线的曲线积分联系起来.

10.7.1 斯托克斯公式

定理 (**斯托克斯公式**)设 Γ 为空间光滑或分段光滑的有向封闭曲线, Σ 是以 Γ 为边界的光滑或分片光滑的有向曲面, Γ 的正向与 Σ 的侧符合右手规则,函数 $P(x,y,z)$, $Q(x,y,z)$, $R(x,y,z)$ 在包含 Σ 的空间区域内具有一阶连续偏导数,则有

$$\oint_\Gamma P\mathrm{d}x + Q\mathrm{d}y + R\mathrm{d}z$$

$$= \iint_\Sigma \left(\frac{\partial R}{\partial y} - \frac{\partial Q}{\partial z}\right)\mathrm{d}y\mathrm{d}z + \left(\frac{\partial P}{\partial z} - \frac{\partial R}{\partial x}\right)\mathrm{d}z\mathrm{d}x + \left(\frac{\partial Q}{\partial x} - \frac{\partial P}{\partial y}\right)\mathrm{d}x\mathrm{d}y$$

证 (1) 如图 10.27 所示.

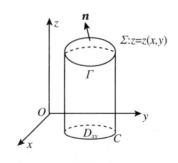

图 10.27

假设平行于 z 轴穿过 Σ 的直线与 Σ 的交点不多于一个,Σ 的方程为 $\Sigma: z = z(x, y)$,并取上侧,Σ 的正向边界曲线 Γ 在 xOy 面上的投影为平面有向曲线 C,C 所围成的闭区域为 D_{xy}. 根据前面的知识有,Σ 上任一点处指向上侧的单位法向量的方向余弦为

$$\cos\alpha = \frac{-z_x}{\sqrt{1 + z_x^2 + z_x^2}}, \quad \cos\beta = \frac{-z_y}{\sqrt{1 + z_x^2 + z_y^2}}, \quad \cos\gamma = \frac{1}{\sqrt{1 + z_x^2 + z_y^2}}$$

又有

$$\mathrm{d}z\mathrm{d}x = \cos\beta\mathrm{d}S, \quad \mathrm{d}x\mathrm{d}y = \cos\gamma\mathrm{d}S, \quad z_y = -\frac{\cos\beta}{\cos\gamma}$$

因为函数 $P(x, y, z(x, y))$ 在曲线 C 上点 (x, y) 处的值与函数 $P(x, y, z)$ 在曲线 Γ 上对应点 (x, y, z) 处的值相等,所以

$$\oint_\Gamma P(x, y, z)\mathrm{d}x = \oint_C P(x, y, z(x, y))\mathrm{d}x$$

而 $\dfrac{\partial}{\partial y}P(x, y, z(x, y)) = \dfrac{\partial P}{\partial y} + \dfrac{\partial P}{\partial z}z_y$,由格林公式,有

$$\oint_C P(x, y, z(x, y))\mathrm{d}x = -\iint_{D_{xy}} \left(\frac{\partial P}{\partial y} + \frac{\partial P}{\partial z}z_y\right)\mathrm{d}x\mathrm{d}y$$

$$= -\iint_{D_{xy}} \left(\frac{\partial P}{\partial y} - \frac{\partial P}{\partial z}\frac{\cos\beta}{\cos\gamma}\right)\mathrm{d}x\mathrm{d}y$$

$$= \iint_{D_{xy}} \left(\frac{\partial P}{\partial z}\cos\beta - \frac{\partial P}{\partial y}\cos\gamma\right)\frac{\mathrm{d}x\mathrm{d}y}{\cos\gamma}$$

$$= \iint_\Sigma \left(\frac{\partial P}{\partial z}\cos\beta - \frac{\partial P}{\partial y}\cos\gamma\right)\mathrm{d}S$$

$$= \iint_\Sigma \frac{\partial P}{\partial z}\mathrm{d}z\mathrm{d}x - \frac{\partial P}{\partial y}\mathrm{d}x\mathrm{d}y$$

故

$$\oint_\Gamma P(x, y, z)\mathrm{d}x = \iint_\Sigma \frac{\partial P}{\partial z}\mathrm{d}z\mathrm{d}x - \frac{\partial P}{\partial y}\mathrm{d}x\mathrm{d}y$$

同理可证

$$\oint_\Gamma Q(x, y, z)\mathrm{d}y = \iint_\Sigma \frac{\partial Q}{\partial x}\mathrm{d}x\mathrm{d}y - \frac{\partial Q}{\partial z}\mathrm{d}y\mathrm{d}z$$

$$\oint_\Gamma R(x, y, z)\mathrm{d}z = \iint_\Sigma \frac{\partial R}{\partial y}\mathrm{d}y\mathrm{d}z - \frac{\partial R}{\partial x}\mathrm{d}z\mathrm{d}x$$

上述三式相加即得斯托克斯公式.

(2) 若平行于 z 轴穿过 Σ 的直线与 Σ 的交点多于一个,则可通过作辅助曲线将曲面分割成若干片曲面,使得每片曲面满足(1)的条件,利用(1)的方法分别计算后累加,由于沿辅助曲线的两个曲线积分数值相等而符号相反,累加时恰好互相抵消,故斯托克斯公式仍成立.

为了便于记忆,斯托克斯公式常写成如下形式:

$$\oint_{\Gamma} P\mathrm{d}x + Q\mathrm{d}y + R\mathrm{d}z = \iint_{\Sigma} \begin{vmatrix} \mathrm{d}y\mathrm{d}z & \mathrm{d}z\mathrm{d}x & \mathrm{d}x\mathrm{d}y \\ \dfrac{\partial}{\partial x} & \dfrac{\partial}{\partial y} & \dfrac{\partial}{\partial z} \\ P & Q & R \end{vmatrix}$$

利用两类曲线积分间的联系,可得斯托克斯公式的另一形式:

$$\oint_{\Gamma} P\mathrm{d}x + Q\mathrm{d}y + R\mathrm{d}z = \iint_{\Sigma} \begin{vmatrix} \cos\alpha & \cos\beta & \cos\gamma \\ \dfrac{\partial}{\partial x} & \dfrac{\partial}{\partial y} & \dfrac{\partial}{\partial z} \\ P & Q & R \end{vmatrix} \mathrm{d}S$$

其中 $\boldsymbol{n} = (\cos\alpha, \cos\beta, \cos\gamma)$ 为有向曲面 Σ 在点 (x, y, z) 处的单位法向量.

如果 Σ 是 xOy 面上的一块平面闭区域,斯托克斯公式就变成格林公式.因此,格林公式是斯托克斯公式的一种特殊情形.

例 1 利用斯托克斯公式计算曲线积分 $\oint_{\Gamma} z\mathrm{d}x + x\mathrm{d}y + y\mathrm{d}z$,其中 Γ 为平面 $x + y + z = 1$ 被三个坐标面所截成的三角形的整个边界,它的正向与这个平面三角形 Σ 上侧的法向量之间符合右手规则.

解 由斯托克斯公式,得

$$\oint_{\Gamma} z\mathrm{d}x + x\mathrm{d}y + y\mathrm{d}z = \iint_{\Sigma} \mathrm{d}y\mathrm{d}z + \mathrm{d}z\mathrm{d}x + \mathrm{d}x\mathrm{d}y$$

其中 $\Sigma: x + y + z = 1$,取上侧,Σ 在 xOy 面上的投影域为 $D_{xy}: \begin{cases} 0 \leqslant x \leqslant 1 \\ 0 \leqslant y \leqslant 1 - x \end{cases}$.

由对称性有

$$\iint_{\Sigma} \mathrm{d}y\mathrm{d}z + \mathrm{d}z\mathrm{d}x + \mathrm{d}x\mathrm{d}y = 3\iint_{D_{xy}} \mathrm{d}\sigma = \frac{3}{2}$$

10.7.2 环流量与旋度

定义 设向量场 $\boldsymbol{A}(x, y, z) = P(x, y, z)\boldsymbol{i} + Q(x, y, z)\boldsymbol{j} + R(x, y, z)\boldsymbol{k}$,$\Gamma$ 是光滑或分段光滑的有向闭曲线,称

$$\oint_{\Gamma} P(x, y, z)\mathrm{d}x + Q(x, y, z)\mathrm{d}y + R(x, y, z)\mathrm{d}z$$

为向量场 $\boldsymbol{A}$ 沿有向闭曲线 Γ 的环流量.

若向量场为 $\boldsymbol{A}(x, y, z) = P(x, y, z)\boldsymbol{i} + Q(x, y, z)\boldsymbol{j} + R(x, y, z)\boldsymbol{k}$,称向量

$$\left(\frac{\partial R}{\partial y} - \frac{\partial Q}{\partial z}\right)\boldsymbol{i} + \left(\frac{\partial P}{\partial z} - \frac{\partial R}{\partial x}\right)\boldsymbol{j} + \left(\frac{\partial Q}{\partial x} - \frac{\partial P}{\partial y}\right)\boldsymbol{k}$$

为向量场 $\boldsymbol{A}$ 的旋度,记为 $\mathrm{rot}\boldsymbol{A}$,即

$$\mathrm{rot}\boldsymbol{A} = \left(\frac{\partial R}{\partial y} - \frac{\partial Q}{\partial z}\right)\boldsymbol{i} + \left(\frac{\partial P}{\partial z} - \frac{\partial R}{\partial x}\right)\boldsymbol{j} + \left(\frac{\partial Q}{\partial x} - \frac{\partial P}{\partial y}\right)\boldsymbol{k}$$

为了便于记忆,旋度也可记成

$$\text{rot}\boldsymbol{A} = \begin{vmatrix} \boldsymbol{i} & \boldsymbol{j} & \boldsymbol{k} \\ \dfrac{\partial}{\partial x} & \dfrac{\partial}{\partial y} & \dfrac{\partial}{\partial z} \\ P & Q & R \end{vmatrix}$$

例 2 设向量场为 $\boldsymbol{A} = (y - z)\boldsymbol{i} + (z - x)\boldsymbol{j} + (x - y)\boldsymbol{k}$,求 $\boldsymbol{A}$ 的旋度.

解 有

$$\text{rot}\boldsymbol{A} = \begin{vmatrix} \boldsymbol{i} & \boldsymbol{j} & \boldsymbol{k} \\ \dfrac{\partial}{\partial x} & \dfrac{\partial}{\partial y} & \dfrac{\partial}{\partial z} \\ y - z & z - x & x - y \end{vmatrix} = -2\boldsymbol{i} - 2\boldsymbol{j} - 2\boldsymbol{k}$$

≪ 习题 10.7 ≫

A

1. 利用斯托克斯公式计算下列曲线积分.

(1) $\oint_{\Gamma} y\mathrm{d}x + z\mathrm{d}y + x\mathrm{d}z$,其中 Γ 为圆周 $x^2 + y^2 + z^2 = a^2$,$x + y + z = 0$,若从 x 轴的正向看去,这圆周取逆时针方向;

(2) $\oint_{\Gamma} 3y\mathrm{d}x - xz\mathrm{d}y + yz^2\mathrm{d}z$,其中 Γ 为圆周 $x^2 + y^2 = 2z$,$z = 2$,若从 z 轴正向看去,Γ 取逆时针方向;

(3) $\oint_{\Gamma} 2y\mathrm{d}x + 3x\mathrm{d}y - z^2\mathrm{d}z$,其中 Γ 为圆周 $x^2 + y^2 + z^2 = 9$,$z = 0$,若从 z 轴正向看去,Γ 取逆时针方向.

2. 求下列向量场的旋度.

(1) $\boldsymbol{A} = (2z - 3y)\boldsymbol{i} + (3x - z)\boldsymbol{j} + (y - 2x)\boldsymbol{k}$;

(2) $\boldsymbol{A} = (z + \sin y)\boldsymbol{i} - (z - x\cos y)\boldsymbol{j}$;

(3) $\boldsymbol{A} = x^2\sin y\boldsymbol{i} + y^2\sin(xz)\boldsymbol{j} + xy\sin(\cos z)\boldsymbol{k}$.

3. 利用斯托克斯公式化曲面积分 $\iint_{\Sigma}\text{rot}\boldsymbol{A} \cdot \boldsymbol{n}\mathrm{d}S$ 为曲线积分,并计算积分值,其中 $\boldsymbol{A}$,Σ 及 $\boldsymbol{n}$ 分别为:

(1) $\boldsymbol{A} = y^2\boldsymbol{i} + xy\boldsymbol{j} + xz\boldsymbol{k}$,$\Sigma$ 为上半球面 $z = \sqrt{1 - x^2 - y^2}$ 的上侧,$\boldsymbol{n}$ 为 Σ 的单位法向量;

(2) $\boldsymbol{A} = (y - z)\boldsymbol{i} + yz\boldsymbol{j} - xz\boldsymbol{k}$,$\Sigma$ 为立方体 $0 \leqslant x \leqslant 2$,$0 \leqslant y \leqslant 2$,$0 \leqslant z \leqslant 2$ 的表面外侧去掉 xOy 面上的那个底面,$\boldsymbol{n}$ 为 Σ 的单位法向量.

4. 求向量场 $\boldsymbol{A} = -y\boldsymbol{i} + x\boldsymbol{j} + c\boldsymbol{k}$($c$ 为常量)沿闭曲线 $\Gamma: z = 2 - \sqrt{x^2 + y^2}$,$z = 0$(从 z 轴正向看去,Γ 取逆时针方向)的环流量.

5. 证明:$\text{rot}(\boldsymbol{a} + \boldsymbol{b}) = \text{rot}\,\boldsymbol{a} + \text{rot}\,\boldsymbol{b}$.

6. 设 $u = u(x, y, z)$ 具有二阶连续偏导数,求 $\text{rot}(\text{grad}\,u)$.

B

1. 证明：

(1) $\nabla(uv) = u\nabla v + v\nabla u$；($\nabla$ 为梯度算子.)

(2) $\Delta(uv) = u\Delta v + v\Delta u + 2\nabla u \cdot \nabla v$；($\Delta$ 为拉普拉斯算子.)

(3) $\nabla(A \times B) = B(\nabla \times A) - A(\nabla \times B)$；

(4) $\nabla \times (\nabla \times A) = \nabla \cdot (\nabla \cdot A) - \nabla^2 A$.

2. 验证积分 $\int_{(1,1,2)}^{(3,5,10)} yz\mathrm{d}x + zx\mathrm{d}y + xy\mathrm{d}z$ 与路径无关，并求其值.

3. 验证积分 $\int_{(-1,0,1)}^{(1,2,\frac{\pi}{3})} 2xe^{-y}\mathrm{d}x + (\cos z - x^2e^{-y})\mathrm{d}y - y\sin z\mathrm{d}z$ 与路径无关，并求其值.

4. 验证存在 $u(x,y,z)$ 使得 $\mathrm{d}u = \dfrac{yz\mathrm{d}x + zx\mathrm{d}y + xy\mathrm{d}z}{1 + x^2y^2z^2}$ 成立，并求 u 的积分 $\int_{(1,1,1)}^{(1,1,\sqrt{3})} \dfrac{yz\mathrm{d}x + zx\mathrm{d}y + xy\mathrm{d}z}{1 + x^2y^2z^2}$.

5. 证明 $yz(2x+y+z)\mathrm{d}x + xz(x+2y+z)\mathrm{d}y + xy(x+y+2z)\mathrm{d}z$ 为全微分，并求其原函数.

6. 证明 $e^{x(x^2+y^2+z^2)}[(3x^2+y^2+z^2)\mathrm{d}x + 2xy\mathrm{d}y + 2xz\mathrm{d}z]$ 为全微分，并求其原函数.

7. 求向量 $H = -\dfrac{y}{x^2+y^2}i + \dfrac{x}{x^2+y^2}j$ 沿着闭曲线 C 的环流量，其中：

(1) C 不围绕 Oz 轴；

(2) C 围绕 Oz 轴.

图灵——人工智能之父

　　艾伦·麦席森·图灵(Alan Mathison Turing,1912～1954),英国数学家、逻辑学家,被称为计算机之父,人工智能之父.1931 年图灵进入剑桥大学国王学院,毕业后到美国普林斯顿大学攻读博士学位,二战爆发后回到剑桥,后曾协助军方破解德国的著名密码系统 Enigma,帮助盟军取得了二战的胜利.图灵对于人工智能的发展有诸多贡献,提出了一种用于判定机器是否具有智能的试验方法,即图灵试验.此外,图灵提出的著名的图灵机模型为现代计算机的逻辑工作方式奠定了基础.

≪ 复习题 10 ≫

1. 填空题.

(1) 设曲线 L 为圆 $x^2 + y^2 = R^2$($R > 0$),则曲线积分 $\int_L \sqrt{x^2 + y^2}\,\mathrm{d}s =$ _____.

(2) $\displaystyle\int_L \frac{y\mathrm{d}x - x\mathrm{d}y}{x^2 + y^2} =$ _____ ,其中 L 为 $y = \frac{3}{2}\sqrt{4 - x^2}$ 上从点 $A(2,0)$ 到点 $B(-2,0)$ 的一段曲线.

(3) 若 $\mathrm{d}u = (x^4 + 4xy^3)\mathrm{d}x + (6x^2 y^2 - 5y^4)\mathrm{d}y$,则 $u =$ _____.

(4) 曲线积分 $\displaystyle\int_{(0,0)}^{(1,1)} (x^3 + 2xy)\mathrm{d}x + (x^2 - 2y^4)\mathrm{d}y =$ _____.

(5) 设 $I = \displaystyle\int_{\overgroup{AB}} (2x\cos y + y\sin x)\mathrm{d}x - (x^2\sin y + \cos x)\mathrm{d}y$,其中 $\overgroup{AB}$ 为位于第一象限中的圆弧 $x^2 + y^2 = 1, A(1,0), B(0,1)$,则 $I =$ _____.

(6) $\displaystyle\iint_{\Sigma} (x^2 + y^2 + z^2)\mathrm{d}S =$ _____ ,其中 Σ 为 $x^2 + y^2 + z^2 = 2ax(a>0)$.

(7) 曲面积分 $I = \displaystyle\oiint_{\Sigma} \frac{x\mathrm{d}y\mathrm{d}z + y\mathrm{d}z\mathrm{d}x + z\mathrm{d}x\mathrm{d}y}{(x^2 + y^2 + z^2)^{\frac{3}{2}}} =$ _____ ,其中 Σ 为 $x^2 + y^2 + z^2 = 4$ 的外侧.

(8) 设 Ω 是由 $z = \sqrt{x^2 + y^2}$ 与 $z = \sqrt{R^2 - x^2 - y^2}$ 围成的几何体,Σ 是 Ω 的边界外侧,则 $\displaystyle\oiint_{\Sigma} x\mathrm{d}y\mathrm{d}z + y\mathrm{d}z\mathrm{d}x + z\mathrm{d}x\mathrm{d}y =$ _____.

2. 选择题.

(1) 设 L 是以 $A(1,0), B(0,1), C(-1,0), D(0,-1)$ 为顶点的正方形边界,则 $\displaystyle\oint_L \frac{\mathrm{d}s}{|x| + |y|} =$ (   ).

A. 4   B. 2   C. $4\sqrt{2}$ D. $2\sqrt{2}$

(2) 场力 $\boldsymbol{F} = (3x - 4y)\boldsymbol{i} + (4x - 12y)\boldsymbol{j}$ 使一质点在力场内沿椭圆 $\frac{x^2}{16} + \frac{y^2}{9} = 1$ 的正向运动一周,则场力 $\boldsymbol{F}$ 所做的功 $W =$ (   ).

A. 96π B. 48π C. 24π D. 12π

(3) 设曲线 L 为圆周 $(x - 1)^2 + y^2 = R^2$,沿逆时针方向,则曲线积分 $\displaystyle\oint_L \frac{(x - 1)\mathrm{d}y - y\mathrm{d}x}{(x - 1)^2 + y^2} =$ (   ).

A. 2π B. -2π C. 0   D. π

(4) 设曲线 L 是任意不经过 $y = 0$ 的区域 D 内的曲线,为使曲线积分 $\displaystyle\int_L \frac{x}{y}(x^2 + y^2)^\alpha \mathrm{d}x - \frac{x^2}{y^2}(x^2 + y^2)^\alpha \mathrm{d}y$ 与路径无关,则 $\alpha =$ (   ).

A. $\frac{5}{2}$ B. $\frac{3}{2}$ C. $-\frac{1}{3}$ D. $-\frac{1}{2}$

(5) Σ 为曲面 $z = 2 - (x^2 + y^2)$ 在 xOy 坐标面的上部分曲面,则 $\displaystyle\iint_{\Sigma} \mathrm{d}S =$ (   ).

A. $\displaystyle\int_0^{2\pi}\mathrm{d}\theta\int_0^r \sqrt{1 + 4r^2}\, r\mathrm{d}r$ B. $\displaystyle\int_0^{2\pi}\mathrm{d}\theta\int_0^2 \sqrt{1 + 4r^2}\, r\mathrm{d}r$

C. $\displaystyle\int_0^{2\pi}\mathrm{d}\theta\int_0^2 (2 - r^2)\sqrt{1 + 4r^2}\, r\mathrm{d}r$ D. $\displaystyle\int_0^{2\pi}\mathrm{d}\theta\int_0^{\sqrt{2}} \sqrt{1 + 4r^2}\, r\mathrm{d}r$

(6) 曲面积分 $\displaystyle\iint_{\Sigma} x^2 \mathrm{d}y\mathrm{d}z$ 在数值上等于(   ).

A. 面密度为 x^2 的曲面的质量   B. 流体 $x^2\boldsymbol{i}$ 穿过曲面 Σ 的流量

C. 流体 $x^2\boldsymbol{j}$ 穿过曲面 Σ 的流量   D. 流体 $x^2\boldsymbol{k}$ 穿过曲面 Σ 的流量

(7) 设 f 具有连续导数,Σ 为 $z = -\sqrt{1 - x^2 - y^2}$ 的上侧,$I = \displaystyle\iint_{\Sigma} \frac{2}{y}f(xy^2)\mathrm{d}y\mathrm{d}z - \frac{1}{x}f(xy^2)\mathrm{d}z\mathrm{d}x +$

$(x^2 z + y^2 z + \frac{1}{3} z^3) \mathrm{d}x \mathrm{d}y$，则 $I = ($ $)$．

A. $\dfrac{2}{5}\pi$ B. $-\dfrac{2}{5}\pi$ C. $\dfrac{2}{3}\pi$ D. $-\dfrac{2}{3}\pi$

(8) 设 Σ 是上半球面：$x^2 + y^2 + z^2 = R^2, z \geqslant 0$，曲面 Σ_1 是曲面 Σ 在第一卦限中的部分，则有（   ）．

A. $\displaystyle\iint\limits_{\Sigma} x \mathrm{d}S = 4 \iint\limits_{\Sigma_1} x \mathrm{d}S$ B. $\displaystyle\iint\limits_{\Sigma} y \mathrm{d}S = 4 \iint\limits_{\Sigma_1} x \mathrm{d}S$

C. $\displaystyle\iint\limits_{\Sigma} z \mathrm{d}S = 4 \iint\limits_{\Sigma_1} x \mathrm{d}S$ D. $\displaystyle\iint\limits_{\Sigma} xyz \mathrm{d}S = 4 \iint\limits_{\Sigma_1} xyz \mathrm{d}S$

3. 计算下列曲线积分．

(1) $\displaystyle\int_{\Gamma} z \mathrm{d}s$，其中 Γ 为曲线 $x = t\cos t, y = t\sin t, z = t, 0 \leqslant t \leqslant t_0$；

(2) $\displaystyle\oint_{L} \frac{|y|}{x^2 + y^2 + z^2} \mathrm{d}s$，其中 L 是上半球面 $x^2 + y^2 + z^2 = 4a^2 (z \geqslant 0)$ 与柱面 $x^2 + y^2 = 2ax$ 的交线；

(3) $\displaystyle\int_{L} [\mathrm{e}^x \sin y - b(x + y)] \mathrm{d}x + (\mathrm{e}^x \cos y - ax) \mathrm{d}y$，其中 a, b 为正的常数，L 为从点 $A(2a, 0)$ 沿曲线 $y = \sqrt{2ax - x^2}$ 到点 $O(0, 0)$ 的弧；

(4) $\displaystyle\oint_{\Gamma} xyz \mathrm{d}z$，其中 Γ 是用平面 $y = z$ 截球面 $x^2 + y^2 + z^2 = 1$ 所得的截痕，从 z 轴的正向看去，沿逆时针方向．

4. 计算下列曲面积分．

(1) $\displaystyle\iint\limits_{\Sigma} \frac{\mathrm{d}S}{x^2 + y^2 + z^2}$，其中 Σ 是介于平面 $z = 0$ 及 $z = H$ 之间的圆柱面 $x^2 + y^2 = R^2$；

(2) $\displaystyle\iint\limits_{\Sigma} (y^2 - z) \mathrm{d}y \mathrm{d}z + (z^2 - x) \mathrm{d}z \mathrm{d}x + (x^2 - y) \mathrm{d}x \mathrm{d}y$，其中 Σ 为锥面 $z = \sqrt{x^2 + y^2} (0 \leqslant z \leqslant h)$ 的外侧；

(3) $\displaystyle\iint\limits_{\Sigma} x \mathrm{d}y \mathrm{d}z + y \mathrm{d}z \mathrm{d}x + z \mathrm{d}x \mathrm{d}y$，其中 Σ 为半球面 $z = \sqrt{R^2 - x^2 - y^2}$ 的上侧；

(4) $\displaystyle\iint\limits_{\Sigma} xyz \mathrm{d}x \mathrm{d}y$，其中 Σ 为球面 $x^2 + y^2 + z^2 = 1 (x \geqslant 0, y \geqslant 0)$ 的外侧．

5. 证明：$\dfrac{x \mathrm{d}x + y \mathrm{d}y}{x^2 + y^2}$ 在整个 xOy 平面除去 y 的负半轴及原点的区域 G 内是某个二元函数的全微分，并求出一个这样的函数．

6. 已知平面区域 $D = \{(x, y) \mid 0 \leqslant x \leqslant \pi, 0 \leqslant y \leqslant \pi\}$，$L$ 为 D 的正向边界，试证：

(1) $\displaystyle\oint_{L} x \mathrm{e}^{\sin y} \mathrm{d}y - y \mathrm{e}^{-\sin x} \mathrm{d}x = \oint_{L} x \mathrm{e}^{-\sin y} \mathrm{d}y - y \mathrm{e}^{\sin x} \mathrm{d}x$；

(2) $\displaystyle\oint_{L} x \mathrm{e}^{\sin y} \mathrm{d}y - y \mathrm{e}^{-\sin x} \mathrm{d}x \geqslant 2\pi^2$．

7. 设函数 $f(x)$ 在 $(-\infty, +\infty)$ 内具有一阶连续导数，L 是上半平面 $(y > 0)$ 内的有向分段光滑曲线，其起点为 (a, b)，终点为 (c, b)，记

$$I = \int_{L} \frac{1}{y} [1 + y^2 f(xy)] \mathrm{d}x + \frac{x}{y^2} [y^2 f(xy) - 1] \mathrm{d}y$$

(1) 证明曲线积分 I 与路径无关；

(2) 当 $ab = cd$ 时,求 I 的值.

8. 设 Σ 为椭球面 $\dfrac{x^2}{2} + \dfrac{y^2}{2} + z^2 = 1$ 的上半部分,点 $P(x,y,z) \in \Sigma$,π 为 Σ 在点 P 处的切平面,ρ

(x,y,z) 为点 $O(0,0,0)$ 到平面 π 的距离,求 $\displaystyle\iint\limits_{\Sigma} \dfrac{z}{\rho(x,y,z)} \mathrm{d}S$.

9. 计算曲面积分 $I = \displaystyle\iint\limits_{\Sigma}(8y + 1)x\mathrm{d}y\mathrm{d}z + 2(1 - y^2)\mathrm{d}z\mathrm{d}x - 4yz\mathrm{d}x\mathrm{d}y$,其中 Σ 是由曲线

$\begin{cases} z = \sqrt{y - 1} \\ x = 0 \end{cases}$ $(1 \leqslant y \leqslant 3)$ 绕 y 轴旋转一周所生成的曲面,它的法线向量与 y 轴正向的夹角恒大于 $\dfrac{\pi}{2}$.

10. 设对半空间 $x > 0$ 内的任意光滑曲面 Σ,都有

$$\oiint\limits_{\Sigma} xf(x)\mathrm{d}y\mathrm{d}z - xyf(x)\mathrm{d}z\mathrm{d}x - \mathrm{e}^{2x}z\mathrm{d}x\mathrm{d}y = 0$$

其中函数 $f(x)$ 在 $(0, +\infty)$ 内具有连续的一阶导数,且 $\lim\limits_{x \to 0^+} f(x) = 1$,求 $f(x)$.

11. 计算曲线积分 $I = \displaystyle\oint\limits_{\Gamma}(y^2 - z^2)\mathrm{d}x + (2z^2 - x^2)\mathrm{d}y + (3x^2 - y^2)\mathrm{d}z$,其中 Γ 是平面 $x + y + z = 2$ 与柱面 $|x| + |y| = 1$ 的交线,从 z 轴的正向看去,Γ 为逆时针方向.

12. 设 $u = ax + by + cz$,$v = ax^2 + by^2 + cz^2$,求:(1) $\mathrm{div}(\mathrm{grad}\, v)$;(2) $\mathrm{rot}(x\mathrm{grad}\, u)$.

11 第11章 无穷级数

无穷级数是高等数学的重要组成部分,也是逼近理论的重要基础.它是表示函数、研究函数性质以及进行数值计算的一种极为有用的工具.随着计算机的广泛使用,其在工程技术和近似计算中的作用日益明显.

所谓无穷级数,就是求无限多项之和.从形式上看,无穷级数是把有限多项相加推广到无限多项相加,然而本质上两者有很大差别.比如有限项加法运算中的交换律、结合律等都不能直接照搬到无穷级数之中.在本章的学习中要注意体会这些差别.

无穷级数的核心是收敛性理论.本章在引入了常数项级数(包括正项级数、交错级数、一般项级数)的概念、性质之后,主要讨论了判定其敛散性的审敛法.在此基础上研究了两类常用的函数项级数:幂级数与三角级数.主要讨论了幂级数的收敛半径、收敛域及和函数问题.还研究了如何将一个函数展开成幂级数和三角级数,并给出了它们在实际问题中的一些应用.

11.1 常数项级数的概念与性质

11.1.1 常数项级数的概念

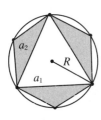

图 11.1

我们知道有限个实数相加,其和一定存在并且是一个实数.而无限个实数相加会出现什么结果呢? 例如,在半径为 R 的圆内作圆的内接正三角形,算出其面积为 a_1.再以这个正三角形的每一边为底分别作一个顶点在圆周上的等腰三角形(图 11.1),算出这三个等腰三角形的面积之和为 a_2,那么 $a_1 + a_2$ 即为圆内接正六边形的面积. 同样,在这正六边形的每一边上分别作一个顶点在圆周上的等腰三角形,算出这六个等腰三角形的面积之和为 a_3. 如此下去,再将这些面积加起来:

$$a_1 + a_2 + a_3 + \cdots$$

这就是无限个数相加的一个例子.直观上,它的和就是圆的面积 πR^2.

再如下面无数个数相加的表达式:

$$1 + (-1) + 1 + (-1) + \cdots$$

我们给出以下三种求和方法:

方法一　$(1-1)+(1-1)+\cdots=0$;

方法二　$1-(1-1)-(1-1)-\cdots=1$;

方法三　设 $1+(-1)+1+(-1)+\cdots=s$,则 $1-[1+(-1)+1+(-1)+\cdots]=s$,从而 $1-s=s$,故 $s=\dfrac{1}{2}$.

得到这些不同结果说明我们对无穷多项相加缺乏一种正确的认识. 由此我们自然地要问:什么是无穷多项相加? 无穷多项相加是否一定存在"和"? 若存在,"和"是多少? 显然,"有限和"的相关理论是无法完全照搬到"无限和"中去的,我们需要建立"无限和"自身的理论.

定义 1　给定一个数列 $\{u_n\}$,形如

$$u_1+u_2+\cdots+u_n+\cdots \tag{1}$$

的式子称为常数项级数或数项级数,简称级数,记作 $\sum\limits_{n=1}^{\infty}u_n$. 其中第 n 项 u_n 称为级数的一般项或通项. 级数的前 n 项和 $S_n=u_1+u_2+\cdots+u_n$ 称为级数的前 n 项部分和,显然 $\{S_n\}$ 构成一个数列,称为级数的部分和数列.

根据部分和数列 $\{S_n\}$ 有没有极限,我们引进无穷级数即(1)式的收敛与发散的概念.

定义 2　若级数 $\sum\limits_{n=1}^{\infty}u_n$ 的部分和数列 $\{S_n\}$ 有极限 S,即 $\lim\limits_{n\to\infty}S_n=S$,则称级数 $\sum\limits_{n=1}^{\infty}u_n$ 收敛,S 称为级数 $\sum\limits_{n=1}^{\infty}u_n$ 的和,记为 $S=\sum\limits_{n=1}^{\infty}u_n$. 若 $\{S_n\}$ 没有极限,则称级数 $\sum\limits_{n=1}^{\infty}u_n$ 发散.

显然,当级数收敛时,其部分和 S_n 是级数的和 S 的近似值,它们之间的差值

$$r_n=S-S_n=u_{n+1}+u_{n+2}+\cdots$$

称为级数的余项. $|r_n|$ 是用近似值 S_n 代替和 S 所产生的误差.

例 1　讨论等比级数(或几何级数)

$$\sum_{n=0}^{\infty}aq^n=a+aq+\cdots+aq^{n-1}+\cdots,\quad a\neq 0 \tag{2}$$

的敛散性.

解　若 $q\neq 1$,则部分和

$$S_n=a+aq+\cdots+aq^{n-1}=\frac{a(1-q^n)}{1-q}$$

当 $|q|<1$ 时,$\lim\limits_{n\to\infty}S_n=\dfrac{a}{1-q}$,级数收敛.

当 $|q|>1$ 时,$\lim\limits_{n\to\infty}S_n=\infty$,级数发散.

当 $q=1$ 时,$S_n=na\to\infty\,(n\to\infty)$,级数发散.

当 $q=-1$ 时,$S_n=\begin{cases}a,&当 n 为奇数\\0,&当 n 为偶数\end{cases}$,故 $\{S_n\}$ 没有极限,因此级数发散.

综上可知,当 $|q|<1$ 时,级数收敛;当 $|q|\geq 1$ 时,级数发散.

例 2 证明调和级数

$$\sum_{n=1}^{\infty} \frac{1}{n} = 1 + \frac{1}{2} + \cdots + \frac{1}{n} + \cdots \tag{3}$$

是发散的.

证 采用反证法. 设级数收敛, 且 $S_n \to S(n \to \infty)$, 则对级数的前 $2n$ 项部分和 S_{2n}, 也有 $S_{2n} \to S(n \to \infty)$, 于是

$$S_{2n} - S_n \to S - S = 0, \quad n \to \infty$$

但另一方面, 有

$$S_{2n} - S_n = \frac{1}{n+1} + \frac{1}{n+2} + \cdots + \frac{1}{2n} > \underbrace{\frac{1}{2n} + \frac{1}{2n} + \cdots + \frac{1}{2n}}_{n\text{项}} = \frac{1}{2}$$

故

$$S_{2n} - S_n \nrightarrow 0, \quad n \to \infty$$

与假设矛盾, 故级数发散.

11.1.2 收敛级数的性质

根据无穷级数收敛、发散以及和的概念, 容易证明收敛级数的下列性质:

性质 1 若 $\sum_{n=1}^{\infty} u_n = S$, 则对任何常数 k, $\sum_{n=1}^{\infty} ku_n = k \sum_{n=1}^{\infty} u_n = kS$.

证 设级数 $\sum_{n=1}^{\infty} u_n$ 与 $\sum_{n=1}^{\infty} ku_n$ 的部分和分别为 S_n 和 σ_n, 则

$$\sigma_n = ku_1 + ku_2 + \cdots + ku_n = kS_n$$

于是

$$\lim_{n \to \infty} \sigma_n = \lim_{n \to \infty} kS_n = k \lim_{n \to \infty} S_n = kS$$

性质 2 若 $\sum_{n=1}^{\infty} u_n = S$, $\sum_{n=1}^{\infty} v_n = \sigma$, 则 $\sum_{n=1}^{\infty} (u_n \pm v_n) = \sum_{n=1}^{\infty} u_n \pm \sum_{n=1}^{\infty} v_n = S \pm \sigma$.

证 设级数 $\sum_{n=1}^{\infty} u_n$ 与 $\sum_{n=1}^{\infty} v_n$ 的部分和分别为 S_n 和 σ_n, 则级数 $\sum_{n=1}^{\infty} (u_n \pm v_n)$ 的部分和

$$\begin{aligned} T_n &= (u_1 \pm v_1) + (u_2 \pm v_2) + \cdots + (u_n \pm v_n) \\ &= (u_1 + u_2 + \cdots + u_n) \pm (v_1 + v_2 + \cdots + v_n) \\ &= S_n \pm \sigma_n \end{aligned}$$

于是

$$\lim_{n \to \infty} T_n = \lim_{n \to \infty} (S_n \pm \sigma_n) = S \pm \sigma$$

性质 2 也说成: 两个收敛级数可以逐项相加或逐项相减.

推论 若 $\sum_{n=1}^{\infty} u_n$ 与 $\sum_{n=1}^{\infty} v_n$ 一个收敛一个发散, 则 $\sum_{n=1}^{\infty} (u_n \pm v_n)$ 一定发散.

性质 3 在级数中去掉、增加或者改变有限项, 不会改变级数的收敛性.

证 我们仅证明改变有限项情形. 设 $\sum_{n=1}^{\infty} u_n$ 的部分和为 S_n, 不妨设在 $\sum_{n=1}^{\infty} u_n$ 中 u_1 改

变成了 v_1,其余不变. 记新级数为 $\sum_{n=1}^{\infty} v_n$,其中 $v_n = u_n (n = 2,3,4,\cdots)$,并设其部分和为 σ_n,则有

$$\sigma_n = S_n + v_1 - u_1$$

因此当 $n \to \infty$ 时,σ_n 有极限的充要条件是 S_n 有极限,即 $\sum_{n=1}^{\infty} v_n$ 与 $\sum_{n=1}^{\infty} u_n$ 有相同的收敛性.

性质 4 若 $\sum_{n=1}^{\infty} u_n$ 收敛,则对这级数的项任意加括号后所成的级数

$$(u_1 + \cdots + u_{n_1}) + (u_{n_1+1} + \cdots + u_{n_2}) + \cdots + (u_{n_{k-1}+1} + \cdots + u_{n_k}) + \cdots \quad (4)$$

仍收敛,且其和不变.

证 设 $\sum_{n=1}^{\infty} u_n$ 的前 n 项和为 S_n,级数 (4) 的前 k 项和为 A_k,则 $\{A_k\}$ 是 $\{S_n\}$ 的一个子数列,由 $\{S_n\}$ 的收敛性质知,$\{A_k\}$ 收敛且 $\lim_{k \to \infty} A_k = \lim_{n \to \infty} S_n$.

性质 5 (级数收敛的必要条件) 若 $\sum_{n=1}^{\infty} u_n$ 收敛,则 $\lim_{n \to \infty} u_n = 0$.

证 设 $\sum_{n=1}^{\infty} u_n$ 的部分和为 S_n,则 $\{S_n\}$ 收敛,设 $S_n \to S (n \to +\infty)$,则 $\lim_{n \to \infty} u_n = \lim_{n \to \infty} (S_n - S_{n-1}) = S - S = 0$.

注 1 一般项趋于零不是级数收敛的充分条件. 例如,$\sum_{n=1}^{\infty} \frac{1}{n}$ 发散.

注 2 性质 5 的直接推论是:若当 $n \to \infty$ 时,级数的一般项不趋于零,那么级数发散. 例如,$\sum_{n=1}^{\infty} (-1)^{n-1} \frac{n}{n+1}$ 发散.

《《 习题 11.1 》》

A

1. 用定义判别下列级数的敛散性.

(1) $\sum_{n=1}^{\infty} \frac{1}{4n^2 - 1}$;

(2) $\sum_{n=1}^{\infty} \ln(1 + \frac{1}{n})$;

(3) $\sum_{n=1}^{\infty} (-1)^n \frac{e^n}{3^n}$;

(4) $\sum_{n=1}^{\infty} \frac{n}{(n+1)!}$.

2. 判别下列级数的敛散性.

(1) $\sum_{n=1}^{\infty} \frac{3 + (-1)^n}{2^n}$;

(2) $\sum_{n=1}^{\infty} \left(\frac{1}{n} - \frac{1}{2^n} \right)$;

(3) $\sum_{n=1}^{\infty} \left(\frac{2n}{2n+1} \right)^n$;

(4) $\sum_{n=1}^{\infty} \frac{2n-1}{2^n}$;

(5) $\sum_{n=1}^{\infty} \frac{1}{\sqrt[n]{a}} (a > 0)$.

B

1. 设 $\{a_n\}$ 是一个数列,证明:$\sum\limits_{n=1}^{\infty}(a_n - a_{n+1})$ 收敛的充分必要条件是极限 $\lim\limits_{n\to\infty} a_n$ 存在.

2. 证明:若级数 $\sum\limits_{n=1}^{\infty} u_{2k-1}$ 与 $\sum\limits_{n=1}^{\infty} u_{2k}$ 都收敛,则 $\sum\limits_{n=1}^{\infty} u_k$ 收敛.

11.2 常数项级数的审敛法

研究级数重要的是讨论其敛散性. 按照定义,级数的收敛性归结为它的部分和数列的收敛性. 但大多数的级数利用定义直接讨论收敛性是相当困难的. 在本节中,我们介绍一些常用的间接的判别法(称为审敛法).

11.2.1 正项级数及其审敛法

设级数

$$\sum_{n=1}^{\infty} u_n = u_1 + u_2 + \cdots + u_n + \cdots \tag{1}$$

若 $u_n \geqslant 0 (n=1,2,\cdots)$,则称该级数为正项级数.

正项级数是数项级数中比较特殊的一类,以后将看到许多级数的收敛性可归结为正项级数的收敛性来讨论. 由于正项级数的部分和数列是一个单调增加的数列,根据极限的单调有界定理可得下面的定理:

定理 1 正项级数收敛的充要条件是它的部分和数列有界.

根据定理 1,在判定正项级数收敛性时,可以取一个收敛性已知的正项级数与它比较,判定它的部分和数列是否有界,进而就可确定它是否收敛. 由此想法,我们可建立正项级数的比较审敛法.

定理 2 (比较审敛法)设 $\sum\limits_{n=1}^{\infty} u_n$ 与 $\sum\limits_{n=1}^{\infty} v_n$ 都是正项级数,且 $u_n \leqslant v_n (n=1,2,\cdots)$.

(1) 若 $\sum\limits_{n=1}^{\infty} v_n$ 收敛,则 $\sum\limits_{n=1}^{\infty} u_n$ 收敛;

(2) 若 $\sum\limits_{n=1}^{\infty} u_n$ 发散,则 $\sum\limits_{n=1}^{\infty} v_n$ 发散.

证 (1) 设 $\sum\limits_{n=1}^{\infty} v_n$ 收敛于 σ,则 $\sum\limits_{n=1}^{\infty} u_n$ 的部分和

$$S_n = u_1 + u_2 + \cdots + u_n \leqslant v_1 + v_2 + \cdots + v_n \leqslant \sigma, \quad n=1,2,\cdots$$

即部分和数列 $\{S_n\}$ 有界,由定理 1 知 $\sum\limits_{n=1}^{\infty} u_n$ 收敛.

(2) 采用反证法. 设 $\sum\limits_{n=1}^{\infty} v_n$ 收敛, 由(1)知 $\sum\limits_{n=1}^{\infty} u_n$ 收敛, 与假设矛盾.

注 若将定理 2 中的条件 $u_n \leqslant v_n (n=1,2,\cdots)$ 改成自某项起 $u_n \leqslant v_n$, 结论(1)、(2)仍然成立.

使用比较审敛法, 需选取敛散性已知的级数作为比较的标准, 通常我们选用的是等比级数和 p 级数.

例 1 讨论 p 级数

$$\sum_{n=1}^{\infty} \frac{1}{n^p} = 1 + \frac{1}{2^p} + \cdots + \frac{1}{n^p} + \cdots, \quad p > 0 \tag{2}$$

的敛散性.

解 当 $0 < p \leqslant 1$ 时, $\frac{1}{n^p} \geqslant \frac{1}{n}$ $(n=1,2,\cdots)$, 而 $\sum\limits_{n=1}^{\infty} \frac{1}{n}$ 发散, 故 $\sum\limits_{n=1}^{\infty} \frac{1}{n^p}$ 发散.

当 $p > 1$ 时, 其前 n 项和

$$S_n = 1 + \frac{1}{2^p} + \frac{1}{3^p} + \cdots + \frac{1}{n^p}$$

对于每一个确定的 p, S_n 可以看成是 n 个以 1 为底、高分别为 $\frac{1}{(i-1)^p}$ $(i=2,3,\cdots,n+1)$ 的小矩形面积的和(见图 11.2).

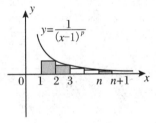

图 11.2

由定积分的几何意义, 显然有

$$S_n < 1 + \int_2^{n+1} \frac{1}{(x-1)^p} \mathrm{d}x$$

$$= 1 - \frac{1}{p-1}\left(\frac{1}{n^{p-1}} - 1\right)$$

$$= \frac{p}{p-1} - \frac{1}{p-1} \cdot \frac{1}{n^{p-1}} < \frac{p}{p-1}$$

即部分和数列有界, 故由定理 1 知 $\sum\limits_{n=1}^{\infty} \frac{1}{n^p}$ 收敛.

综上可得: p 级数((2)式)当 $p > 1$ 时收敛, 当 $p \leqslant 1$ 时发散.

例 2 判定下列级数的敛散性.

(1) $\sum\limits_{n=1}^{\infty} \sin \frac{\pi}{3^n}$;　　　　(2) $\sum\limits_{n=2}^{\infty} \frac{1}{n^2-n}$;　　　　(3) $\sum\limits_{n=1}^{\infty} \frac{1}{\sqrt{n(n+1)}}$.

解 (1) 由于 $\sin \frac{\pi}{3^n} < \frac{\pi}{3^n}$, 而等比级数 $\sum\limits_{n=1}^{\infty} \frac{\pi}{3^n}$ 收敛, 故 $\sum\limits_{n=1}^{\infty} \sin \frac{\pi}{3^n}$ 收敛.

(2) 当 $n > 2$ 时, $\frac{1}{n^2-n} < \frac{1}{(n-1)^2}$, 而 $\sum\limits_{n=2}^{\infty} \frac{1}{(n-1)^2}$ 收敛, 故 $\sum\limits_{n=2}^{\infty} \frac{1}{n^2-n}$ 收敛.

(3) 因为 $\frac{1}{\sqrt{n(n+1)}} > \frac{1}{n+1}$, 而 $\sum\limits_{n=1}^{\infty} \frac{1}{n+1}$ 发散, 故 $\sum\limits_{n=1}^{\infty} \frac{1}{\sqrt{n(n+1)}}$ 发散.

下面给出极限形式的比较审敛法, 它在应用时更为方便.

定理 3 （极限形式的比较审敛法）设 $\sum\limits_{n=1}^{\infty} u_n$ 与 $\sum\limits_{n=1}^{\infty} v_n$ 是两个正项级数, 若 $\lim\limits_{n\to\infty} \dfrac{u_n}{v_n} = l$, 有:

（1）当 $0<l<+\infty$ 时, $\sum\limits_{n=1}^{\infty} u_n$ 与 $\sum\limits_{n=1}^{\infty} v_n$ 同敛散;

（2）当 $l=0$ 时, 若 $\sum\limits_{n=1}^{\infty} v_n$ 收敛, 则 $\sum\limits_{n=1}^{\infty} u_n$ 收敛;

（3）当 $l=+\infty$ 时, 若 $\sum\limits_{n=1}^{\infty} v_n$ 发散, 则 $\sum\limits_{n=1}^{\infty} u_n$ 发散.

例 3 判定下列级数的敛散性.

（1）$\sum\limits_{n=1}^{\infty} \sin\dfrac{1}{n}$; （2）$\sum\limits_{n=1}^{\infty} \left(1-\cos\dfrac{1}{n}\right)$; （3）$\sum\limits_{n=1}^{\infty} \dfrac{1}{3^n-2^n}$.

解 （1）因为 $\lim\limits_{n\to\infty} \dfrac{\sin\dfrac{1}{n}}{\dfrac{1}{n}} = 1$, 而 $\sum\limits_{n=1}^{\infty} \dfrac{1}{n}$ 发散, 故 $\sum\limits_{n=1}^{\infty} \sin\dfrac{1}{n}$ 发散.

（2）因为 $\lim\limits_{n\to\infty} \dfrac{1-\cos\dfrac{1}{n}}{\dfrac{1}{n^2}} = \dfrac{1}{2}$, 而 $\sum\limits_{n=1}^{\infty} \dfrac{1}{n^2}$ 收敛, 故 $\sum\limits_{n=1}^{\infty} \left(1-\cos\dfrac{1}{n}\right)$ 收敛.

（3）因为 $\lim\limits_{n\to\infty} \dfrac{\dfrac{1}{3^n-2^n}}{\dfrac{1}{3^n}} = \lim\limits_{n\to\infty} \dfrac{1}{1-\left(\dfrac{2}{3}\right)^n} = 1$, 而 $\sum\limits_{n=1}^{\infty} \dfrac{1}{3^n}$ 收敛, 故 $\sum\limits_{n=1}^{\infty} \dfrac{1}{3^n-2^n}$ 收敛.

以下的比值审敛法（达朗贝尔（D'Alembert）判别法）和根值审敛法（柯西（Cauchy）判别法）实质上是将所给的正项级数与某个等比级数做比较. 它们的优点是在实际应用中不必找参考级数, 只需考虑所给级数的一般项情况, 缺点是 $\rho=1$ 时判别法失效.

定理 4 （比值审敛法）设 $\sum\limits_{n=1}^{\infty} u_n$ 为正项级数, 若 $\lim\limits_{n\to\infty} \dfrac{u_{n+1}}{u_n} = \rho$, 则:

（1）当 $\rho<1$ 时, 级数收敛;

（2）当 $1<\rho\leqslant+\infty$ 时, 级数发散;

（3）当 $\rho=1$ 时, 需进一步判别.

证 （1）当 $\rho<1$ 时, 取定一个适当的正数 r, 使 $\rho<r<1$. 由于 $\lim\limits_{n\to\infty} \left(\dfrac{u_{n+1}}{u_n}-r\right) = \rho-r<0$, 根据极限的保号性, 存在 $N>0$, 当 $n\geqslant N$ 时, 就有 $\dfrac{u_{n+1}}{u_n}-r<0$, 即 $\dfrac{u_{n+1}}{u_n}<r$. 因此

$$u_{N+1}<ru_N, \quad u_{N+2}<ru_{N+1}<r^2 u_N, \quad u_{N+3}<ru_{N+2}<r^3 u_N, \quad \cdots$$

因为 $r<1$, 而 u_N 是一个定值, 故 $\sum\limits_{k=1}^{\infty} u_N r^k$ 收敛, 由比较审敛法知 $\sum\limits_{n=N+1}^{\infty} u_n$ 收敛, 从而 $\sum\limits_{n=1}^{\infty} u_n$ 收敛.

（2）当 $\rho>1$ 时, 由于 $\lim\limits_{n\to\infty} \left(\dfrac{u_{n+1}}{u_n}-1\right) = \rho-1>0$, 由极限的保号性知, 当 n 充分大以

后，就有 $\dfrac{u_{n+1}}{u_n} > 1$，因此 $u_{n+1} > u_n$．说明当 n 充分大以后，级数的项单调增加，从而当 $n \to +\infty$ 时，$u_n \nrightarrow 0$，故级数发散．

(3) 当 $\rho = 1$ 时，$\sum\limits_{n=1}^{\infty} u_n$ 可能收敛也可能发散．如 $\sum\limits_{n=1}^{\infty} \dfrac{1}{n}$ 与 $\sum\limits_{n=1}^{\infty} \dfrac{1}{n^2}$．

定理 5（根值审敛法）设 $\sum\limits_{n=1}^{\infty} u_n$ 为正项级数，若 $\lim\limits_{n\to\infty} \sqrt[n]{u_n} = \rho$，则：

(1) 当 $\rho < 1$ 时，级数收敛；

(2) 当 $1 < \rho \leqslant +\infty$ 时，级数发散；

(3) 当 $\rho = 1$ 时，需进一步判别．

定理 5 的证明思路与定理 4 一致，证明从略．

例 4 判别下列级数的敛散性．

(1) $\sum\limits_{n=1}^{\infty} \dfrac{n!}{n^n}$；   (2) $\sum\limits_{n=1}^{\infty} \dfrac{1}{2^{n+(-1)^n}}$；

(3) $\sum\limits_{n=1}^{\infty} \dfrac{n \cdot \cos^2 \frac{n\pi}{3}}{2^n}$；   (4) $\sum\limits_{n=1}^{\infty} \dfrac{a^n}{n^p} \; (a > 0, p > 0)$．

解 (1) 因为 $\lim\limits_{n\to\infty} \dfrac{u_{n+1}}{u_n} = \lim\limits_{n\to\infty} \dfrac{1}{\left(1+\frac{1}{n}\right)^n} = \dfrac{1}{e} < 1$，故级数收敛．

(2) 因为 $\lim\limits_{n\to\infty} \sqrt[n]{u_n} = \lim\limits_{n\to\infty} \dfrac{1}{2^{1+\frac{(-1)^n}{n}}} = \dfrac{1}{2} < 1$，故级数收敛．

(3) 因为 $u_n = \dfrac{n \cdot \cos^2 \frac{n\pi}{3}}{2^n} \leqslant \dfrac{n}{2^n} = v_n$，且 $\lim\limits_{n\to\infty} \dfrac{v_{n+1}}{v_n} = \lim\limits_{n\to\infty} \dfrac{n+1}{2n} = \dfrac{1}{2} < 1$，故 $\sum\limits_{n=1}^{\infty} v_n$ 收敛，从而 $\sum\limits_{n=1}^{\infty} u_n$ 收敛．

(4) 因为 $\lim\limits_{n\to\infty} \sqrt[n]{u_n} = \lim\limits_{n\to\infty} \dfrac{a}{(\sqrt[n]{n})^p} = a$，故：

当 $a < 1$ 时，级数收敛；

当 $a > 1$ 时，级数发散；

当 $a = 1$ 时，所给级数是 p 级数，仅当 $p > 1$ 时级数收敛．

上面我们给出了正项级数收敛性的几种常用判别法．需要指出的是判别正项级数的收敛性还有其他一些判别法，如积分判别法、拉贝（Raabe）判别法等．有兴趣的读者请自己查阅相关文献．

11.2.2 交错级数及其审敛法

各项正负交错的级数称为交错级数，从而可以写成下面的形式：

$$u_1 - u_2 + u_3 - u_4 + \cdots$$

或

$$-u_1 + u_2 - u_3 + u_4 - \cdots \tag{3}$$

其中 $u_n > 0 (n = 1,2,3,\cdots)$. 交错级数可记为 $\sum_{n=1}^{\infty}(-1)^{n-1}u_n$ 或 $\sum_{n=1}^{\infty}(-1)^n u_n$.

定理 6 （莱布尼兹定理）若交错级数 $\sum_{n=1}^{\infty}(-1)^{n-1}u_n$ 满足条件：

(1) $u_{n+1} \leqslant u_n (n = 1,2,\cdots)$；

(2) $\lim\limits_{n \to \infty} u_n = 0$，

则级数收敛,且其和 $S \leqslant u_1$.

证 先证明前 $2n$ 项的和 S_{2n} 的极限存在,为此把 S_{2n} 写成两种形式：

$$S_{2n} = (u_1 - u_2) + (u_3 - u_4) + \cdots + (u_{2n-1} - u_{2n})$$

及

$$S_{2n} = u_1 - (u_2 - u_3) - (u_4 - u_5) - \cdots - (u_{2n-2} - u_{2n-1}) - u_{2n}$$

由条件(1)知所有括号中的值是非负数,由第一种形式可见数列 $\{S_{2n}\}$ 是单调递增的.由第二种形式可见 $S_{2n} < u_1$,从而 $\lim\limits_{n \to \infty} S_{2n}$ 存在. 令 $\lim\limits_{n \to \infty} S_{2n} = S$,有 $0 < S \leqslant u_1$.

再证 $\lim\limits_{n \to \infty} S_{2n+1} = S$.因为 $S_{2n+1} = S_{2n} + u_{2n+1}$,由条件(2)知 $\lim\limits_{n \to \infty} u_{2n+1} = 0$,因此

$$\lim_{n \to \infty} S_{2n+1} = \lim_{n \to \infty}(S_{2n} + u_{2n+1}) = S$$

综上可知,交错级数 $\sum_{n=1}^{\infty}(-1)^{n-1}u_n$ 收敛,且其和 $S \leqslant u_1$.

例 5 判别下列交错级数的敛散性.

(1) $\displaystyle\sum_{n=1}^{\infty}(-1)^{n-1}\frac{1}{n}$；
(2) $\displaystyle\sum_{n=1}^{\infty}(-1)^{n-1}(\sqrt{n+1} - \sqrt{n})$；

(3) $\displaystyle\sum_{n=1}^{\infty}(-1)^{n-1}\frac{n}{n^2 + 100}$.

解 (1) 因为 $u_n = \dfrac{1}{n}$ 单调递减且趋于零,故级数收敛.

(2) 因为 $u_n = \sqrt{n+1} - \sqrt{n} = \dfrac{1}{\sqrt{n+1} + \sqrt{n}}$ 单调递减且趋于零,故级数收敛.

(3) 令 $f(x) = \dfrac{x}{x^2 + 100}$,则 $f'(x) = \dfrac{100 - x^2}{(x^2 + 100)^2}$. 从而当 $n > 10$ 时,$u_n = \dfrac{n}{n^2 + 100}$ 单调递减且趋于零,故级数收敛.

11.2.3 绝对收敛与条件收敛

对于任意的数项级数 $\sum_{n=1}^{\infty}u_n$,如果数项级数的每一项取绝对值后组成的正项级数 $\sum_{n=1}^{\infty}|u_n|$ 收敛,则称级数 $\sum_{n=1}^{\infty}u_n$ 绝对收敛;如果级数 $\sum_{n=1}^{\infty}u_n$ 收敛,而级数 $\sum_{n=1}^{\infty}|u_n|$ 发散,则称级数 $\sum_{n=1}^{\infty}u_n$ 条件收敛.

例如,级数 $\sum_{n=1}^{\infty}(-1)^{n-1}\dfrac{1}{n^2}$ 绝对收敛,级数 $\sum_{n=1}^{\infty}(-1)^{n-1}\dfrac{1}{n}$ 条件收敛.

定理 7 若级数 $\sum\limits_{n=1}^{\infty} u_n$ 绝对收敛,则级数 $\sum\limits_{n=1}^{\infty} u_n$ 必定收敛.

证 令 $V_n = \dfrac{1}{2}(u_n + |u_n|)$,则 $0 \leqslant V_n \leqslant |u_n|$. 因 $\sum\limits_{n=1}^{\infty} |u_n|$ 收敛,故 $\sum\limits_{n=1}^{\infty} V_n$ 收敛.

又因 $u_n = 2V_n - |u_n|$,从而 $\sum\limits_{n=1}^{\infty} u_n = \sum\limits_{n=1}^{\infty}(2V_n - |u_n|) = 2\sum\limits_{n=1}^{\infty} V_n - \sum\limits_{n=1}^{\infty} |u_n|$ 收敛.

注 1 上述定理的逆定理不成立,如级数 $\sum\limits_{n=1}^{\infty}(-1)^{n-1}\dfrac{1}{n}$.

注 2 全体收敛的级数可分成绝对收敛级数与条件收敛级数两大类.

例 6 判定下列级数的绝对收敛性与条件收敛性.

(1) $\sum\limits_{n=1}^{\infty} \dfrac{\sin n\alpha}{n^2}$; (2) $\sum\limits_{n=1}^{\infty}(-1)^n \dfrac{\ln n}{n}$; (3) $\sum\limits_{n=1}^{\infty}(-1)^n \dfrac{1}{n^p}$.

解 (1) 因为 $\left|\dfrac{\sin n\alpha}{n^2}\right| \leqslant \dfrac{1}{n^2}$,而 $\sum\limits_{n=1}^{\infty}\dfrac{1}{n^2}$ 收敛,故 $\sum\limits_{n=1}^{\infty}\dfrac{\sin n\alpha}{n^2}$ 绝对收敛.

(2) 令 $f(x) = \dfrac{\ln x}{x}$,则 $f'(x) = \dfrac{1-\ln x}{x^2} < 0 \, (x > 3)$,且 $\lim\limits_{x \to +\infty}\dfrac{\ln x}{x} = 0$. 故当 $n > 3$ 时,$u_n = \dfrac{\ln n}{n}$ 单调递减趋于零. 从而 $\sum\limits_{n=1}^{\infty}(-1)^n\dfrac{\ln n}{n}$ 收敛. 又因为 $\left|(-1)^n\dfrac{\ln n}{n}\right| = \dfrac{\ln n}{n} > \dfrac{1}{n}$,而 $\sum\limits_{n=1}^{\infty}\dfrac{1}{n}$ 发散,故 $\sum\limits_{n=1}^{\infty}\left|(-1)^n\dfrac{\ln n}{n}\right|$ 发散. 综上可知,$\sum\limits_{n=1}^{\infty}(-1)^n\dfrac{\ln n}{n}$ 条件收敛.

(3) 当 $p \leqslant 0$ 时,$(-1)^n\dfrac{1}{n^p} \not\to 0 \, (n \to +\infty)$,故原级数发散.

当 $p > 0$ 时,$\dfrac{1}{n^p}$ 单调递减趋于零,故 $\sum\limits_{n=1}^{\infty}(-1)^n\dfrac{1}{n^p}$ 收敛.

因为 $\sum\limits_{n=1}^{\infty}\left|(-1)^n\dfrac{1}{n^p}\right| = \sum\limits_{n=1}^{\infty}\dfrac{1}{n^p}$,故当 $0 < p \leqslant 1$ 时,原级数条件收敛;当 $p > 1$ 时,原级数绝对收敛.

《 习题 11.2 》

A

1. 用比较审敛法判别下列级数的敛散性.

(1) $\sum\limits_{n=1}^{\infty}\dfrac{1}{\sqrt{n(n^2+1)}}$; (2) $\sum\limits_{n=1}^{\infty}\dfrac{1+n^2}{1+n^3}$;

(3) $\sum\limits_{n=1}^{\infty}\dfrac{1}{n\sqrt[n]{n}}$; (4) $\sum\limits_{n=1}^{\infty}2^n\sin\dfrac{\pi}{3^n}$;

(5) $\sum\limits_{n=2}^{\infty}\dfrac{1}{(\ln n)^{\ln n}}$; (6) $\sum\limits_{n=1}^{\infty}\dfrac{a^n}{1+a^{2n}} \, (a > 0)$.

2. 用比值或者根值审敛法判别下列级数的敛散性.

(1) $\sum\limits_{n=1}^{\infty}\dfrac{n!}{4^n}$; (2) $\sum\limits_{n=2}^{\infty}\dfrac{1}{(\ln n)^n}$;

(3) $\displaystyle\sum_{n=1}^{\infty} n^2 \sin \frac{\pi}{2^n}$;

(4) $\displaystyle\sum_{n=1}^{\infty}\left(n\sin\frac{2}{n}\right)^{\frac{n}{2}}$;

(5) $\displaystyle\sum_{n=1}^{\infty}\frac{(2n)!}{(n!)^2}$;

(6) $\displaystyle\sum_{n=1}^{\infty}\left(\frac{n}{3n-1}\right)^{2n-1}$;

(7) $\displaystyle\sum_{n=1}^{\infty}\left(\frac{b}{a_n}\right)^n$, 其中 $a_n \to a(n \to \infty)$, a_n, b, a 均为正数.

3. 用适当方法判断下列级数的敛散性.

(1) $\displaystyle\sum_{n=1}^{\infty} n\left(\frac{3}{4}\right)^n$;

(2) $\displaystyle\sum_{n=1}^{\infty}\frac{1}{\sqrt{n+1}}\ln\frac{n+2}{n}$;

(3) $\displaystyle\sum_{n=1}^{\infty}\frac{1}{na+b}(a>0, b>0)$;

(4) $\displaystyle\sum_{n=1}^{\infty}\frac{\sqrt{n+1}-\sqrt{n-1}}{n^\alpha}(\alpha>0)$;

(5) $\displaystyle\sum_{n=1}^{\infty}\left(\tan\frac{1}{n}-\sin\frac{1}{n}\right)$.

4. 设 $a_n \geqslant 0(n=1,2,\cdots)$, 且数列 $\{na_n\}$ 有界, 证明 $\displaystyle\sum_{n=1}^{\infty} a_n^2$ 收敛.

5. 设 $\displaystyle\sum_{n=1}^{\infty} a_n$ 与 $\displaystyle\sum_{n=1}^{\infty} c_n$ 都收敛, 且 $a_n \leqslant b_n \leqslant c_n$, 证明 $\displaystyle\sum_{n=1}^{\infty} b_n$ 收敛.

6. 设 $a_n \geqslant 0(n=1,2,\cdots)$, 且级数 $\displaystyle\sum_{n=1}^{\infty} a_n$ 收敛, 证明:

(1) $\displaystyle\sum_{n=1}^{\infty}\sqrt{a_n a_{n+1}}$ 收敛;

(2) $\displaystyle\sum_{n=1}^{\infty}\frac{\sqrt{a_n}}{n}$ 收敛.

7. 判定下列级数是否收敛. 若收敛, 是绝对收敛还是条件收敛?

(1) $\displaystyle\sum_{n=1}^{\infty}(-1)^n \sin\frac{1}{n}$;

(2) $\displaystyle\sum_{n=1}^{\infty}(-1)^n\frac{n}{2n+1}$;

(3) $\displaystyle\sum_{n=1}^{\infty}(-1)^n(\sqrt{n+1}-\sqrt{n})$;

(4) $\displaystyle\sum_{n=1}^{\infty}(-1)^n\frac{n^3}{2^{n-1}}$;

(5) $\displaystyle\sum_{n=1}^{\infty}\frac{(-1)^n}{n-\ln n}$.

B

1. 判别下列级数的敛散性.

(1) $\displaystyle\sum_{n=1}^{\infty}\frac{n! e^n}{n^n}$;

(2) $\displaystyle\sum_{n=2}^{\infty}\frac{(-1)^n}{\sqrt{n}+(-1)^n}$;

(3) $\displaystyle\sum_{n=1}^{\infty}\frac{1}{3^{\sqrt{n}}}$;

(4) $\displaystyle\sum_{n=2}^{\infty}\frac{(-1)^n}{n^{p+\frac{1}{n}}}$.

2. 设正项级数 $\displaystyle\sum_{n=1}^{\infty}\ln(1+a_n)$ 收敛, 证明: 级数 $\displaystyle\sum_{n=1}^{\infty}(-1)^n\sqrt{a_n a_{n+1}}$ 绝对收敛.

11.3 幂 级 数

11.3.1 函数项级数的概念

前面我们研究了数项级数,从本节起,我们将讨论两种最常见而有用的函数项级数:幂级数与三角级数.下面先给出函数项级数的一般概念.

设 $u_n(x)(n=1,2,\cdots)$ 均为定义在区间 I 上的函数,称

$$\sum_{n=1}^{\infty} u_n(x) = u_1(x) + u_2(x) + \cdots + u_n(x) + \cdots \tag{1}$$

为区间 I 上的函数项无穷级数,简称为函数项级数.

对区间 I 上的函数项级数,设点 $x_0 \in I$,若函数项级数当 $x = x_0$(即数项级数 $\sum_{n=1}^{\infty} u_n(x_0)$)时收敛,则称点 x_0 是函数项级数的收敛点,否则称 x_0 是发散点. 所有收敛点的全体称为函数项级数的收敛域. 所有发散点的全体称为发散域.

对于收敛域内的任意一个数 x,函数项级数成为一收敛的常数项级数,因而有一确定的和 S. 如此,在收敛域上,函数项级数的和是 x 的函数 $S(x)$. 通常称 $S(x)$ 为函数项级数的和函数,其定义域就是函数项级数的收敛域,并写成

$$S(x) = u_1(x) + u_2(x) + \cdots + u_n(x) + \cdots$$

把函数项级数((1)式)的前 n 项的部分和记作 $S_n(x)$,则在收敛域上有

$$\lim_{n \to \infty} S_n(x) = S(x)$$

11.3.2 幂级数及其收敛性

形如

$$\sum_{n=0}^{\infty} a_n(x-x_0)^n = a_0 + a_1(x-x_0) + \cdots + a_n(x-x_0)^n + \cdots$$

的函数项级数称为 $x-x_0$ 的幂级数. 其中常数 $a_0, a_1, \cdots, a_n, \cdots$ 叫作幂级数的系数.

当 $x_0 = 0$ 时,相应的幂级数变为

$$\sum_{n=0}^{\infty} a_n x^n = a_0 + a_1 x + \cdots + a_n x^n + \cdots \tag{2}$$

对于幂级数 $\sum_{n=0}^{\infty} a_n(x-x_0)^n$,令 $t = x - x_0$,即可将它化为幂级数 $\sum_{n=0}^{\infty} a_n t^n$,故本节我们以 x 的幂级数 $\sum_{n=0}^{\infty} a_n x^n$ 为主要讨论对象.

对于幂级数 $\sum_{n=0}^{\infty} a_n x^n$,我们首先要问:它的收敛域是怎样的? 例如对于幂级数

$$\sum_{n=0}^{\infty} x^n = 1 + x + x^2 + \cdots + x^n + \cdots$$

由等比级数收敛性知,幂级数 $\sum\limits_{n=0}^{\infty} x^n$ 的收敛域是开区间$(-1,1)$,和函数是 $\dfrac{1}{1-x}$,即

$$\sum_{n=0}^{\infty} x^n = 1 + x + x^2 + \cdots + x^n + \cdots = \frac{1}{1-x}, \quad x \in (-1,1)$$

在这个例子中,这个幂级数的收敛域是一个区间. 事实上,这个结论对于一般的幂级数也是成立的. 我们有如下定理:

定理 1 (阿贝尔(Abel)定理)若幂级数 $\sum\limits_{n=0}^{\infty} a_n x^n$ 当 $x = x_0 (x_0 \neq 0)$ 时收敛,则满足 $|x| < |x_0|$ 的一切 x 使 $\sum\limits_{n=0}^{\infty} a_n x^n$ 绝对收敛. 反之,若级数 $\sum\limits_{n=0}^{\infty} a_n x^n$ 当 $x = x_0$ 时发散,则满足 $|x| > |x_0|$ 的一切 x 使 $\sum\limits_{n=0}^{\infty} a_n x^n$ 发散.

证 先设 x_0 是幂级数((2)式)的收敛点,则

$$\lim_{n \to \infty} a_n x_0^n = 0$$

于是数列 $\{a_n x_0^n\}$ 有界,即存在一个正数 M,使

$$|a_n x_0^n| \leqslant M, \quad n = 0,1,2,\cdots$$

从而

$$|a_n x^n| = \left| a_n x_0^n \cdot \frac{x^n}{x_0^n} \right| \leqslant M \cdot \left| \frac{x}{x_0} \right|^n$$

因为当 $|x| < |x_0|$ 时,等比级数 $\sum\limits_{n=0}^{\infty} M \cdot \left| \dfrac{x}{x_0} \right|^n$ 收敛,故 $\sum\limits_{n=0}^{\infty} |a_n x^n|$ 收敛,即 $\sum\limits_{n=0}^{\infty} a_n x^n$ 绝对收敛.

现在用反证法证明定理的第二部分. 设幂级数((2)式)当 $x = x_0$ 时发散而有一点 x_1 满足 $|x_1| > |x_0|$ 使级数收敛,则由第一部分的证明可知级数当 $x = x_0$ 时收敛. 这与假设矛盾.

由阿贝尔定理可知,$\sum\limits_{n=0}^{\infty} a_n x^n$ 的收敛性必为下列三种情形之一:

(1) 仅在 $x = 0$ 处收敛;

(2) 在$(-\infty, +\infty)$内处处绝对收敛;

(3) 存在 $R > 0$,当 $|x| < R$ 时绝对收敛,当 $|x| > R$ 时发散.

情形(3)中的正数 R 称为幂级数 $\sum\limits_{n=0}^{\infty} a_n x^n$ 的收敛半径,$(-R,R)$ 称为收敛区间. 在情形(1)中,规定收敛半径 $R = 0$,这时幂级数没有收敛区间,收敛域只有一个点 $x = 0$. 在情形(2)中,规定收敛半径为 $+\infty$,收敛区间为$(-\infty, +\infty)$.

若求得幂级数 $\sum\limits_{n=0}^{\infty} a_n x^n$ 的收敛半径$R \in (0, +\infty)$,即得收敛区间$(-R, R)$. 进一步只需讨论它在 $x = -R$ 和 $x = R$ 两点处的收敛性. 从而可得幂级数 $\sum\limits_{n=0}^{\infty} a_n x^n$ 的收敛域必为下列四种区间之一:$(-R, R)$,$[-R, R)$,$(-R, R]$ 或 $[-R, R]$.

如何求幂级数的收敛半径? 我们有下面的定理:

定理 2 设有幂级数 $\sum\limits_{n=0}^{\infty} a_n x^n$，其收敛半径为 R，若 $\lim\limits_{n\to\infty}\left|\dfrac{a_{n+1}}{a_n}\right| = \rho$，则

(1) 当 $0<\rho<+\infty$ 时，$R = \dfrac{1}{\rho}$；

(2) 当 $\rho = 0$ 时，$R = +\infty$；

(3) 当 $\rho = +\infty$ 时，$R = 0$.

证 考察幂级数各项绝对值所成的级数 $\sum\limits_{n=0}^{\infty}|a_n x^n|$，因为

$$\lim_{n\to\infty}\left|\frac{u_{n+1}(x)}{u_n(x)}\right| = \lim_{n\to\infty}\left|\frac{a_{n+1}}{a_n}\right|\cdot|x| = \rho|x|$$

所以由比值审敛法可知：

(1) 若 $0<\rho<+\infty$，则当 $\rho|x|<1$ 即 $|x|<\dfrac{1}{\rho}$ 时，幂级数 $\sum\limits_{n=0}^{\infty} a_n x^n$ 绝对收敛；当 $\rho|x|>1$ 即 $|x|>\dfrac{1}{\rho}$ 时，幂级数 $\sum\limits_{n=0}^{\infty} a_n x^n$ 发散. 所以幂级数 $\sum\limits_{n=0}^{\infty} a_n x^n$ 的收敛半径 $R = \dfrac{1}{\rho}$.

(2) 若 $\rho = 0$，则对任何 $x\neq 0$，有 $\rho|x| = 0<1$，幂级数 $\sum\limits_{n=0}^{\infty} a_n x^n$ 在 $(-\infty,+\infty)$ 上绝对收敛，所以收敛半径 $R = +\infty$.

(3) 若 $\rho = +\infty$，则对除 $x=0$ 外的其他一切 x 值，$\rho|x| = +\infty>1$，幂级数 $\sum\limits_{n=0}^{\infty} a_n x^n$ 都发散，所以收敛半径 $R = 0$.

例 1 求下列级数的收敛域.

(1) $\sum\limits_{n=0}^{\infty}(-1)^{n-1}\dfrac{x^n}{n}$；

(2) $\sum\limits_{n=0}^{\infty}\dfrac{x^n}{n!}$；

(3) $\sum\limits_{n=0}^{\infty}\dfrac{(x-1)^n}{\sqrt{n}}$；

(4) $\sum\limits_{n=0}^{\infty}\dfrac{(-1)^n}{n2^n}x^{2n}$.

解 (1) 因为 $R = \lim\limits_{n\to\infty}\left|\dfrac{a_n}{a_{n+1}}\right| = \lim\limits_{n\to\infty}\dfrac{n}{n+1} = 1$，故收敛区间为 $(-1,1)$.

当 $x=1$ 时，幂级数成为交错级数 $\sum\limits_{n=0}^{\infty}(-1)^{n-1}\dfrac{1}{n}$，从而收敛.

当 $x=-1$ 时，幂级数成为级数 $\sum\limits_{n=0}^{\infty}\dfrac{-1}{n}$，从而发散.

故原级数的收敛域为 $(-1,1]$.

(2) 因为 $R = \lim\limits_{n\to\infty}\left|\dfrac{a_n}{a_{n+1}}\right| = \lim\limits_{n\to\infty}(n+1) = +\infty$，故原级数的收敛域为 $(-\infty,+\infty)$.

(3) 令 $t=x-1$，原级数变为 $\sum\limits_{n=0}^{\infty}\dfrac{t^n}{\sqrt{n}}$. 因为 $R = \lim\limits_{n\to\infty}\left|\dfrac{a_n}{a_{n+1}}\right| = \lim\limits_{n\to\infty}\dfrac{\sqrt{n+1}}{\sqrt{n}} = 1$，故级数 $\sum\limits_{n=0}^{\infty}\dfrac{t^n}{\sqrt{n}}$ 的收敛区间为 $(-1,1)$. 当 $t=-1$ 时，幂级数成为交错级数 $\sum\limits_{n=0}^{\infty}\dfrac{(-1)^n}{\sqrt{n}}$，收敛.

当 $t=1$ 时，幂级数成为 p 级数 $\sum\limits_{n=0}^{\infty}\dfrac{1}{\sqrt{n}}$，发散. 故幂级数 $\sum\limits_{n=0}^{\infty}\dfrac{t^n}{\sqrt{n}}$ 的收敛域为 $[-1,1)$. 从而

原级数的收敛域为$[0,2)$.

(4) 该幂级数缺少奇数次幂的项, 即 $a_{2m-1}=0$, 因此 $\left|\dfrac{a_{n+1}}{a_n}\right|$ 当 $n=2m-1$ 时没有意义. 故不能用定理2求收敛半径.

解法一 令 $t=x^2$, 则原级数变为 $\displaystyle\sum_{n=0}^{\infty}\dfrac{(-1)^n}{n2^n}t^n$. 由定理2, 易求得原级数的收敛域为 $[-\sqrt{2},\sqrt{2}]$.

解法二 用比值审敛法求收敛半径:

$$\lim_{n\to\infty}\left|\dfrac{u_{n+1}(x)}{u_n(x)}\right|=\lim_{n\to\infty}\left|\dfrac{\dfrac{1}{(n+1)\cdot 2^{n+1}}x^{2(n+1)}}{\dfrac{1}{n\cdot 2^n}x^{2n}}\right|=\dfrac{1}{2}\mid x\mid^2$$

当 $\dfrac{1}{2}\mid x\mid^2<1$ 即 $\mid x\mid<\sqrt{2}$ 时, 级数收敛; 当 $\dfrac{1}{2}\mid x\mid^2>1$ 即 $\mid x\mid>\sqrt{2}$ 时, 级数发散. 所以收敛半径 $R=\sqrt{2}$, 即收敛区间为 $(-\sqrt{2},\sqrt{2})$. 容易看出 $x=\pm\sqrt{2}$ 时, 原级数均收敛. 故原级数的收敛域为 $[-\sqrt{2},\sqrt{2}]$.

11.3.3 幂级数的运算

设幂级数 $\displaystyle\sum_{n=0}^{\infty}a_nx^n$ 与 $\displaystyle\sum_{n=0}^{\infty}b_nx^n$ 分别在区间 $(-R_1,R_1)$ 与 $(-R_2,R_2)$ 内收敛, 则有

$$\lambda\sum_{n=0}^{\infty}a_nx^n=\sum_{n=0}^{\infty}\lambda a_nx^n,\qquad\mid x\mid<R_1$$

$$\sum_{n=0}^{\infty}a_nx^n\pm\sum_{n=0}^{\infty}b_nx^n=\sum_{n=0}^{\infty}(a_n\pm b_n)x^n,\qquad\mid x\mid<R$$

$$\left(\sum_{n=0}^{\infty}a_nx^n\right)\cdot\left(\sum_{n=0}^{\infty}b_nx^n\right)=\sum_{n=0}^{\infty}c_nx^n,\qquad\mid x\mid<R$$

其中 λ 为常数, $R=\min\{R_1,R_2\}$, $c_n=\displaystyle\sum_{k=0}^{\infty}a_kb_{n-k}$.

幂级数的和函数有下列性质(证明从略):

(1) **连续性** 幂级数 $\displaystyle\sum_{n=0}^{\infty}a_nx^n$ 的和函数 $S(x)$ 在其收敛域 D 上连续.

(2) **可积性** 幂级数 $\displaystyle\sum_{n=0}^{\infty}a_nx^n$ 的和函数 $S(x)$ 在其收敛域 D 上可积, 并有逐项积分公式:

$$\int_0^x S(x)\mathrm{d}x=\int_0^x\left(\sum_{n=0}^{\infty}a_nx^n\right)\mathrm{d}x=\sum_{n=0}^{\infty}\int_0^x a_nx^n\mathrm{d}x=\sum_{n=0}^{\infty}\dfrac{a_n}{n+1}x^{n+1},\quad x\in D$$

逐项积分后所得到的幂级数和原级数有相同的收敛半径和收敛区间.

(3) **可导性** 幂级数 $\displaystyle\sum_{n=0}^{\infty}a_nx^n$ 的和函数 $S(x)$ 在其收敛区间 $(-R,R)$ 内可导, 且有逐

项求导公式:

$$S'(x) = \left(\sum_{n=0}^{\infty} a_n x^n \right)' = \sum_{n=0}^{\infty} (a_n x^n)' = \sum_{n=1}^{\infty} n a_n x^{n-1}, \quad |x| < R$$

逐项求导后所得的幂级数和原级数有相同的收敛半径和收敛区间.

注 1 逐项求导或积分后所得的幂级数与原级数收敛域不一定相同. 例如,幂级数 $\sum_{n=0}^{\infty} x^n$ 的收敛域为 $(-1,1)$,而逐项积分后所得幂级数 $\sum_{n=0}^{\infty} \dfrac{x^{n+1}}{n+1}$ 的收敛域为 $[-1,1)$.

注 2 反复应用性质(3),可知幂级数的和函数在其收敛区间内具有任意阶导数,且可逐项求导任意次,即

$$S'(x) = a_1 + 2a_2 x + 3a_3 x^2 + \cdots + n a_n x^{n-1} + \cdots$$

$$S''(x) = 2a_2 + 3 \cdot 2 a_3 x + \cdots + n(n-1) a_n x^{n-2} + \cdots$$

$$\cdots\cdots$$

$$S^{(n)}(x) = n! a_n + (n+1)n(n-1)\cdots 2 a_{n+1} x + \cdots$$

$$\cdots\cdots$$

例 2 求下列级数的和函数.

(1) $\sum_{n=1}^{\infty} n x^{n-1}$,并求 $\sum_{n=1}^{\infty} \dfrac{n}{2^n}$; (2) $\sum_{n=1}^{\infty} n(n+1) x^n$;

(3) $\sum_{n=1}^{\infty} n^2 x^{n-1}$; (4) $\sum_{n=1}^{\infty} (-1)^{n-1} \dfrac{x^{2n-1}}{2n-1}$.

解 (1)

$$\sum_{n=1}^{\infty} n x^{n-1} = \sum_{n=1}^{\infty} (x^n)' = \left(\sum_{n=1}^{\infty} x^n \right)' = \left(\frac{x}{1-x} \right)' = \frac{1}{(1-x)^2}, \quad x \in (-1,1)$$

令 $x = \dfrac{1}{2}$,则 $\sum_{n=1}^{\infty} \dfrac{n}{2^{n-1}} = 4$,故 $\sum_{n=1}^{\infty} \dfrac{n}{2^n} = 2$.

(2)

$$\sum_{n=1}^{\infty} n(n+1) x^n = x \sum_{n=1}^{\infty} n(n+1) x^{n-1} = x \sum_{n=1}^{\infty} (x^{n+1})'' = x \left(\sum_{n=1}^{\infty} x^{n+1} \right)''$$

$$= x \left(\frac{x^2}{1-x} \right)'' = \frac{2x}{(1-x)^3}, \quad x \in (-1,1)$$

(3)

$$\sum_{n=1}^{\infty} n^2 x^{n-1} = \sum_{n=1}^{\infty} [n(n+1) - n] x^{n-1} = \sum_{n=1}^{\infty} (x^{n+1})'' - \sum_{n=1}^{\infty} (x^n)'$$

$$= \left(\sum_{n=1}^{\infty} x^{n+1} \right)'' - \left(\sum_{n=1}^{\infty} x^n \right)' = \left(\frac{x^2}{1-x} \right)'' - \left(\frac{x}{1-x} \right)'$$

$$= \frac{2}{(1-x)^3} - \frac{1}{(1-x)^2} = \frac{1+x}{(1-x)^3}, \quad x \in (-1,1)$$

(4) 令 $S(x) = \sum_{n=1}^{\infty} (-1)^{n-1} \dfrac{x^{2n-1}}{2n-1}$,则

$$S'(x) = \sum_{n=1}^{\infty} (-1)^{n-1} x^{2n-2} = \frac{1}{1+x^2}, \quad x \in (-1,1)$$

$$\int_0^x S'(x)\mathrm{d}x = \int_0^x \frac{1}{1+x^2}\mathrm{d}x$$

$$S(x) - S(0) = \arctan x \Big|_0^x$$

故 $S(x) = \arctan x, x \in (-1,1)$.

≪ 习题 11.3 ≫

A

1. 求下列幂级数的收敛半径与收敛域.

(1) $\displaystyle\sum_{n=1}^{\infty} \frac{x^n}{n^n}$;

(2) $\displaystyle\sum_{n=1}^{\infty} \frac{2^n}{n^2+1} x^n$;

(3) $\displaystyle\sum_{n=1}^{\infty} \frac{(x-5)^n}{\sqrt{n}}$;

(4) $\displaystyle\sum_{n=1}^{\infty} (-1)^n \frac{x^{2n+1}}{2n+1}$;

(5) $\displaystyle\sum_{n=0}^{\infty} [2+(-1)^n]^n x^n$;

(6) $\displaystyle\sum_{n=1}^{\infty} \frac{3^n+(-2)^n}{n} (2x+1)^n$.

2. 求下列幂级数的和函数.

(1) $\displaystyle\sum_{n=1}^{\infty} \frac{x^n}{n}$;

(2) $\displaystyle\sum_{n=0}^{\infty} (2n+1)x^n$;

(3) $\displaystyle\sum_{n=0}^{\infty} \frac{x^n}{n+1}$;

(4) $\displaystyle\sum_{n=1}^{\infty} nx^{2n-1}$.

3. 设 $f(x) = \displaystyle\sum_{n=0}^{\infty} \frac{x^n}{n!}$.

(1) 证明 $f(x)$ 满足方程 $f'(x) = f(x), x \in (-\infty, +\infty)$;

(2) 证明 $f(x) = \mathrm{e}^x$;

(3) 求幂级数 $\displaystyle\sum_{n=0}^{\infty} \frac{x^{2n}}{(2n)!}$ 的和函数.

B

1. 求幂级数 $\displaystyle\sum_{n=1}^{\infty} \frac{2n-1}{2^n} x^{2n-2}$ 的和函数,并求 $\displaystyle\sum_{n=1}^{\infty} \frac{2n-1}{2^n}$ 的和.

2. (1) 已知幂级数 $\displaystyle\sum_{n=0}^{\infty} a_n(x+2)^n$ 在 $x=0$ 处收敛,在 $x=-4$ 处发散,则幂级数 $\displaystyle\sum_{n=0}^{\infty} a_n(x-3)^n$ 的收敛域为_____.

(2) 设幂级数 $\displaystyle\sum_{n=1}^{\infty} a_n x^n$ 与 $\displaystyle\sum_{n=1}^{\infty} b_n x^n$ 的收敛半径分别为 $\frac{\sqrt{5}}{3}$ 与 $\frac{1}{3}$,则 $\displaystyle\sum_{n=1}^{\infty} \frac{a_n^2}{b_n^2} x^n$ 的收敛半径为_____.

3. 求幂级数 $\displaystyle\sum_{n=1}^{\infty} \frac{(-1)^{n-1} x^{2n+1}}{n(2n-1)}$ 的收敛域及和函数.

11.4 函数展开成幂级数及其应用

11.4.1 泰勒级数

在上节中讨论了幂级数的收敛域及其和函数的性质,并利用这些性质求出了一些幂级数的和函数.但在一些实际应用中,如近似计算、计算原函数不能用初等函数表示的某些函数的定积分问题等,我们遇到的却是相反的问题:给定函数 $f(x)$,要考虑它是否能在某个区间内"展开成幂级数",也就是说,能否找到一个幂级数,它在某个区间内收敛,且其和恰好就是给定的函数 $f(x)$. 如果能找到这样的幂级数,我们就说函数 $f(x)$ 在该区间内能展开成幂级数.下面将讨论函数可以展开成幂级数的条件和展开的方法.

我们知道,若函数 $f(x)$ 在 x_0 的某一个邻域 $U(x_0)$ 内具有直到 $n+1$ 阶的导数,那么在该邻域内 $f(x)$ 有泰勒公式:

$$f(x) = f(x_0) + f'(x_0)(x - x_0) + \cdots + \frac{f^{(n)}(x_0)}{n!}(x - x_0) + R_n(x) \tag{1}$$

其中 $R_n(x)$ 为拉格朗日型余项:

$$R_n(x) = \frac{f^{(n+1)}(\xi)}{(n+1)!}(x - x_0)^{n+1}$$

ξ 是介于 x 与 x_0 之间的某个值.

这时,在该邻域内 $f(x)$ 可以用 n 次泰勒多项式:

$$P_n(x) = f(x_0) + f'(x_0)(x - x_0) + \cdots + \frac{f^{(n)}(x_0)}{n!}(x - x_0)^n$$

近似表示,并且误差为余项的绝对值 $|R_n(x)|$.

从(1)式可知,对任意 $x \in U(x_0)$,如果 $\lim\limits_{n \to \infty} R_n(x) = 0$,则有 $\lim\limits_{n \to \infty} [f(x) - P_n(x)] = 0$,这说明,当 $n \to \infty$ 时,$P_n(x) \to f(x)$,即有

$$f(x) = \sum_{n=0}^{\infty} \frac{f^{(n)}(x_0)}{n!}(x - x_0)^n$$

从而我们有以下定理:

定理 1 设函数 $f(x)$ 在 x_0 的某邻域 $U(x_0)$ 内具有各阶导数,且余项 $R_n(x)$ 满足 $\lim\limits_{n \to \infty} R_n(x) = 0$,$x \in U(x_0)$,则幂级数 $\sum\limits_{n=0}^{\infty} \frac{f^{(n)}(x_0)}{n!}(x - x_0)^n$ 在该邻域内收敛,且收敛于 $f(x)$,即函数 $f(x)$ 在邻域 $U(x_0)$ 内可展开成幂级数:

$$f(x) = \sum_{n=0}^{\infty} \frac{f^{(n)}(x_0)}{n!}(x - x_0)^n$$

$$= f(x_0) + f'(x_0)(x - x_0) + \cdots + \frac{f^{(n)}(x_0)}{n!}(x - x_0)^n + \cdots \tag{2}$$

特别的,当 $x_0 = 0$ 时,有

$$f(x) = f(0) + f'(0)x + \cdots + \frac{f^{(n)}(0)}{n!}x^n + \cdots \tag{3}$$

（2）式右端的幂级数称为函数 $f(x)$ 在 x_0 处的泰勒级数，而（3）式右端的幂级数称为 $f(x)$ 的麦克劳林级数．

11.4.2　函数展开成幂级数

1．直接展开法

把函数 $f(x)$ 展开成 x 的幂级数，可以按下列步骤进行：

第一步，计算出 $f^{(n)}(x)$ 及 $f^{(n)}(0)(n=0,1,2,\cdots)$；

第二步，作出级数 $\sum\limits_{n=0}^{\infty}\dfrac{f^{(n)}(0)}{n!}x^n$，并求出收敛半径 R；

第三步，考察 $x\in(-R,R)$ 时，$\lim\limits_{n\to\infty}R_n(x)$ 是否为零，如果为零，则 $f(x)$ 在区间 $(-R,R)$ 内的幂级数展开式为

$$f(x)=\sum_{n=0}^{\infty}\frac{f^{(n)}(0)}{n!}x^n,\quad x\in(-R,R)$$

例1　将下列函数展开成 x 的幂级数．

（1）$f(x)=\mathrm{e}^x$；

（2）$f(x)=\sin x$；

（3）$f(x)=(1+x)^\alpha$（α 为任意常数）．

解　（1）由于 $f^{(n)}(x)=\mathrm{e}^x$，故 $f^{(n)}(0)=1(n=0,1,2,\cdots)$，于是得幂级数 $\sum\limits_{n=0}^{\infty}\dfrac{x^n}{n!}$，可以求得它的收敛半径 $R=+\infty$．对于 $x\in(-\infty,+\infty)$，有

$$|R_n(x)|=\left|\frac{\mathrm{e}^\xi}{(n+1)!}x^{n+1}\right|<\frac{\mathrm{e}^{|x|}|x|^{n+1}}{(n+1)!}\quad(\xi\text{ 在 }0\text{ 与 }x\text{ 之间})$$

对于固定的 x，e^x 是一个有限值，由比值审敛法可得级数收敛．故 $n\to\infty$ 时，$\dfrac{\mathrm{e}^{|x|}|x|^{n+1}}{(n+1)!}$ $\to 0$，即 $\lim\limits_{n\to\infty}R_n(x)=0$．因此得展开式

$$\mathrm{e}^x=1+x+\frac{x^2}{2!}+\cdots+\frac{x^n}{n!}+\cdots,\quad x\in(-\infty,+\infty)$$

（2）由于 $f^{(n)}(x)=\sin\left(x+\dfrac{n\pi}{2}\right)(n=0,1,2,\cdots)$，故 $f^{(n)}(0)=\sin\dfrac{n\pi}{2}$．于是得幂级数 $\sum\limits_{n=1}^{\infty}\dfrac{(-1)^{n-1}x^{2n-1}}{(2n-1)!}$，可以求得它的收敛半径 $R=+\infty$．

对于 $x\in(-\infty,+\infty)$，有

$$|R_n(x)|=\left|\frac{\sin\left[\xi+\dfrac{(n+1)\pi}{2}\right]}{(n+1)!}x^{n+1}\right|\leqslant\frac{|x|^{n+1}}{(n+1)!}\to 0,\quad n\to\infty$$

因此得展开式

$$\sin x=x-\frac{x^3}{3!}+\frac{x^5}{5!}-\cdots+(-1)^{n-1}\frac{x^{2n-1}}{(2n-1)!}+\cdots,\quad x\in(-\infty,+\infty)$$

（3）以下我们直接给出展开结果，讨论过程从略．

$$(1 + x)^{\alpha} = 1 + \alpha x + \frac{\alpha(\alpha - 1)}{2!}x^2 + \cdots + \frac{\alpha(\alpha - 1)\cdots(\alpha - n + 1)}{n!}x^n + \cdots, \quad x \in D$$

其中,当 $\alpha \leqslant -1$ 时,$D = (-1,1)$;当 $-1 < \alpha < 0$ 时,$D = (-1,1]$;当 $\alpha > 0$ 时,$D = [-1,1]$.

2. 间接展开法

间接展开法即利用一些已知的函数展开式、幂级数的运算(如四则运算、逐项求导、逐项积分)以及变量代换,将所给函数展开成幂级数.这样不但计算简便,而且可以避免研究余项.

例2 把下列函数展开成 x 的幂级数.

(1) $f(x) = \cos x$;

(2) $f(x) = \ln(1 + x)$;

(3) $f(x) = \arcsin x$.

解 (1)

$$\cos x = (\sin x)' = \left(\sum_{n=0}^{\infty} (-1)^n \frac{x^{2n+1}}{(2n+1)!} \right)'$$

$$= \sum_{n=0}^{\infty} (-1)^n \frac{x^{2n}}{(2n)!}$$

$$= 1 - \frac{x^2}{2!} + \frac{x^4}{4!} - \cdots + (-1)^n \frac{x^{2n}}{(2n)!} + \cdots, \quad x \in (-\infty, +\infty)$$

(2)

$$f'(x) = \frac{1}{1+x} = \sum_{n=0}^{\infty} (-1)^n x^n, \quad x \in (-1,1)$$

将上式从 0 到 x 逐项积分,得

$$\ln(1 + x) = x - \frac{x^2}{2} + \frac{x^3}{3} - \cdots + (-1)^n \frac{x^{n+1}}{n+1} + \cdots, \quad x \in (-1,1]$$

上述展开式对 $x = 1$ 也成立,是因为上式右端的幂级数当 $x = 1$ 时收敛,而 $\ln(1 + x)$ 在 $x = 1$ 处有定义且连续.

(3)

$$f'(x) = [1 + (-x^2)]^{-\frac{1}{2}}$$

$$= \sum_{n=0}^{\infty} \frac{\left(-\frac{1}{2}\right)\left(-\frac{1}{2} - 1\right)\cdots\left(-\frac{1}{2} - n + 1\right)}{n!}(-x^2)^n$$

$$= \sum_{n=0}^{\infty} \frac{(2n-1)!!}{(2n)!!}x^{2n}, \quad x \in (-1,1)$$

将上式从 0 到 x 逐项积分,得

$$\arcsin x = x + \sum_{n=1}^{\infty} \frac{(2n-1)!!}{(2n)!!(2n+1)}x^{2n+1}, \quad x \in [-1,1]$$

下面举例说明如何将函数展开成 $x - x_0$ 的幂级数.

例3 将 $\lg x$ 展开成 $(x - 2)$ 的幂级数.

解 有

$$\lg x = \lg[2 + (x - 2)]$$

$$= \lg 2 + \lg\left(1 + \frac{x-2}{2}\right)$$

$$= \lg 2 + \frac{1}{\ln 10}\ln\left(1 + \frac{x-2}{2}\right)$$

$$= \lg 2 + \frac{1}{\ln 10} \cdot \sum_{n=0}^{\infty} (-1)^n \cdot \frac{\left(\frac{x-2}{2}\right)^{n+1}}{n+1}$$

$$= \lg 2 + \frac{1}{\ln 10} \cdot \sum_{n=0}^{\infty} (-1)^n \cdot \frac{(x-2)^{n+1}}{(n+1)2^{n+1}}, \quad x \in (0,4]$$

例 4 将 $\dfrac{1}{x^2 + 4x + 3}$ 在 $x = 1$ 处展开成幂级数.

解 有

$$\frac{1}{x^2 + 4x + 3} = \frac{1}{2}\left(\frac{1}{x+1} - \frac{1}{x+3}\right)$$

$$= \frac{1}{2}\left[\frac{1}{2 + (x-1)} - \frac{1}{4 + (x-1)}\right]$$

$$= \frac{1}{4} \cdot \frac{1}{1 + \frac{x-1}{2}} - \frac{1}{8} \cdot \frac{1}{1 + \frac{x-1}{4}}$$

$$= \frac{1}{4} \cdot \sum_{n=0}^{\infty} (-1)^n \cdot \left(\frac{x-1}{2}\right)^n - \frac{1}{8} \cdot \sum_{n=0}^{\infty} (-1)^n \cdot \left(\frac{x-1}{4}\right)$$

$$= \sum_{n=0}^{\infty} (-1)^n \left(\frac{1}{2^{n+2}} - \frac{1}{2^{2n+3}}\right)(x-1)^n, \quad x \in (-1,3)$$

11.4.3 幂级数展开式的应用

1. 近似计算

有了函数的幂级数展开式,就可以用它来进行近似计算,即在展开式有效的区间上,函数值可以近似地利用这个级数按精度要求计算出来.

例 5 计算 $\ln 2$ 的近似值,要求误差不超过 0.0001.

解 在 $\ln(1 + x)$ 的展开式中取 $x = 1$,即得

$$\ln 2 = 1 - \frac{1}{2} + \frac{1}{3} - \cdots + (-1)^{n-1}\frac{1}{n} + \cdots$$

这是一个交错级数,为保证误差不超过 0.0001,需取级数的前 10000 项进行计算.这样做计算量太大,我们必须用收敛较快的级数来取代它.

把 $\ln(1 + x)$ 展开式中的 x 换为 $-x$,再把两式相减,得到不含偶次幂的展开式:

$$\ln\frac{1+x}{1-x} = 2\left(x + \frac{1}{3!}x^3 + \frac{1}{5!}x^5 + \cdots\right), \quad -1 < x < 1$$

令 $\dfrac{1+x}{1-x} = 2$,解出 $x = \dfrac{1}{3}$. 将 $x = \dfrac{1}{3}$ 代入上述展开式,得

$$\ln 2 = 2\left(\frac{1}{3} + \frac{1}{3} \cdot \frac{1}{3^3} + \frac{1}{5} \cdot \frac{1}{3^5} + \cdots\right)$$

如果取前 4 项和作为 $\ln 2$ 的近似值，其误差为

$$|r_4| = 2\left(\frac{1}{9} \cdot \frac{1}{3^9} + \frac{1}{11} \cdot \frac{1}{3^{11}} + \cdots\right) < \frac{2}{3^{11}}\left[1 + \frac{1}{9} + \left(\frac{1}{9}\right)^2 + \cdots\right]$$

$$= \frac{1}{4 \cdot 3^9} < \frac{1}{70000}$$

于是取

$$\ln 2 \approx 2\left(\frac{1}{3} + \frac{1}{3} \cdot \frac{1}{3^3} + \frac{1}{5} \cdot \frac{1}{3^5} + \frac{1}{7} \cdot \frac{1}{3^7}\right)$$

得

$$\ln 2 \approx 0.6931$$

利用幂级数不仅可以计算一些函数值的近似值，而且可以计算一些定积分的近似值．具体来说，如果被积函数在积分区间上能展开为幂级数，则可对这个幂级数逐项积分，用积分后的级数计算定积分的近似值．

例 6 计算 $\frac{2}{\sqrt{\pi}}\int_0^{\frac{1}{2}} e^{-x^2}dx$ 的近似值，要求误差不超过 $0.0001\left(\frac{1}{\sqrt{\pi}} \approx 0.56419\right)$．

解 将 e^x 的幂级数展开式中的 x 换为 $-x^2$，被积函数的幂级数展开式为

$$e^{-x^2} = 1 + \frac{(-x^2)}{1!} + \frac{(-x^2)^2}{2!} + \cdots = \sum_{n=0}^{\infty}(-1)^n\frac{x^{2n}}{n!}, \quad -\infty < x < +\infty$$

于是得

$$\frac{2}{\sqrt{\pi}}\int_0^{\frac{1}{2}} e^{-x^2}dx = \frac{2}{\sqrt{\pi}}\sum_{n=0}^{\infty}(-1)^n\int_0^{\frac{1}{2}}\frac{x^{2n}}{n!}dx$$

$$= \frac{1}{\sqrt{\pi}}\left(1 - \frac{1}{2^2 \cdot 3 \cdot 1!} + \frac{1}{2^4 \cdot 5 \cdot 2!} - \frac{1}{2^6 \cdot 7 \cdot 3!} + \frac{1}{2^8 \cdot 9 \cdot 4!} - \cdots\right)$$

取前 4 项的和作为近似值，其误差为

$$|r_4| = \frac{1}{\sqrt{\pi}} \cdot \frac{1}{2^8 \cdot 9 \cdot 4} < \frac{1}{10000}$$

所以

$$\frac{2}{\sqrt{\pi}}\int_0^{\frac{1}{2}} e^{-x^2}dx \approx 0.5205$$

2. Euler 公式

如果复数项级数 $\sum_{n=1}^{\infty}(\mu_n + i\nu_n)(\mu_n, \nu_n \in \mathbf{R})$ 的实部、虚部所成级数分别收敛，即

$\sum_{n=1}^{\infty}\mu_n = \mu$，$\sum_{n=1}^{\infty}\nu_n = \nu$，则称复数项级数 $\sum_{n=1}^{\infty}(\mu_n + i\nu_n)$ 收敛于 $\mu + i\nu$．如果复数项级数

$\sum_{n=1}^{\infty}(\mu_n + i\nu_n)(\mu_n, \nu_n \in \mathbf{R})$ 各项的模所组成的级数 $\sum_{n=1}^{\infty}\sqrt{\mu_n^2 + \nu_n^2}$ 收敛，由于 $|\mu_n| \leqslant$

$\sqrt{\mu_n^2 + \nu_n^2}$，$|\nu_n| \leqslant \sqrt{\mu_n^2 + \nu_n^2}$，所以 $\sum_{n=1}^{\infty}\mu_n$，$\sum_{n=1}^{\infty}\nu_n$ 绝对收敛，从而复数项级数 $\sum_{n=1}^{\infty}(\mu_n +$

$i\nu_n$) 收敛,这时称 $\sum\limits_{n=1}^{\infty}(\mu_n + i\nu_n)$ 绝对收敛.

考察复数项级数 $\sum\limits_{n=1}^{\infty}\dfrac{z^n}{n!}(z = x + iy)$,可以证明它在整个复平面上绝对收敛,在 x 轴上 $(z = x)$ 它表示 e^x,在整个复平面上我们用它来定义复变量指数函数,记作 e^z.于是

$$e^z = 1 + z + \frac{z^2}{2!} + \cdots + \frac{z^n}{n!} + \cdots, \quad |z| < \infty$$

当 $x = 0, z = iy$ 时,上式为

$$e^{iy} = 1 + (iy) + \frac{(iy)^2}{2!} + \cdots + \frac{(iy)^n}{n!} + \cdots$$
$$= \left(1 - \frac{y^2}{2!} + \frac{y^4}{4!} - \cdots\right) + i\left(y - \frac{y^3}{3!} + \frac{y^5}{5!} - \cdots\right)$$
$$= \cos y + i\sin y$$

把 y 换为 x,上式变为

$$e^{ix} = \cos x + i\sin x$$

这就是 Euler 公式.

≪ 习题 11.4 ≫

1. 将下列函数展开成 x 的幂级数,并指出展开式成立的区间.

(1) $\dfrac{1}{1 + x^2}$;

(2) $\dfrac{e^x - e^{-x}}{2}$;

(3) $\sin^2 x$;

(4) $\dfrac{x}{2 + x - x^2}$;

(5) $\ln(1 - x - 2x^2)$;

(6) $\dfrac{1}{\sqrt{1 - x^2}}$.

2. 将 $f(x) = \cos x$ 展开成 $\left(x + \dfrac{\pi}{3}\right)$ 的幂级数.

3. 将 $f(x) = \ln\dfrac{x}{x+1}$ 展开成 $(x - 1)$ 的幂级数.

4. 将 $f(x) = \dfrac{1}{x^2 + 3x + 2}$ 展开成 $(x + 4)$ 的幂级数.

5. 证明 $\displaystyle\int_0^1 \frac{\ln(1 + x)}{x}dx = \sum_{n=1}^{\infty}(-1)^{n-1}\frac{1}{n^2}$.

6. 计算积分 $\displaystyle\int_0^1 \frac{\sin x}{x}dx$ 的近似值,要求误差不超过 0.0001.

11.5 傅里叶级数及其应用

在本节中,我们讨论由三角级数组成的函数项级数,即所谓的三角级数,并给出如何把周期函数展开成三角级数的方法.最后将给出傅里叶(Fourier,1768~1830,法国数学家、物理学家)级数的一个典型应用.

11.5.1　以 2π 为周期的周期函数的傅里叶级数

周期运动是自然界中广泛存在的运动,周期过程可以用周期函数来近似描述.例如描述简谐振动的函数:

$$y = A\sin(\omega t + \varphi)$$

就是一个以 $\dfrac{2\pi}{\omega}$ 为周期的正弦函数.

然而,在实际问题中并非所有的周期过程都能用简单的正弦或余弦函数来表示.例如电子技术中常用矩形波(见图 11.3)作为开关电路中电子流动的模型,矩形波就不是正弦波.

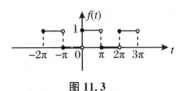

图 11.3

可以看到, $f(t)$ 是以 2π 为周期的非正弦周期函数,它在 $x = k\pi\,(k \in \mathbf{Z})$ 处不连续、不可导.为了深入研究这类非正弦周期函数,联系到前面用函数的幂级数展开式表示与讨论函数,我们也想到用一系列简单的正弦和余弦函数组成的级数去表示它.具体地说,对以 2π 为周期的周期函数 $f(x)$,研究是否可以把它展开成形如

$$\frac{a_0}{2} + \sum_{n=1}^{\infty}(a_n\cos nx + b_n\sin nx) \tag{1}$$

的三角级数,其中 $a_0, a_n, b_n\,(n = 1, 2, \cdots)$ 都是常数.

如同讨论幂级数一样,我们将讨论:(1) 如何把给定的以 2π 为周期的周期函数 $f(x)$ 展开成三角级数((1)式),其中系数 $a_0, a_n, b_n\,(n = 1, 2, \cdots)$ 如何确定? (2) 三角级数 ((1)式)的收敛域是什么? 在收敛域内它的和函数是否为 $f(x)$? 为此,我们首先介绍三角函数系的正交性.

三角函数系

$$1, \cos x, \sin x, \cos 2x, \sin 2x, \cdots, \cos nx, \sin nx, \cdots$$

在 $[-\pi, \pi]$ 上正交,是指三角函数系中的任意两个不同函数的乘积在 $[-\pi, \pi]$ 上的积分为零,即

$$\int_{-\pi}^{\pi} 1 \cdot \cos nx\, \mathrm{d}x = 0, \quad n = 1, 2, \cdots$$

$$\int_{-\pi}^{\pi} 1 \cdot \sin nx\, \mathrm{d}x = 0, \quad n = 1, 2, \cdots$$

$$\int_{-\pi}^{\pi} \sin mx \cdot \cos nx\, \mathrm{d}x = 0, \quad m, n = 1, 2, \cdots$$

$$\int_{-\pi}^{\pi} \cos mx \cdot \sin nx\, \mathrm{d}x = 0, \quad m, n = 1, 2, \cdots, m \neq n$$

$$\int_{-\pi}^{\pi} \sin mx \cdot \sin nx\, \mathrm{d}x = 0, \quad m, n = 1, 2, \cdots, m \neq n$$

以上等式都可以通过计算直接验证.另外,在上面的三角函数系中,两个相同函数的乘积在 $[-\pi, \pi]$ 上的积分分别为

$$\int_{-\pi}^{\pi} 1^2\, \mathrm{d}x = 2\pi$$

$$\int_{-\pi}^{\pi} \sin^2 nx\, \mathrm{d}x = \int_{-\pi}^{\pi} \cos^2 nx\, \mathrm{d}x = \pi, \quad n = 1, 2, \cdots$$

设 $f(x)$ 是周期为 2π 的周期函数,且能展开成三角级数:

$$f(x) = \frac{a_0}{2} + \sum_{k=1}^{\infty} (a_k \cos kx + b_k \sin kx) \tag{2}$$

一个自然的问题是:如何利用 $f(x)$ 把 $a_0, a_n, b_n (n=1,2,\cdots)$ 表示出来? 为此,我们假定 (2)式表示的级数可以逐项积分.

对于 a_0,将(2)式从 $-\pi$ 到 π 逐项积分,得

$$\int_{-\pi}^{\pi} f(x)\mathrm{d}x = \int_{-\pi}^{\pi} \frac{a_0}{2}\mathrm{d}x + \sum_{k=1}^{\infty} \left(a_k \int_{-\pi}^{\pi} \cos kx\, \mathrm{d}x + b_k \int_{-\pi}^{\pi} \sin kx\, \mathrm{d}x \right) = \pi a_0$$

从而得

$$a_0 = \frac{1}{\pi} \int_{-\pi}^{\pi} f(x)\mathrm{d}x$$

对于 a_n,用 $\cos nx$ 乘(2)式两端,从 $-\pi$ 到 π 逐项积分,得

$$\int_{-\pi}^{\pi} f(x)\cos nx\, \mathrm{d}x = \frac{a_0}{2} \int_{-\pi}^{\pi} \cos nx\, \mathrm{d}x + \sum_{k=1}^{\infty} \left(a_k \int_{-\pi}^{\pi} \cos kx \cos nx\, \mathrm{d}x + b_k \int_{-\pi}^{\pi} \sin kx \sin nx\, \mathrm{d}x \right)$$

$$= a_n \int_{-\pi}^{\pi} \cos^2 nx\, \mathrm{d}x$$

$$= a_n \pi$$

从而得

$$a_n = \frac{1}{\pi} \int_{-\pi}^{\pi} f(x)\cos nx\, \mathrm{d}x, \quad n = 1, 2, \cdots$$

类似的,用 $\sin nx$ 乘(2)式两端,从 $-\pi$ 到 π 逐项积分,得

$$b_n = \frac{1}{\pi} \int_{-\pi}^{\pi} f(x)\sin nx\, \mathrm{d}x, \quad n = 1, 2, \cdots$$

上述结果可以合并写成

$$a_n = \frac{1}{\pi} \int_{-\pi}^{\pi} f(x)\cos nx\, \mathrm{d}x, \quad n = 0, 1, 2, \cdots$$

$$b_n = \frac{1}{\pi} \int_{-\pi}^{\pi} f(x)\sin nx\, \mathrm{d}x, \quad n = 1, 2, \cdots \tag{3}$$

若式(3)中的积分都存在,这时它们确定的系数 $a_0, a_n, b_n (n=0,1,2,\cdots)$ 即为函数 $f(x)$ 的傅里叶级数的系数. 将这些系数代入(2)式右端,所得的三角级数

$$\frac{a_0}{2} + \sum_{n=1}^{\infty} (a_n \cos nx + b_n \sin nx) \tag{4}$$

称为函数 $f(x)$ 的傅里叶级数.

由上面的讨论,对于周期为 2π 的周期函数,我们可以通过(3)式计算出它的傅里叶系数并写出它的傅里叶级数即(4)式. 然而,傅里叶级数(4)式是否一定收敛? 若收敛,是否一定收敛于 $f(x)$? 回答这些问题我们有下面的狄利克雷(Dirichlet)收敛定理.

定理 1 (**收敛定理**)设 $f(x)$ 是周期为 2π 的周期函数,如果它满足:

(1) 在一个周期内连续或只有有限个第一类间断点;

(2) 在一个周期内至多只有有限个极值点,

则 $f(x)$ 的傅里叶级数收敛,且:

当 x 是 $f(x)$ 的连续点时,级数收敛于 $f(x)$;

当 x 是 $f(x)$ 的间断点时,级数收敛于 $\dfrac{f(x-0)+f(x+0)}{2}$.

此定理说明一个周期为 2π 的周期函数,只要在 $[-\pi,\pi]$ 上至多只有有限个第一类间断点,且其图形不做无限次振动,那么 $f(x)$ 的傅里叶级数就处处收敛,并且在 $f(x)$ 的连续点处收敛于 $f(x)$ 在该点的函数值,即当 x 是 $f(x)$ 的连续点时,有

$$f(x) = \frac{a_0}{2} + \sum_{n=1}^{\infty}(a_n\cos nx + b_n\sin nx)$$

这样就把 $f(x)$ 展开成了傅里叶级数.

例 1 设 $f(x)$ 是周期为 2π 的周期函数,且它在 $[-\pi,\pi]$ 上的函数表达式为

$$f(x) = \begin{cases} 0, & -\pi \leqslant x < 0 \\ 1, & 0 \leqslant x < \pi \end{cases}$$

把 $f(x)$ 展开成傅里叶级数.

解 所给函数满足收敛定理的条件,$x = k\pi(k \in \mathbf{Z})$ 是函数的第一类间断点,其余点均为连续点,因此在 $x = k\pi(k \in \mathbf{Z})$ 处的 $f(x)$ 的傅里叶级数收敛于

$$\frac{f(0-0)+f(0+0)}{2} = \frac{1}{2}$$

在其余点收敛到 $f(x)$,傅里叶级数的和函数的图形如图 11.4 所示.

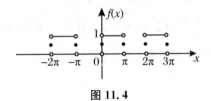

图 11.4

计算傅里叶系数如下:

$$a_0 = \frac{1}{\pi}\int_{-\pi}^{\pi}f(x)\mathrm{d}x = \frac{1}{\pi}\int_{0}^{\pi}\mathrm{d}x = 1$$

$$a_n = \frac{1}{\pi}\int_{-\pi}^{\pi}f(x)\cos nx\mathrm{d}x$$

$$= \frac{1}{\pi}\int_{0}^{\pi}\cos nx\mathrm{d}x = 0, \quad n = 1,2,\cdots$$

$$b_n = \frac{1}{\pi}\int_{-\pi}^{\pi}f(x)\sin nx\mathrm{d}x = \frac{1}{\pi}\int_{0}^{\pi}\sin nx\mathrm{d}x$$

$$= \frac{1}{n\pi}(-\cos nx)\Big|_{0}^{\pi} = \frac{1}{n\pi}[1+(-1)^{n-1}]$$

$$= \begin{cases} \dfrac{2}{n\pi}, & n = 1,3,5,\cdots \\ 0, & n = 2,4,6,\cdots \end{cases}$$

把这些系数代入(4)式,得到 $f(x)$ 的傅里叶级数展开式为

$$f(x) = \frac{1}{2} + \frac{2}{\pi}\left(\sin x + \frac{1}{3}\sin 3x + \frac{1}{5}\sin 5x + \cdots\right), \quad x \neq k\pi, k \in \mathbf{Z}$$

例 2 设 $f(x)$ 是周期为 2π 的周期函数,且它在 $[-\pi,\pi]$ 上的函数表达式为 $f(x) = |x|$,把 $f(x)$ 展开成傅里叶级数.

解 函数满足收敛定理的条件,且在 $(-\infty, +\infty)$ 上处处连续,因此它的傅里叶级数处处收敛于 $f(x)$.傅里叶系数计算如下:

$$a_0 = \frac{1}{\pi}\int_{-\pi}^{\pi} f(x)\mathrm{d}x = \frac{2}{\pi}\int_0^{\pi} x\mathrm{d}x = \pi$$

$$a_n = \frac{1}{\pi}\int_{-\pi}^{\pi} f(x)\cos nx\,\mathrm{d}x$$

$$= \frac{2}{\pi}\int_0^{\pi} x\cos nx\,\mathrm{d}x$$

$$= \frac{2}{\pi}\left[\frac{x\sin nx}{n} + \frac{\cos nx}{n^2}\right]_0^{\pi}$$

$$= \frac{2}{n^2\pi}(\cos n\pi - 1)$$

$$= \frac{2}{n^2\pi}\left[(-1)^n - 1\right]$$

$$= \begin{cases} -\dfrac{4}{n^2\pi}, & n = 1,3,5,\cdots \\ 0, & n = 2,4,6,\cdots \end{cases}$$

$$b_n = \frac{1}{\pi}\int_{-\pi}^{\pi} f(x)\sin nx\,\mathrm{d}x = 0, \quad n = 1,2,\cdots$$

把这些系数代入 (4) 式,得到 $f(x)$ 的傅里叶级数展开式为

$$f(x) = \frac{\pi}{2} - \frac{4}{\pi}\left(\cos x + \frac{1}{3^2}\cos 3x + \frac{1}{5^2}\cos 5x + \cdots\right), \quad x \in (-\infty, +\infty)$$

注 由例 2 中的展开式,我们可以求出几个特殊的级数的和.因为当 $x = 0, f(0) = 0$ 时,有

$$\frac{\pi^2}{8} = 1 + \frac{1}{3^2} + \frac{1}{5^2} + \cdots$$

令

$$S_1 = 1 + \frac{1}{3^2} + \frac{1}{5^2} + \cdots$$

$$S_2 = \frac{1}{2^2} + \frac{1}{4^2} + \frac{1}{6^2} + \cdots$$

$$S_3 = 1 - \frac{1}{2^2} + \frac{1}{3^2} - \frac{1}{4^2} + \cdots$$

$$S = 1 + \frac{1}{2^2} + \frac{1}{3^2} + \frac{1}{4^2} + \cdots$$

因

$$S_1 = \frac{\pi^2}{8}, \quad S = S_1 + S_2, \quad S_2 = \frac{1}{4}S$$

故

$$S_2 = \frac{\pi^2}{24}, \quad S = \frac{\pi^2}{6}$$

从而

$$S_3 = S_1 - S_2 = \frac{\pi^2}{12}$$

11.5.2 正弦级数和余弦级数

前面我们讨论了将一个周期为 2π 的周期函数展开成傅里叶级数的方法.但是如果函数 $f(x)$ 只在 $[-\pi,\pi]$(或 $(-\pi,\pi)$,$(-\pi,\pi]$,$[-\pi,\pi)$)上有定义,且满足收敛定理的条件,那么 $f(x)$ 也可以展开成傅里叶级数.下面我们通过例子来加以说明.

例 3 设函数 $f(x) = x(-\pi \leqslant x < \pi)$,将函数 $f(x)$ 展开成傅里叶级数.

解 因为函数 $f(x)$ 仅定义在 $[-\pi,\pi)$ 上,它不是周期函数,故首先对 $f(x)$ 做周期延拓,即在 $[-\pi,\pi)$ 外补充 $f(x)$ 的定义,使它拓广为周期为 2π 的函数 $F(x)$,且当 $x \in [-\pi,\pi)$ 时,$F(x) \equiv f(x)$(见图 11.5).

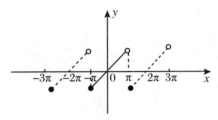

图 11.5

再将 $F(x)$ 展开成傅里叶级数.不妨把 $F(x)$ 看作奇函数,则有

$$a_n = 0, \quad n = 0,1,2,\cdots$$

$$\begin{aligned}
b_n &= \frac{1}{\pi}\int_{-\pi}^{\pi} F(x)\sin nx \, \mathrm{d}x \\
&= \frac{1}{\pi}\int_{-\pi}^{\pi} f(x)\sin nx \, \mathrm{d}x \\
&= \frac{2}{\pi}\int_{0}^{\pi} x\sin nx \, \mathrm{d}x \\
&= \frac{2}{\pi}\left[\frac{\sin nx}{n^2} - \frac{x\cos x}{n}\right]_0^\pi \\
&= \frac{2}{n}(-1)^{n+1}
\end{aligned}$$

而 $F(x)$ 满足收敛定理的条件,故有

$$F(x) = 2\sum_{n=1}^{\infty} \frac{(-1)^{n+1}}{n}\sin nx, \quad x \neq (2k-1)\pi, k \in \mathbf{Z}$$

由于当 $x \in (-\pi,\pi)$ 时,$F(x) \equiv f(x)$,故得

$$f(x) = 2\sum_{n=1}^{\infty} \frac{(-1)^{n+1}}{n}\sin nx, \quad x \in (-\pi,\pi)$$

注 严格地说,应该是除点 $x \in k\pi \ (k \in \mathbf{Z})$ 外,$F(x)$ 具有奇函数的特性.由于在做积分计算 $a_0, a_n, b_n (n = 1, 2, \cdots)$ 时,函数在个别点处的值不影响积分结果,故可以认为 $F(x)$ 是奇函数.

由上例我们可以看到,当函数 $f(x)$ 为奇函数时,它的傅里叶系数 $a_n = 0$ $(n = 0, 1, 2, \cdots)$,即它的傅里叶级数只含正弦项.这时傅里叶级数

$$\sum_{n=1}^{\infty} b_n \sin nx$$

称为正弦级数,并且因为 $f(x) \sin nx$ 为偶函数,故

$$b_n = \frac{2}{\pi} \int_0^{\pi} f(x) \sin nx \, dx, \quad n = 1, 2, \cdots$$

同样,当 $f(x)$ 为偶函数时,它的傅里叶系数 $b_n = 0$ $(n = 1, 2, \cdots)$,即它的傅里叶级数只含常数项与余弦项.这时的傅里叶级数

$$\frac{a_0}{2} + \sum_{n=1}^{\infty} a_n \cos nx$$

称为余弦级数,并且因为 $f(x) \cos nx$ 为偶函数,故

$$a_n = \frac{2}{\pi} \int_0^{\pi} f(x) \cos nx \, dx, \quad n = 0, 1, 2, \cdots$$

在研究波动和热的扩散等实际问题时,有时需要把定义在 $[0, \pi]$(或 $(0, \pi)$,$(0, \pi]$,$[0, \pi)$)上的函数 $f(x)$ 展开成正弦或余弦级数.对此我们也可利用类似例 3 中的方法去展开.

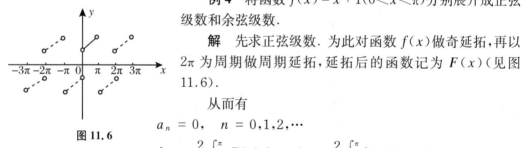

图 11.6

例 4 将函数 $f(x) = x + 1 (0 < x < \pi)$ 分别展开成正弦级数和余弦级数.

解 先求正弦级数.为此对函数 $f(x)$ 做奇延拓,再以 2π 为周期做周期延拓,延拓后的函数记为 $F(x)$(见图 11.6).

从而有

$$a_n = 0, \quad n = 0, 1, 2, \cdots$$

$$b_n = \frac{2}{\pi} \int_{-\pi}^{\pi} F(x) \sin nx \, dx = \frac{2}{\pi} \int_0^{\pi} f(x) \sin nx \, dx$$

$$= \frac{2}{\pi} \int_0^{\pi} (x + 1) \sin nx \, dx$$

$$= \frac{2}{\pi} \left[-\frac{(x+1) \cos nx}{n} + \frac{\sin nx}{n^2} \right]_0^{\pi}$$

$$= \frac{2}{n\pi} \left[1 - (\pi + 1) \cos n\pi \right]$$

$$= \begin{cases} -\dfrac{2(\pi + 2)}{n\pi}, & n = 1, 3, 5, \cdots \\[2mm] -\dfrac{2}{\pi}, & n = 2, 4, 6, \cdots \end{cases}$$

由于 $F(x)$ 满足收敛定理条件,且当 $x \in (0, \pi)$ 时,$F(x) = f(x)$,故得

$$f(x) = x + 1 = \frac{2}{\pi}\left[(\pi + 2)\sin x - \frac{\pi}{2}\sin 2x + \frac{1}{3}(\pi + 2)\sin 3x - \cdots\right], \quad x \in (0, \pi)$$

再求余弦函数. 先对函数 $f(x)$ 做偶延拓, 再以 2π 为周期做周期延拓(见图 11.7).

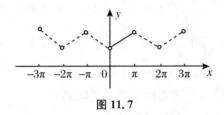

图 11.7

从而有

$$b_n = 0, \quad n = 1, 2, \cdots$$

$$a_0 = \frac{2}{\pi}\int_0^{\pi}(x + 1)\mathrm{d}x = \frac{2}{\pi}\left[\frac{x^2}{2} + x\right]_0^{\pi} = \pi + 2$$

$$a_n = \frac{2}{\pi}\int_0^{\pi}(x + 1)\cos nx\,\mathrm{d}x$$

$$= \frac{2}{n^2\pi}(\cos n\pi - 1)$$

$$= \begin{cases} -\dfrac{4}{n^2\pi}, & n = 1, 3, 5, \cdots \\ 0, & n = 2, 4, 6, \cdots \end{cases}$$

故得

$$f(x) = x + 1 = \frac{\pi}{2} + 1 - \frac{4}{\pi}\left(\cos x + \frac{1}{3^2}\cos 3x + \frac{1}{5^2}\cos 5x + \cdots\right), \quad x \in (0, \pi)$$

11.5.3 以 $2l$ 为周期的周期函数的傅里叶级数

到目前为止, 我们讨论的周期函数都是以 2π 为周期. 但不是所有的周期函数都是以 2π 为周期, 下面我们将讨论一般周期函数的傅里叶级数.

若 $f(x)$ 是以 $2l$ 为周期的周期函数, 做变换 $z = \dfrac{\pi x}{l}$, 于是区间 $-l \leqslant x \leqslant l$ 变换成 $-\pi \leqslant z \leqslant \pi$. 设 $f(x) = f\left(\dfrac{lz}{\pi}\right) = F(z)$, 则 $F(z)$ 是周期为 2π 的周期函数, 将 $F(z)$ 展开成傅里叶级数:

$$F(z) = \frac{a_0}{2} + \sum_{n=1}^{\infty}(a_n\cos nz + b_n\sin nz)$$

其中

$$a_n = \frac{1}{\pi}\int_{-\pi}^{\pi}F(z)\cos nz\,\mathrm{d}z, \quad n = 0, 1, 2, \cdots$$

$$b_n = \frac{1}{\pi}\int_{-\pi}^{\pi}F(z)\sin nz\,\mathrm{d}z, \quad n = 1, 2, \cdots$$

因为 $z = \dfrac{\pi x}{l}$, 注意到 $F(z) = f(x)$, 于是有

$$f(x) = \frac{a_0}{2} + \sum_{n=1}^{\infty}\left(a_n\cos\frac{n\pi x}{l} + b_n\sin\frac{n\pi x}{l}\right) \tag{5}$$

且有

$$a_n = \frac{1}{l}\int_{-l}^{l}f(x)\cos\frac{n\pi x}{l}\mathrm{d}x, \quad n = 0,1,2,\cdots$$

$$b_n = \frac{1}{l}\int_{-l}^{l}f(x)\sin\frac{n\pi x}{l}\mathrm{d}x, \quad n = 1,2,\cdots$$

定理 2 设周期为 $2l$ 的周期函数 $f(x)$ 满足：

(1) 在一个周期内连续或只有有限个第一类间断点；

(2) 在一个周期内至多只有有限个极值点，

则 $f(x)$ 的傅里叶级数即(5)式收敛,且：

当 x 为连续点时,级数收敛于 $f(x)$；

当 x 是间断点时,级数收敛于 $\dfrac{f(x-0)+f(x+0)}{2}$.

例 5 把函数

$$f(x) = \begin{cases} 0, & -5 \leqslant x < 0 \\ 3, & 0 \leqslant x < 5 \end{cases}$$

展开成傅里叶级数.

解 将 $f(x)$ 延拓成以 10 为周期的周期函数,于是有

$$a_0 = \frac{1}{5}\int_{-5}^{5}f(x)\mathrm{d}x = \frac{1}{5}\int_{0}^{5}3\mathrm{d}x = 3$$

$$a_n = \frac{1}{5}\int_{-5}^{5}f(x)\cos\frac{n\pi x}{5}\mathrm{d}x$$

$$= \frac{1}{5}\int_{0}^{5}3\cos\frac{n\pi x}{5}\mathrm{d}x$$

$$= \frac{3}{n\pi}\sin\frac{n\pi x}{5}\Big|_{0}^{5} = 0, \quad n = 0,1,\cdots$$

$$b_n = \frac{1}{5}\int_{0}^{5}3\sin\frac{n\pi x}{5}\mathrm{d}x = \frac{3(1-\cos n\pi)}{n\pi}$$

$$= \begin{cases} \dfrac{6}{n\pi}, & n = 1,3,5,\cdots \\ 0, & n = 2,4,6,\cdots \end{cases}$$

从而

$$f(x) = \frac{3}{2} + \sum_{n=1}^{\infty}\frac{6}{(2n-1)\pi}\sin\frac{(2n-1)\pi x}{5}, \quad x \in (-5,0)\bigcup(0,5)$$

当 $x = 0$ 和 ± 5 时,级数收敛于 $\dfrac{3}{2}$.

11.5.4 傅里叶级数应用举例

傅里叶级数广泛应用于各类科学技术中,下面简单介绍的频谱分析就是它的一种典型应用.

设 $f(x)$ 可以展开成傅里叶级数,如果取傅里叶级数的前 $n+1$ 项之和(记作 $F_n(x)$)作为 $f(x)$ 的近似表达式,则有

$$f(x) \approx F_n(x) = \frac{a_0}{2} + \sum_{k=1}^{\infty}(a_k\cos kx + b_k\sin kx) \tag{6}$$

$F_n(x)$ 称为 $f(x)$ 的 n 阶傅里叶多项式.

(6)式在物理学和工程学中的意义就是将较复杂的波动现象近似地分解为几个不同频率的简谐振动的叠加.比如 11.5.1 节开篇提到的矩形波(见图 11.3),就可以近似地表示为正弦波的叠加,如图 11.8 所示.

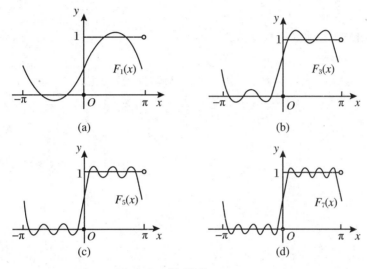

图 11.8

从图可见,随着 n 的增加,$F_n(x)$ 的图形越来越逼近 $f(x)$ 的图形.

在 $f(x)$ 的 n 阶傅里叶多项式 $F_n(x)$ 中,首项 $\frac{a_0}{2}$ 称为 $f(x)$ 的直流分量(它正好等于 $f(x)$ 的一个周期上的平均值),其他的项 $a_k\cos kx + b_k\sin kx$ 称为 $f(x)$ 的第 k 次谐波. $f(x)$ 的直流分量和各次谐波周期是很不相同的,具体表现在它们各自所占的波动能量有很大差别,如下例所示.

例 6 对任一个周期为 2π 的可积周期函数 $f(x)$,定义 f 在一个周期内的能量为

$$E = \frac{1}{\pi}\int_{-\pi}^{\pi}f^2(x)\mathrm{d}x$$

如果设 $a_0, a_n, b_n(n=1,2,\cdots)$ 是函数的傅里叶系数.

(1) 证明:f 的直流分量的能量 $E_0 = \dfrac{a_0}{2}$,而 f 的第 $k(k \geqslant 1)$ 次谐波的能量 $E_k = a_k^2 + b_k^2$;

(2) 对前述提到的矩形波,在其总能量中,有多大百分比包含在它的直流分量和前三次谐波中?

解 (1) 因 f 的傅里叶级数的首项系数为 $\dfrac{a_0}{2}$,故直流分量为

$$E_0 = \frac{1}{\pi} \int_{-\pi}^{\pi} \left(\frac{a_0}{2}\right)^2 \mathrm{d}x = \frac{a_0^2}{2}$$

而第 k 次谐波的能量为

$$
\begin{aligned}
E_k &= \frac{1}{\pi} \int_{-\pi}^{\pi} (a_k \cos kx + b_k \sin kx)^2 \mathrm{d}x \\
&= \frac{1}{\pi} \int_{-\pi}^{\pi} (a_k^2 \cos^2 kx + 2a_k b_k \cos kx \sin kx + b_k^2 \sin^2 kx) \mathrm{d}x \\
&= \frac{1}{\pi} \int_{-\pi}^{\pi} \left(a_k^2 \frac{1 + \cos 2kx}{2} + b_k^2 \frac{1 - \cos 2kx}{2}\right) \mathrm{d}x \\
&= a_k^2 + b_k^2
\end{aligned}
$$

（2）对矩形波，各项傅里叶系数为

$$a_0 = 1,$$
$$a_n = 0, \quad n = 1, 2, 3, \cdots$$
$$b_n = \begin{cases} \dfrac{2}{n\pi}, & n = 1, 3, 5, \cdots \\ 0, & n = 2, 4, 6, \cdots \end{cases}$$

由此得 $E_0 = \dfrac{1}{2}$，$E_1 = \dfrac{4}{\pi^2}$，$E_2 = 0$，$E_3 = \dfrac{4}{9\pi^2}$. 矩形波在一个周期内的总能量为

$$E = \frac{1}{\pi} \int_{-\pi}^{\pi} f^2(x) \mathrm{d}x = \frac{1}{\pi} \int_0^{\pi} \mathrm{d}x = 1$$

而

$$E_0 + E_1 + E_2 + E_3 = \frac{1}{2} + \frac{4}{\pi^2} + \frac{4}{9\pi^2} \approx 0.95$$

故包含在直流分量和前三次谐波中的能量占总能量的 95%.

把周期函数分解成直流分量和各次谐波之和，并分析各次谐波的振幅和能量的分布情况，称为频谱分析. 频谱分析在无线电技术、声学和振动学中都有广泛应用.

《《 习题 11.5 》》

1. 下列周期函数以 2π 为周期，将 $f(x)$ 展开为傅里叶级数.

（1）$f(x) = 3x^2 + 1 (-\pi \leqslant x < \pi)$；

（2）$f(x) = \mathrm{e}^{2x} (-\pi \leqslant x < \pi)$.

2. 将下列函数展开为傅里叶级数.

（1）$f(x) = \cos \dfrac{x}{2} (-\pi \leqslant x \leqslant \pi)$；

（2）$f(x) = \begin{cases} 0, & -\pi \leqslant x < 0 \\ \mathrm{e}^x, & 0 \leqslant x \leqslant \pi \end{cases}$.

3. 将函数 $f(x) = \dfrac{\pi - x}{2} (0 \leqslant x \leqslant \pi)$ 展开成正弦级数.

4. 将函数 $f(x) = \begin{cases} 1, & 0 \leqslant x < h \\ 0, & h \leqslant x < \pi \end{cases}$ 展开成余弦级数.

5. 将函数 $f(x) = x^2, x \in [0, 2]$ 分别展开成正弦级数和余弦级数.

严加安——中国金融数学的引路人

严加安,数学家.1941 年 12 月 6 日生于江苏邗江(现为扬州市邗江区).1964 年毕业于中国科学技术大学应用数学系.1999 年当选为中国科学院院士. 中国科学院数学与系统科学研究院应用数学研究所研究员.主要从事随机分析和金融数学研究,在概率论、鞅论、随机分析和白噪声分析领域取得多项重要成果.建立了局部鞅分解引理,为研究随机积分提供了简单途径;给出了一类可积随机变量凸集的刻画,该结果在金融数学中有重要应用;用统一简单方法获得了指数鞅一致可积性准则;提出了白噪声分析新框架.1992 年获中国科学院自然科学奖一等奖,1993 年获国家自然科学奖二等奖.

≪ 复习题 11 ≫

1. 选择与填空.

(1) 若级数 $\sum\limits_{n=1}^{\infty} a_n$ 收敛,则有(　　).

A. $\sum\limits_{n=1}^{\infty} |a_n|$ 收敛　　　　　　　　　　B. $\sum\limits_{n=1}^{\infty} (-1)^n a_n$ 收敛

C. $\sum\limits_{n=1}^{\infty} a_n a_{n+1}$ 收敛　　　　　　　　　D. $\sum\limits_{n=1}^{\infty} \dfrac{a_n + a_{n+1}}{2}$ 收敛

(2) 已知级数 $\sum\limits_{n=1}^{\infty} (-1)^n a_n = 2$,$\sum\limits_{n=1}^{\infty} a_{2n-1} = 3$,则 $\sum\limits_{n=1}^{\infty} a_n = ($　　$)$.

A. 3　　　　　　　　B. 7　　　　　　　　C. 8　　　　　　　　D. 9

(3) 设 $\lambda > 0$,且 $\sum\limits_{n=1}^{\infty} a_n^2$ 收敛,则级数 $\sum\limits_{n=1}^{\infty} (-1)^n \dfrac{|a_n|}{\sqrt{n^2 + \lambda}}$(　　).

A. 条件收敛　　　　　B. 绝对收敛　　　　　C. 发散　　　　　　D. 收敛性与 λ 有关

(4) 若级数 $\sum\limits_{n=1}^{\infty} a_n (x-1)^n$ 在 $x = -1$ 处收敛,则此级数在 $x = 2$ 处(　　).

A. 条件收敛　　　　　B. 绝对收敛　　　　　C. 发散　　　　　　D. 敛散性不确定

(5) 设幂级数 $\sum\limits_{n=1}^{\infty} a_n x^n$ 的收敛半径为 3,则 $\sum\limits_{n=1}^{\infty} n a_n (x-1)^{n+1}$ 的收敛区间为 _____.

(6) 函数 $f(x) = \begin{cases} -1, & -\pi \leqslant x < 0 \\ 1 + x^2, & 0 \leqslant x < \pi \end{cases}$ 以 2π 为周期的傅里叶级数在点 $x = \pi$ 处收敛于 _____.

(7) $f(x) = \pi x + x^2 (-\pi < x < \pi)$ 的傅里叶级数展开式中系数 $b_3 =$ _____.

2. 判断下列级数的敛散性.

(1) $\sum\limits_{n=0}^{\infty} \dfrac{(\ln 3)^n}{2^n}$;

(2) $\sum\limits_{n=1}^{\infty} \dfrac{1}{n^2 + 6n + 8}$;

(3) $\sum_{n=1}^{\infty} \left(\dfrac{\sin n}{n^2} - \dfrac{1}{\sqrt{n}} \right)$;

(4) $\sum_{n=1}^{\infty} \dfrac{n!\, 2^n \sin \frac{n\pi}{5}}{n^n}$;

(5) $\sum_{n=1}^{\infty} \dfrac{1}{\sqrt[n]{n^2+1}}$;

(6) $\sum_{n=1}^{\infty} 3^n \left(1 - \dfrac{1}{n} \right)^{n^2}$;

(7) $\sum_{n=1}^{\infty} (-1)^n \left(1 - \cos \dfrac{a}{n} \right) (a>0)$;

(8) $\sum_{n=1}^{\infty} \dfrac{1}{1+a^n} (a>0)$.

3. 设数列 $\{na_n\}$ 收敛, 且 $\sum_{n=1}^{\infty} n(a_n - a_{n-1})$ 收敛, 证明 $\sum_{n=1}^{\infty} a_n$ 收敛.

4. 求下列幂级数的收敛域及和函数.

(1) $\sum_{n=1}^{\infty} (-1)^{n-1} n x^{n-1}$;

(2) $\sum_{n=1}^{\infty} \dfrac{(-1)^{n-1}}{2n-1} x^{2n}$.

5. 设幂级数 $\sum_{n=0}^{\infty} a_n x^n$ 在 $(-\infty, +\infty)$ 内收敛, 其和函数 $y(x)$ 满足 $y'' - 2xy' - 4y = 0$, $y(0) = 0$, $y'(0) = 1$. 证明: $a_{n+2} = \dfrac{2}{n+1} a_n (n=1,2,\cdots)$.

6. 将函数 $f(x) = \dfrac{x}{2+x-x^2}$ 展开成 x 的幂级数.

7. 将函数 $f(x) = \ln(2x+4)$ 展开成 $(x+1)$ 的幂级数.

8. 将函数 $f(x) = 1 - x^2 (0 \leqslant x \leqslant \pi)$ 展开成余弦级数, 并求 $\sum_{n=1}^{\infty} \dfrac{(-1)^{n-1}}{n^2}$ 的和.

9. 设函数 $f(x)$ 是周期为 2π 的周期函数, 且在 $(-\pi, \pi]$ 上连续, 其傅里叶系数为 a_n, b_n.

(1) 求函数 $f(x+k)$ (k 为常数)的傅里叶系数 $\tilde{a}_n, \tilde{b}_n$;

(2) $F(x) = \dfrac{1}{\pi} \int_{-\pi}^{\pi} f(t) f(x+t) \mathrm{d}t$, 求 $F(x)$ 的傅里叶系数 A_n, B_n;

(3) 证明: $\dfrac{1}{\pi} \int_{-\pi}^{\pi} f^2(x) \mathrm{d}x = \dfrac{a_0^2}{2} + \sum_{n=1}^{\infty} (a_n^2 + b_n^2)$. (称为 Parseval 等式.)

12

第 12 章 微 分 方 程

函数反映的是客观世界中量与量之间的一种联系,利用函数关系可以对客观事物的规律性进行研究.但在大量的实际问题中,往往不能直接找出所需要的函数关系,却可以根据规律等列出这些变量和它们的导数(或微分)的关系式,这样的关系式就是微分方程.微分方程建立以后,找出未知函数,就是解微分方程.人口的增长、物体的冷却、电磁波的传播等,都可以归结为微分方程问题.本章主要介绍微分方程的一些基本概念和几种常用的微分方程的解法.

12.1 微分方程的基本概念

在许多问题中,变量之间的关系是通过自变量、未知函数及其导数的方程所给出的,这种含有自变量、未知函数及其导数的方程称为微分方程.方程中最高阶导数的阶数称为微分方程的阶.若找到一个函数,代入微分方程能使该方程成为恒等式,则这个函数就叫作微分方程的解.例如, $\dfrac{\mathrm{d}^2 x}{\mathrm{d} t^2} + 5x = \sin t$ 这个方程的阶数是 2 , x 是未知函数, t 是自变量,易证 $x = \dfrac{1}{4}\sin t$ 是方程的解.进一步可以验证:对任意常数 c_1 , c_2 ,函数 $x = c_1 \cos \sqrt{5}\, t + c_2 \sin \sqrt{5}\, t + \dfrac{1}{4}\sin t$ 都是微分方程的解.

一般的, n 阶微分方程的形式为

$$F(x, y, y', \cdots, y^{(n)}) = 0 \tag{1}$$

(1)式称为 n 阶微分方程,必须出现 $y^{(n)}$,而 $x, y, y', \cdots, y^{(n-1)}$ 则可以不出现.

若微分方程的解中含有任意常数,且相互独立的任意常数的个数与微分方程的阶相等,则称该解为微分方程的通解.通解中含有任意常数,利用实际问题提出的条件可以确定这些任意常数.

设微分方程的待求未知函数为 $y = y(x)$.若微分方程是一阶的,通常用来确定任意常数的条件是: $x = x_0$ 时, $y = y_0$, $y' = y_0'$,或写成 $y|_{x=x_0} = y_0$, $y'|_{x=x_0} = y_0'$,其中 x_0 , y_0 , y_0' 都是给定值.上述这种条件叫作初始条件,确定了任意常数的解称为微分方程的特解.

求微分方程的解满足初始条件的特解这一问题称为初值问题,微分方程的解的图形是一条曲线,叫作微分方程的积分曲线.一阶微分方程的初值问题:

$$\begin{cases} y' = f(x, y) \\ y \big|_{x=x_0} = y_0 \end{cases} \tag{2}$$

的几何意义就是求过(x_0, y_0)的积分曲线.

例 1 验证:函数

$$x = c_1 \cos kt + c_2 \sin kt \tag{3}$$

是微分方程

$$\frac{d^2 x}{dt^2} + k^2 x = 0 \tag{4}$$

的解,并求满足初始条件$x \big|_{t=0} = A$,$\dfrac{dx}{dt} \big|_{t=0} = 0$的特解.

解 由题给条件,有

$$\frac{dx}{dt} = -kc_1 \sin kt + kc_2 \cos kt \tag{5}$$

$$\frac{d^2 x}{d^2 t} = -k^2 (c_1 \cos kt + c_2 \sin kt) \tag{6}$$

把$\dfrac{d^2 x}{d^2 t}$及x代入方程,得

$$-k^2 (c_1 \cos kt + c_2 \sin kt) + k^2 (c_1 \cos kt + c_2 \sin kt) = 0$$

因而函数(3)式是微分方程(4)式的解.

把条件"$t=0$时 $x=A$"代入(3)式,得$c_1 = A$.

把条件"$t=0$时 $\dfrac{dx}{dt}=0$"代入(5)式,得$c_2 = 0$.

得所求特解为 $x = A \cos kt$.

≪ 习题 12.1 ≫

A

1. 试说出下列微分方程的阶数.

(1) $(y')^2 - y' + x = 0$;

(2) $y'' - x + y = 0$;

(3) $y''' + 2y'' + x^2 = 0$;

(4) $(x - y)dx + (x + y)dy = 0$;

(5) $L \dfrac{d^2 Q}{dt^2} + R \dfrac{dQ}{dt} + \dfrac{Q}{C} = 0$;

(6) $\dfrac{d\rho}{d\theta} + \rho = \cos\theta$.

2. 指出下列各题中所给函数是否为微分方程的解.

(1) $y'' - y = -5x$,$y = 5x$;

(2) $xy' = 3y$,$y = 3x^3$;

(3) $y'' - 2y' + 5y = e^x \cdot \sin x$,$y = e^x (c_1 \cos 2x + c_2 \sin 2x - \dfrac{1}{4} x e^x \cdot \cos 2x)$;

(4) $y'' - 2y' = -e^x$,$y = e^{2x} + 1$.

B

1. 验证所给二元方程确定的函数为所给微分方程的解.

(1) $(2y-3x)y'-3y+3x^2=0, x^3-3xy+y^2=c$;

(2) $yy''-(y')^2+(y')^3=0, y^2=e^{y-x}$.

12.2 可分离变量的微分方程

形如

$$\frac{dy}{dx}=f(x)g(y) \tag{1}$$

的方程,称为可分离变量微分方程.

现在说明方程(1)式的求解方法.若 $g(y)\neq0$,则可将(1)写成 $\frac{dy}{g(y)}=f(x)dx$,两边积分即可得到方程的通解:

$$\int\frac{dy}{g(y)}=\int f(x)dx+c \tag{2}$$

这个通解是通过隐函数定义的,因而叫作"隐式通解".

另外,若存在 y_0,使 $g(y_0)=0$,直接代入(1)式可知 $y=y_0$ 也是(1)式的解,它可能不包含在方程的通解(2)式中,必须予以补上.

例1 求微分方程

$$\frac{dy}{dx}=2xy \tag{3}$$

的通解.

解 将(3)式写成 $\frac{dy}{y}=2xdx$,两端积分,得

$$\int\frac{dy}{y}=\int 2xdx$$
$$\ln|y|=x^2+c_1$$

得 $y=\pm e^{c_1+x^2}=\pm e^{c_1}\cdot e^{x^2}$.

因 $\pm e^{c_1}$ 是任意常数,把它记作 c,得(3)式的通解:

$$y=ce^x$$

例2 求微分方程

$$\frac{dy}{dx}=\frac{1+y^2}{xy+x^3y} \tag{4}$$

的通解.

解 将方程写成 $\frac{ydy}{1+y^2}=\frac{dx}{x(1+x^2)}$,两端积分,得

$$\int \frac{y\mathrm{d}y}{1+y^2} = \int \left(\frac{1}{x} - \frac{1}{1+x^2}\right)\mathrm{d}x$$

即

$$\frac{1}{2}\ln(1+y^2) = \ln x - \frac{1}{2}\ln(1+x^2) + \ln c$$

所以(4)式的通解为

$$(1+x^2)(1+y^2) = cx^2$$

例3 设降落伞从跳伞塔下落后,所受阻力与速度成正比,并设降落伞离开跳伞塔($t=0$)时速度为0,求降落伞下落速度与时间的函数关系.

解 设降落伞下落速度为$v(t)$.降落伞在空中下落时,同时受到重力P与阻力R的作用.重力大小为mg,方向与v一致.阻力大小为kv(k为比例系数),方向与v相反.从而降落伞所受力为$F = mg - kv$.根据牛顿第二定律,得$F = ma$.得

$$m\frac{\mathrm{d}v}{\mathrm{d}t} = mg - kv \tag{5}$$

按题意,初始条件为$v|_{t=0} = 0$.

微分方程(5)式可分离变量,将(5)式写成$\frac{\mathrm{d}v}{mg-kv} = \frac{\mathrm{d}t}{m}$,两端积分,得

$$\int \frac{\mathrm{d}v}{mg-kv} = \int \frac{\mathrm{d}t}{m}$$

由于$mg - kv > 0$,得$-\frac{1}{k}\ln(mg-kv) = \frac{t}{m} + c_1$,即

$$mg - kv = \mathrm{e}^{-\frac{k}{m}t + kc_1}$$

或

$$v = \frac{mg}{k} + c\mathrm{e}^{-\frac{k}{m}t}, \quad c = -\frac{\mathrm{e}^{-kc_1}}{k} \tag{6}$$

将$v|_{t=0} = 0$代入(6)式,得$c = -\frac{mg}{k}$.于是所求特解为

$$v = \frac{mg}{k}(1 - \mathrm{e}^{-\frac{k}{m}t})$$

习题 12.2

A

1. 求下列微分方程的通解.

(1) $3x^2 + 5x - 5y' = 0$;

(2) $xy' = y\ln y$;

(3) $\sqrt{1-x^2} \cdot y' = \sqrt{1-y^2}$;

(4) $y' - xy' = a(y^2 + y')$;

(5) $y' + \cos\frac{x-y}{2} = \cos\frac{x+y}{2}$;

(6) $\frac{\mathrm{d}y}{\mathrm{d}x} = \mathrm{e}^{x+y}$;

(7) $1 + y' = \mathrm{e}^y$;

(8) $\cos x \cdot \sin y\mathrm{d}x + \sin x \cdot \cos y\mathrm{d}y = 0$;

(9) $y\mathrm{d}x + (x^2 - 4x)\mathrm{d}y = 0$；

(10) $(y+1)^2 \dfrac{\mathrm{d}y}{\mathrm{d}x} + x^3 = 0$.

2. 求下列微分方程的特解.

(1) $y' = \mathrm{e}^{2x-y}$，$y\big|_{x=0} = 0$；

(2) $x\mathrm{d}y = 2y\mathrm{d}x$，$y\big|_{x=2} = 1$；

(3) $\sin y\cos x\mathrm{d}y = \cos y\sin x\mathrm{d}x$，$y\big|_{x=0} = \dfrac{\pi}{4}$；

(4) $(1 + x^2)y' = \arctan x$，$y\big|_{x=0} = 0$；

B

1. 了解并求解人口阻滞增长模型：

$$\frac{\mathrm{d}y}{\mathrm{d}t} = y(k - by), \quad y(t_0) = y_0$$

2. 有一盛满水的圆锥形的漏斗，高 10 cm，顶角 60°，漏斗下面有一面积 0.5 cm² 的孔，求水面高度变化的规律及水流完所需时间.

12.3 齐次方程

若一阶微分方程 $\dfrac{\mathrm{d}y}{\mathrm{d}x} = f(x, y)$ 中的函数 $f(x, y)$ 可写成 $\dfrac{y}{x}$ 的函数，即 $f(x, y) = \varphi\left(\dfrac{y}{x}\right)$，则称这方程为齐次方程.

例如：

$$f(x, y) = \frac{xy - y^2}{x^2 - 2xy} = \frac{\dfrac{y}{x} - \left(\dfrac{y}{x}\right)^2}{1 - 2\dfrac{y}{x}}$$

在齐次方程

$$\frac{\mathrm{d}y}{\mathrm{d}x} = \varphi\left(\frac{y}{x}\right) \tag{1}$$

中，令 $u = \dfrac{y}{x}$ 就可将方程化为可分离变量的方程. 由 $u = \dfrac{y}{x}$，得

$$y = ux, \quad \frac{\mathrm{d}y}{\mathrm{d}x} = u + x\frac{\mathrm{d}u}{\mathrm{d}x}$$

代入(1)式，得

$$u + x\frac{\mathrm{d}u}{\mathrm{d}x} = \varphi(u)$$

即

$$\frac{\mathrm{d}u}{\varphi(u) - u} = \frac{\mathrm{d}x}{x}$$

两边积分，得

$$\int \frac{\mathrm{d}u}{\varphi(u) - u} = \int \frac{\mathrm{d}x}{x}$$

求出积分后,再用 $\dfrac{y}{x}$ 代替 u,即可得到所给齐次方程的通解.

例 1 解方程 $y^2 + x^2 \dfrac{dy}{dx} = xy \dfrac{dy}{dx}$.

解 将原方程写成

$$\frac{dy}{dx} = \frac{y^2}{xy - x^2} = \frac{\left(\dfrac{y}{x}\right)^2}{\dfrac{y}{x} - 1}$$

令 $\dfrac{y}{x} = u$,则有

$$u + x \frac{du}{dx} = \frac{u^2}{u - 1}$$

即

$$\left(1 - \frac{1}{u}\right)du = \frac{dx}{x}$$

分离变量,得

$$u - \ln|u| + c = \ln|x| \quad 或 \quad \ln|xu| = u + c$$

将 u 用 $\dfrac{y}{x}$ 替换,得所给方程的通解为

$$\ln|y| = \frac{y}{x} + c$$

例 2 解方程 $\dfrac{dy}{dx} = \dfrac{y}{x} + \tan\left(\dfrac{y}{x}\right)$.

解 令 $u = \dfrac{y}{x}$,即 $y = xu$,代入方程,得

$$u + x \frac{du}{dx} = u + \tan u$$

即

$$\frac{du}{dx} = \frac{\tan u}{x} \quad 或 \quad \cot u\, du = \frac{dx}{x}$$

两端积分得 $\ln|\sin u| = \ln|x| + c_1$.因而原方程通解为

$$\sin \frac{y}{x} = cx$$

有些方程本身不是齐次的,但通过适当变换,可以化为齐次方程.

例 3 解方程 $\dfrac{dy}{dx} = -\dfrac{x + y + 1}{2x + 2y + 3}$.

解 引入新变量 $u = x + y$,则

$$\frac{du}{dx} = 1 + \frac{dy}{dx}$$

于是原方程化为

$$\frac{du}{dx} = -\frac{u + 1}{2u + 3} + 1 = \frac{u + 2}{2u + 3}$$

分离变量得

$$\frac{2u+3}{u+2}\mathrm{d}u = \mathrm{d}x \quad 或 \quad \left(2 + \frac{1}{u+2}\right)\mathrm{d}u = \mathrm{d}x$$

两端积分得

$$2u + \ln|u+2| = x + c$$

将 $u = \dfrac{y}{x}$ 代入,得原方程通解为

$$2x + 2y + \ln|x+y+1| = x + c$$

例 4 解方程 $\dfrac{\mathrm{d}y}{\mathrm{d}x} = \dfrac{x-y+1}{x+y-3}$.

解 直线 $x-y+1=0$ 和直线 $x+y-3=0$ 的交点是 $(1,2)$,因此作变换 $x = X+1, y = Y+2$.代入原方程,得新方程

$$\frac{\mathrm{d}Y}{\mathrm{d}X} = \frac{X-Y}{X+Y} = \frac{1 - \dfrac{Y}{X}}{1 + \dfrac{Y}{X}}$$

令 $u = \dfrac{Y}{X}$,则 $Y = uX, \dfrac{\mathrm{d}Y}{\mathrm{d}X} = u + X\dfrac{\mathrm{d}u}{\mathrm{d}X}$,代入上式,得

$$u + X\frac{\mathrm{d}u}{\mathrm{d}X} = \frac{1-u}{1+u}$$

求解得 $1 - 2u - u^2 = \dfrac{C}{X^2}$.两次回代变量,即得通解为 $x^2 - 2xy - y^2 + 2x + 6y = C$.

≪ 习题 12.3 ≫

A

1. 求下列微分方程的通解.

(1) $xy' = y + \sqrt{y^2 - x^2}$;

(2) $x\dfrac{\mathrm{d}y}{\mathrm{d}x} - y\ln\dfrac{y}{x} = 0$;

(3) $x\dfrac{\mathrm{d}y}{\mathrm{d}x} + x + \sin(x+y) = 0$;

(4) $(x^3 + y^3)\mathrm{d}x - 3xy^2\mathrm{d}y = 0$;

2. 求下列微分方程满足初始条件的特解.

(1) $(x^2 + 2xy - y^2)\mathrm{d}x + (y^2 + 2xy - x^2)\mathrm{d}y = 0, y|_{x=1} = 1$;

(2) $y' = \dfrac{x}{y} + \dfrac{y}{x}, y|_{x=1} = 2$.

B

1. 求下列方程的通解.

(1) $y' = \dfrac{2x^3 + 3xy^2 - 7x}{3x^2 y + 2y^3 - 8y}$;

(2) $y' = \dfrac{2x + 4y + 3}{x + 2y + 1}$;

(3) $y' = \dfrac{x - 2y + 1}{2x - 4y - 1}$;　　　　　(4) $(x - y - 1)\mathrm{d}x = (-4y - x + 1)\mathrm{d}y$.

12.4　一阶线性微分方程

12.4.1　一阶线性微分方程

形如

$$y' + P(x)y = Q(x) \tag{1}$$

的微分方程叫作一阶线性微分方程. 当 $Q \equiv 0$ 时称为齐次一阶线性微分方程:

$$y' + P(x)y = 0 \tag{2}$$

对(2)式,可分离变量,有 $\dfrac{\mathrm{d}y}{y} = -P(x)\mathrm{d}x$,两边积分,得

$$\ln y = -\int P(x)\mathrm{d}x + \ln c$$

故(2)式的通解为

$$y = c\mathrm{e}^{-\int P(x)\mathrm{d}x}$$

现在我们用所谓常数变易法求非齐次方程(1)式的通解. 这个方法是把(2)式通解中的 c 换成 x 的未知函数 $u(x)$,即做变换:

$$y = u\mathrm{e}^{-\int P(x)\mathrm{d}x} \tag{3}$$

于是有

$$\frac{\mathrm{d}y}{\mathrm{d}x} = u'\mathrm{e}^{-\int P(x)\mathrm{d}x} - uP(x)\mathrm{e}^{-\int P(x)\mathrm{d}x} \tag{4}$$

将(3)式、(4)式代入(1)式,得

$$u'\mathrm{e}^{-\int P(x)\mathrm{d}x} - uP(x)\mathrm{e}^{-\int P(x)\mathrm{d}x} + uP(x)\mathrm{e}^{-\int P(x)\mathrm{d}x} = Q(x)$$

即有 $u'\mathrm{e}^{-\int P(x)\mathrm{d}x} = Q(x)$,$u' = Q(x)\mathrm{e}^{\int P(x)\mathrm{d}x}$,两边积分,得

$$u = \int Q(x)\mathrm{e}^{\int P(x)\mathrm{d}x}\mathrm{d}x + c$$

代入(3)式,得非齐次线性方程(1)式的通解为

$$y = \mathrm{e}^{-\int P(x)\mathrm{d}x}\left(\int Q(x)\mathrm{e}^{\int P(x)\mathrm{d}x}\mathrm{d}x + c\right) \tag{5}$$

(5)式可进一步写成

$$y = c\mathrm{e}^{-\int P(x)\mathrm{d}x} + \mathrm{e}^{-\int P(x)\mathrm{d}x} \cdot \int Q(x)\mathrm{e}^{\int P(x)\mathrm{d}x}\mathrm{d}x$$

上式右端第一项是对应齐次线性方程(2)式的通解,第二项是非齐次线性方程(1)式的一个特解. 由此可知,一阶非齐次线性方程的通解等于对应的齐次方程通解与该非齐次方程的一个特解之和.

例1　求方程 $\dfrac{\mathrm{d}y}{\mathrm{d}x} - \dfrac{2y}{x + 1} = (x + 1)^{\frac{5}{2}}$ 的通解.

解 先求对应齐次方程 $\dfrac{\mathrm{d}y}{\mathrm{d}x} - \dfrac{2y}{x+1} = 0$ 的通解. 有

$$\frac{\mathrm{d}y}{y} = \frac{2\mathrm{d}x}{x+1}, \quad \ln|y| = 2\ln(x+1) + \ln c$$

即 $y = c \cdot (x+1)^2$. 令 $c = u(x)$, 得

$$y = u(x+1)^2$$

将 $\dfrac{\mathrm{d}y}{\mathrm{d}x} = u'(x+1)^2 + 2u(x+1)$ 和 $y = u(x+1)^2$ 代入所给非齐次方程, 得 $u' = (x+1)^{\frac{1}{2}}$, 两端积分, 得

$$u = \frac{2}{3}(x+1)^{\frac{3}{2}} + c$$

所以原方程的通解为

$$y = (x+1)^2 \cdot \left[\frac{2}{3}(x+1)^{\frac{3}{2}} + c\right]$$

例 2 求微分方程 $\dfrac{\mathrm{d}y}{\mathrm{d}x} = \dfrac{y}{2x - y^2}$ 的通解.

解 将方程写成 $\dfrac{\mathrm{d}x}{\mathrm{d}y} = \dfrac{2x - y^2}{y}$ 或 $\dfrac{\mathrm{d}x}{\mathrm{d}y} - \dfrac{2x}{y} = -y$. 将 y 视为自变量, x 视为因变量. 应用式(5), 得

$$
\begin{aligned}
x &= \mathrm{e}^{-\int P(y)\mathrm{d}y}\left(\int Q(y)\mathrm{e}^{\int P(y)\mathrm{d}y}\mathrm{d}y + c\right)\\
&= \mathrm{e}^{-\int -\frac{2}{y}\mathrm{d}y}\left(\int (-y)\mathrm{e}^{\int -\frac{2}{y}\mathrm{d}y}\mathrm{d}y + c\right)\\
&= y^2\left(-\int \frac{1}{y}\mathrm{d}y + c\right)\\
&= y^2(c - \ln y)
\end{aligned}
$$

12.4.2 伯努利方程

形如

$$y' + P(x)y = Q(x)y^n, \quad n \in \mathbf{R}; n \neq 0, 1 \tag{6}$$

的方程称为伯努利方程. 当 $n = 0, 1$ 时, 它是一阶线性微分方程. 当 $n \neq 0, 1$ 时, 可以通过一个变换将它化为线性方程.

事实上, 用 y^n 除方程(6)式的两端, 得

$$y^{-n}y' + P(x)y^{1-n} = Q(x) \tag{7}$$

令 $z = y^{1-n}$, 得

$$\frac{\mathrm{d}z}{\mathrm{d}x} = (1-n)y^{-n}\frac{\mathrm{d}y}{\mathrm{d}x}$$

方程变为

$$\frac{\mathrm{d}z}{\mathrm{d}x} + (1-n)p(x)z = (1-n)Q(x)$$

求出此线性方程的通解后, 以 y^{1-n} 代替 z, 即可得到伯努利方程的通解.

例 3 求微分方程 $xy' + y = xy^2\ln x$ 的通解.

解 将原方程写为 $y' + \dfrac{y}{x} = y^2 \ln x$，这是伯努利方程. 令 $u = y^{-1}$，则原方程化为

$$\frac{\mathrm{d}u}{\mathrm{d}x} - \frac{1}{x}u = -\ln x$$

这是线性方程，其通解为

$$u = \mathrm{e}^{\int \frac{1}{x}\mathrm{d}x}\left[\int -\ln x\,\mathrm{e}^{-\int \frac{1}{x}\mathrm{d}x}\mathrm{d}x + c\right] = x\left[c - \frac{1}{2}(\ln x)^2\right]$$

代回原变量，得原微分方程的通解为

$$y = \frac{1}{x}\left[c - \frac{1}{2}(\ln x)^2\right]^{-1}$$

另外 $y = 0$ 也是原方程的解.

例4 解方程 $\dfrac{\mathrm{d}y}{\mathrm{d}x} = \dfrac{1}{x+y}$.

解 若把所给方程变形为 $\dfrac{\mathrm{d}x}{\mathrm{d}y} = x + y$，即为一阶线性方程.

也可用变量代换来解：

令 $x + y = u, y = u - x$. 将 $\dfrac{\mathrm{d}y}{\mathrm{d}x} = \dfrac{\mathrm{d}u}{\mathrm{d}x} - 1$ 代入原方程，得

$$\frac{\mathrm{d}u}{\mathrm{d}x} - 1 = \frac{1}{u}, \qquad \frac{\mathrm{d}y}{\mathrm{d}x} = \frac{u+1}{u}$$

分离变量，得

$$\frac{u}{u+1}\mathrm{d}u = \mathrm{d}x$$

两边积分，得

$$u - \ln|u+1| = x + c$$

把 $u = x + y$ 代入上式，得

$$y - \ln|x+y+1| = c \quad \text{或} \quad x = c_1\mathrm{e}^y - y - 1, \quad c_1 = \pm\mathrm{e}^{-c}$$

《 **习题 12.4** 》

A

1. 求下列微分方程的通解.

(1) $y' = y + \sin x$；

(2) $\dfrac{\mathrm{d}y}{\mathrm{d}x} + y = \mathrm{e}^{-x}$；

(3) $(x+1)y' - ny = (1+x)^{n+1}\mathrm{e}^x\sin x$；

(4) $(y^2+1)\mathrm{d}x = y(y - 2x)\mathrm{d}y$；

(5) $(x^2-1)y' + 2xy - \cos x = 0$；

(6) $y\mathrm{d}x = xy^3\mathrm{d}x - x\mathrm{d}y$；

(7) $y\ln y\mathrm{d}x - (-x + \ln y)\mathrm{d}y = 0$；

(8) $x^2y^2\mathrm{d}x = -2xy\mathrm{d}x - x^2\mathrm{d}y$.

2. 求下列微分方程满足初始条件的特解.

(1) $xy'\ln x + y = x(\ln x + 1), y|_{x=\mathrm{e}} = 1$；

(2) $(x+1)y' = 2y + \mathrm{e}^x \cdot (x+1)^3, y|_{x=0} = 1$；

(3) $xy' + y = e^x, y\big|_{x=2} = e^2$.

3. 求一曲线方程,这条曲线过原点,且它在点(x,y)处的切线斜率等于$2x+y$.

B

1. 求下列微分方程的通解.

(1) $\dfrac{\mathrm{d}y}{\mathrm{d}x} - (x+y)^2 = 0$;　　(2) $\dfrac{\mathrm{d}y}{\mathrm{d}x} + \dfrac{1}{x-y} = 1$;

(3) $xy' + y = y(\ln y + \ln x)$;　　(4) $3y' - y\sec x = y^4\tan x$.

2. 求下列微分方程的通解.

(1) $\mathrm{d}x = (x\cos y + \sin 2y)\mathrm{d}y$;　　(2) $y'\cos y - \cos x\sin^2 y = \sin y$;

(3) $(y^3 x^2 + xy)y' = 1$;　　(4) $(x - 2xy - y^2)\mathrm{d}y + y^2\mathrm{d}x = 0$.

12.5　全微分方程

设有一阶微分方程
$$P(x,y)\mathrm{d}x + Q(x,y)\mathrm{d}y = 0 \tag{1}$$
若存在二元函数 $u(x,y)$,使 $\mathrm{d}u = P\mathrm{d}x + Q\mathrm{d}y$,则称(1)式为全微分方程.这里$\dfrac{\partial u}{\partial x} = P(x,y), \dfrac{\partial u}{\partial y} = Q(x,y)$.

方程(1)式可写成
$$\mathrm{d}u(x,y) = 0 \tag{2}$$
若 $y = \varphi(x)$是(1)式的解,则它一定也是(2)式的解,则有 $\mathrm{d}u[x,\varphi(x,y)] = 0$.这表示(1)式的解是由方程 $u(x,y) = c$ 所确定的隐函数.

另一方面,若 $u(x,y) = c$ 确定一个可微的隐函数 $y = \varphi(x)$,则 $u(x,\varphi(x)) \equiv c$.上式两端对 x 求导,得$\dfrac{\partial u}{\partial x} + \dfrac{\partial u}{\partial y} \cdot \dfrac{\mathrm{d}y}{\mathrm{d}x} = 0$,变形为$\dfrac{\partial u}{\partial x}\mathrm{d}x + \dfrac{\partial u}{\partial y}\mathrm{d}y = 0$,即 $P\mathrm{d}x + Q\mathrm{d}y = 0$.这表示由方程$u(x,y) = c$ 所确定的隐函数是(1)式的解.因此,若 $\mathrm{d}u = p\mathrm{d}x + Q\mathrm{d}y$,则 $u(x,y) = c$ 就是全微分方程(1)式的隐式通解.由10.3节知识可知当 $P(x,y),Q(x,y)$ 在单连通区域 G 内有一阶连续偏导数时,方程(1)式是全微分方程的充分必要条件是
$$\frac{\partial Q}{\partial x} = \frac{\partial P}{\partial y} \tag{3}$$
在区域 G 内恒成立,且当此条件满足时,方程(1)式的通解为
$$u(x,y) = \int_{x_0}^{x} P(x,y_0)\mathrm{d}x + \int_{y_0}^{y} Q(x,y)\mathrm{d}y = c \tag{4}$$
其中 x_0, y_0 是在区域 G 内适当选定的点$M_0(x_0,y_0)$的坐标.

例1 解方程$(3x^2 + 6xy^2)\mathrm{d}x + (6x^2 y + 4y^3)\mathrm{d}y = 0$.

解 这里$\dfrac{\partial Q}{\partial x} = 12xy = \dfrac{\partial P}{\partial y}$,因而这是全微分方程.取 $x_0 = 0, y_0 = 0$,由(4)式得

$$u(x,y) = \int_0^x 3x^2 \mathrm{d}x + \int_0^y (6x^2 y + 4y^3) \mathrm{d}y = x^3 + 3x^2 y^2 + y^4$$

得原方程的通解为

$$x^3 + 3x^2 y^2 + y^4 = c$$

若 $\dfrac{\partial Q}{\partial x} \neq \dfrac{\partial P}{\partial y}$,则 $P\mathrm{d}x + Q\mathrm{d}y = 0$ 不是全微分方程.但若存在 $\mu(x,y)$,使 $\mu(x,y)P\mathrm{d}x + \mu(x,y)Q\mathrm{d}y = 0$ 为全微分方程,则此方程的通解显然也为原方程通解.我们将 $\mu(x,y)$ 称为 $P(x,y)\mathrm{d}x + Q(x,y)\mathrm{d}y = 0$ 的积分因子.

例 2 解方程 $y\mathrm{d}x - x\mathrm{d}y = 0$.

解 通过观察,积分因子 $\mu(x,y)$ 可取 $\dfrac{1}{x^2}, \dfrac{1}{y^2}, \dfrac{1}{xy}, \dfrac{1}{x^2+y^2}$.若取积分因子 $\mu(x,y) = \dfrac{1}{x^2}$,得 $\dfrac{y\mathrm{d}x - x\mathrm{d}y}{x^2} = -\mathrm{d}\left(\dfrac{y}{x}\right)$,故方程通解为 $\dfrac{y}{x} = c$.

利用这种方法要熟记一些简单二元函数的全微分,例如:

$$y\mathrm{d}x + x\mathrm{d}y = \mathrm{d}(xy)$$

$$\frac{y\mathrm{d}x - x\mathrm{d}y}{y^2} = \mathrm{d}\left(\frac{x}{y}\right)$$

$$\frac{-y\mathrm{d}x + x\mathrm{d}y}{x^2} = \mathrm{d}\left(\frac{y}{x}\right)$$

$$\frac{y\mathrm{d}x - x\mathrm{d}y}{xy} = \mathrm{d}\ln\frac{x}{y}$$

$$\frac{y\mathrm{d}x - x\mathrm{d}y}{x^2 + y^2} = \mathrm{d}\left(\arctan\frac{x}{y}\right)$$

$$\frac{y\mathrm{d}x - x\mathrm{d}y}{x^2 - y^2} = \frac{1}{2}\mathrm{d}\ln\left|\frac{x-y}{x+y}\right|$$

≪ 习题 12.5 ≫

1. 求下列微分方程的通解.

(1) $(2x+3)\mathrm{d}x + (2y-2)\mathrm{d}y = 0$;　　(2) $(y+1)\mathrm{d}x + x\mathrm{d}y = 0$;

(3) $\left(1 + \mathrm{e}^{\frac{x}{y}}\right)\mathrm{d}x + \mathrm{e}^{\frac{x}{y}}\left(1 - \dfrac{x}{y}\right)\mathrm{d}y = 0$;　　(4) $\mathrm{e}^{x^2} \cdot (\mathrm{d}y + 2xy\mathrm{d}x) = 3x^2 \mathrm{d}x$.

2. 对下列方程,利用观察法找到积分因子,然后求其解.

(1) $x\mathrm{d}y - y\mathrm{d}x = (x^2 + y^2)x\mathrm{d}x$;

(2) $(y + 2xy + y^2)\mathrm{d}x + (x + y)\mathrm{d}y = 0$;

(3) $(x - y)\mathrm{d}y - (x + y)\mathrm{d}x = 0$;

(4) $(x^2 - xy)\mathrm{d}x + x^2 \mathrm{d}y = 0$.

B

1. 求下列微分方程的通解.

(1) $\left(\dfrac{\sin 2x}{y} + x\right)\mathrm{d}x + \left(y - \dfrac{\sin^2 x}{y^2}\right)\mathrm{d}y = 0$;

(2) $(y\cos x + 2xe^y)\mathrm{d}x + (\sin x + x^2 e^y + 2)\mathrm{d}y = 0$;

(3) $\dfrac{2x}{y^3}\mathrm{d}x = \dfrac{-y^2 + 3x^2}{y^4}\mathrm{d}y$;

(4) $yx^{y-1}\mathrm{d}x + x^y \ln x\,\mathrm{d}y = 0$.

2. 设微分方程 $f(x,y)\mathrm{d}x - \mathrm{d}y = 0$ 有仅依赖于 x 的积分因子,证明此方程必为线性方程.

12.6 可降阶的高阶微分方程

对于有些高阶微分方程,我们可以通过代换将它化成较低阶的方程来解.以二阶微分方程

$$y'' = f(x, y, y') \tag{1}$$

而论,若我们能设法做代换把它从二阶降到一阶,那么就能应用前面几节所讲的方法求解.以下介绍三种易降阶的高阶微分方程的求解方法.

12.6.1 $y^{(n)} = f(x)$ 型方程

对这种方程,我们只需积分 n 次,即可求得其通解.

例 1 求微分方程 $y''' = x - \cos x$ 的解.

解 两边积分,得

$$y'' = \frac{1}{2}x^2 - \sin x + c$$

两边再积分,得

$$y' = \frac{1}{6}x^3 + \cos x + cx + c_2$$

两边第三次积分,得

$$y = \frac{1}{24}x^4 + \sin x + c_1 x^2 + c_2 x + c_3, \quad 其中 \ c_1 = \frac{c}{2}$$

12.6.2 $y'' = f(x, y')$ 型方程

方程 $y'' = f(x, y')$ 的右端不含积分未知函数 y,若令 $y' = p$,则 $y'' = \dfrac{\mathrm{d}p}{\mathrm{d}x}$.则方程 $y'' = f(x, y')$ 成为 $\dfrac{\mathrm{d}p}{\mathrm{d}x} = f(x, p)$.这是一个关于 x, p 的一阶微分方程,设其通解为 $p = \varphi(x, c_1)$,即 $y' = \varphi(x, c_1)$,则原方程的通解为

$$y = \int \varphi(x, c_1)\mathrm{d}x + c_2$$

例 2 求微分方程 $(1 + x^2)y'' = 2xy'$ 满足初始条件 $y|_{x=0} = 1, y'|_{x=0} = 3$ 的特解.

解 所给方程是 $y'' = f(x, y')$ 型的,设 $y' = p$ 后,代入方程并分离变换,得

$$\frac{\mathrm{d}p}{p} = \frac{2x}{1+x^2}\mathrm{d}x$$

两端积分,得 $\ln|p| = \ln(1 + x^2) + \ln c$,即 $p = y' = c \cdot (1 + x^2)$. 由 $y'|_{x=0} = 3$,得 $c_1 = 3$,

于是有
$$y' = 3(1 + x^2)$$
两端再积分,得 $y = x^3 + 3x + c_2$. 由 $y\big|_{x=0} = 1$,得 $c_2 = 1$. 于是所求特解为
$$y = x^3 + 3x + 1$$

例 3 求方程 $(1 - x^2)y'' - xy' = 2$ 的通解.

解 令 $y' = p(x)$,代入方程,得 $p' - \dfrac{x}{1 - x^2}p = \dfrac{2}{1 - x^2}$. 这是一个关于未知函数 $p(x)$ 的一阶线性微分方程. 利用通解公式得
$$p = \frac{1}{\sqrt{1 - x^2}}(2\arcsin x + c)$$
即
$$\frac{\mathrm{d}y}{\mathrm{d}x} = \frac{1}{\sqrt{1 - x^2}}(2\arcsin x + c)$$
两边积分,得
$$y = (\arcsin x)^2 + c_1 \arcsin x + c_2$$

12.6.3 $\quad y'' = f(y, y')$ 型方程

微分方程 $y'' = f(y, y')$ 中不含有变量 x. 令 $y' = p$,并利用复合函数求导法,可把 y'' 化成 y 的导数,即 $y'' = \dfrac{\mathrm{d}p}{\mathrm{d}x} = \dfrac{\mathrm{d}p}{\mathrm{d}y}\dfrac{\mathrm{d}y}{\mathrm{d}x} = p\dfrac{\mathrm{d}p}{\mathrm{d}y}$. 这样方程化为
$$p\frac{\mathrm{d}p}{\mathrm{d}y} = f(y, p)$$
这是以 p 为未知函数、y 为自变量的一阶方程,设其通解为 $p = \varphi(y, c_1)$,即有
$$\frac{\mathrm{d}y}{\varphi(y, c_1)} = \mathrm{d}x$$
故原方程通解为
$$\int \frac{\mathrm{d}y}{\varphi(y, c_1)} = x + c_2$$

例 4 求微分方程 $yy'' - (y')^2 = 0$ 的通解.

解 设 $y' = p$,则 $y'' = p\dfrac{\mathrm{d}p}{\mathrm{d}y}$. 代入原方程,得 $yp\dfrac{\mathrm{d}p}{\mathrm{d}y} - p^2 = 0$. 在 $y \neq 0, p \neq 0$ 时消去 p,并分离变量,得 $\dfrac{\mathrm{d}p}{p} = \dfrac{\mathrm{d}y}{y}$. 两端积分,得 $\ln|p| = \ln|y| + \ln c_1$,即 $\dfrac{\mathrm{d}y}{\mathrm{d}x} = c_1 y$,再分离变量后两端积分,得 $y = c_2 \mathrm{e}^{c_1 x}$.

《《《 **习题 12.6** 》》》

A

1. 求下列微分方程的通解.

(1) $y'' = x + \sin x$；　　　　　　　(2) $e^{2x} y''' = 1$；

(3) $y'' = \dfrac{1}{1 + x^2}$；　　　　　　(4) $xy'' = y' \ln y'$；

(5) $xy'' + y' = 0$；　　　　　　　(6) $y'' - y' = x$；

(7) $y^3 y'' = 1$；　　　　　　　　(8) $yy'' + 1 - y'^2 = 0$.

2. 求下列微分方程满足初始条件的特解.

(1) $y^2 y'' + 1 = 0, y \big|_{x=0} = \dfrac{1}{2}, y' \big|_{x=0} = 2$；　(2) $y^3 \cdot y'' = -1, y \big|_{x=1} = 1, y' \big|_{x=1} = 0$；

(3) $y'' = 3\sqrt{y}, y \big|_{x=0} = 1, y' \big|_{x=0} = 2$；　(4) $y''' = e^{ax}, y \big|_{x=1} = y' \big|_{x=1} = y'' \big|_{x=1} = 0$.

3. 求方程 $y'' = x$ 过 $(0,1)$ 且与直线 $y = \dfrac{x}{2} + 1$ 相切的积分曲线.

B

1. 求下列微分方程的通解.

(1) $yy'' = (y')^2 - 1$；　　　　　　(2) $y' y''' = 3 (y'')^2$；

(3) $y'' = \left[1 + (y')^2 \right]^{\frac{3}{2}}$.

2. 设位于坐标原点的甲舰向位于 x 轴上点 $A(1,0)$ 处的乙舰发射导弹,导弹头始终对准乙舰,若乙舰以最大速度 v_0 沿平行于 y 轴的直线行驶,导弹的速度是 $5v_0$,求导弹运行的曲线方程.又问乙舰行驶多远时,它将被击中?

12.7　高阶线性微分方程

本节和以下两节,我们将讨论在实际问题中应用得较多的所谓高阶线性微分方程.下面先介绍二阶微分方程的一些基本概念.

我们把形如

$$y'' + P(x) y' + Q(x) y = f(x) \tag{1}$$

的微分方程称为二阶线性微分方程.其中 $P(x), Q(x), f(x)$ 为已知函数. 当 $f(x) \equiv 0$ 时,称

$$y'' + P(x) y' + Q(x) y = 0 \tag{2}$$

为二阶齐次线性微分方程.当 $f(x) \neq 0$ 时,称为二阶非齐次线性微分方程.

下面分别讨论齐次线性方程和非齐次线性方程解的一些性质.

12.7.1　二阶齐次线性微分方程解的性质与通解结构

定理 1　(**解的叠加原理**)若 $y_1(x), y_2(x)$ 为齐次方程

$$y'' + P(x) y' + Q(x) y = 0 \tag{2}$$

的两个解,则 $y = c_1 y_1 + c_2 y_2$ 也是齐次方程的解,其中 c_1, c_2 为任意常数.

　　证　由于 $y_1(x), y_2(x)$ 为(2)式的解,故

$$y_1'' + P(x) y_1' + Q(x) y_1 = 0$$

$$y_2'' + P(x)y_2' + Q(x)y_2 = 0$$

将 $y = c_1y_1 + c_2y_2$ 代入,得

$$(c_1y_1 + c_2y_2)'' + P(c_1y_1 + c_2y_2)' + Q(c_1y_1 + c_2y_2)$$
$$= c_1(y_1'' + Py_1' + Qy_1) + c_2(y_2'' + Py_2' + Qy_2) = 0$$

对于上式,从形式上看,这是它有两个任意常数 c_1, c_2 的解,但它不一定是齐次方程的通解.因为在某些情况下,两个任意常数可以合并成一个任意常数.例如,y_1 是 $y'' + P(x)y' + Q(x)y = 0$ 的解,$y_2 = 2y_1$ 是另一个解,此时

$$y = c_1y_1 + c_2y_2 = c_1y_1 + 2c_2y_1 = (c_1 + 2c_2)y_1 = cy_1$$

其中 c_1, c_2 是任意常数,但合起来用一个任意常数 c 即可表示,所以它不是方程(2)式的通解.那么我们便想:在什么条件下它才是 $y'' + P(x)y' + Q(x)y = 0$ 的通解呢? 要解决这个问题,我们先来介绍有关函数线性相关与线性无关的概念.

定义 设函数 $y_1(x), y_2(x)$ 在区间 I 上有定义,如存在两个不全为零的常数 c_1, c_2,使得在 I 上有 $c_1y_1(x) + c_2y_2(x) = 0$,称 y_1, y_2 在区间 I 上线性相关,否则称 y_1, y_2 是线性无关的.

易证:y_1, y_2 在区间 I 上线性相关的充分必要条件是 $y_2 = cy_1$ 或 $\dfrac{y_1}{y_2} = c, \forall x \in I$;

y_1, y_2 在区间 I 上线性无关的充分必要条件是 $\dfrac{y_1}{y_2} \neq c, \forall x \in I$.

例如,$y_1 = e^x, y_2 = e^{3x}$ 是线性无关的,$\sin x$ 与 $3\sin x$ 是线性相关的.

有了线性相关的概念后,我们有如下关于二阶齐次线性微分方程通解结构的定理.

定理 2 若 $y_1(x), y_2(x)$ 是(2)式的两个线性无关特解,则 $y = c_1y_1 + c_2y_2$ 是方程(2)式的通解,其中 c_1, c_2 为任意常数.

例如,$y_1 = e^x, y_2 = e^{-x}$ 是方程 $y'' - y' = 0$ 的两个解,且 $\dfrac{y_1}{y_2} = e^{2x} \neq c$,所以 y_1, y_2 是线性无关的,由定理 2 知,$y = c_1e^x + c_2e^{-x}$ 是该方程的通解.

12.7.2 二阶非齐次线性方程解的性质与通解结构

定理 3 设 y^* 为非齐次线性方程(1)式的特解,Y 为对应齐次方程 $y'' + P(x)y' + Q(x)y = 0$ 的通解,则非齐次线性方程的通解为 $y = Y + y^*$.

证 由于 y^* 为(1)式的特解,Y 为 $y'' + P(x)y' + Q(x)y = 0$ 的通解,所以有

$$y'' + Py' + Qy = (Y + y^*)'' + P(Y + y^*)' + Q(Y + y^*)$$
$$= (Y'' + PY' + QY) + (y^{*''} + Py^{*'} + Qy^*)$$
$$= f(x)$$

非齐次线性微分方程(1)式的特解有时可用下述定理来帮助求出.

定理 4 若 y_1^*, y_2^* 分别为 $y'' + P(x)y' + Q(x)y = f_1(x), y'' + P(x)y' + Q(x)y = f_2(x)$ 的特解,则 $y_1^* + y_2^*$ 为 $y'' + P(x)y' + Q(x)y = f_1(x) + f_2(x)$ 的特解.

定理 4 就是非线性方程解的叠加原理.

12.8　二阶常系数齐次线性微分方程

在二阶线性微分方程 $y'' + P(x)y' + Q(x)y = f(x)$ 中，$P(x)$，$Q(x)$ 若为常数，即有

$$y'' + py' + qy = f(x) \tag{1}$$

其中 p，q 为常数，则称方程 (1) 为二阶常系数线性微分方程. 若 $f(x) \equiv 0$，称

$$y'' + py' + qy = 0 \tag{2}$$

为二阶常系数齐次线性微分方程.

由上节的讨论可知，要找到 12.7 节中微分方程 (2) 式的通解，可以先求得它的两个特解 y_1，y_2，若 $\dfrac{y_2}{y_1}$ 不等于常数，即 y_1 与 y_2 线性无关，则 $y = c_1 y_1 + c_2 y_2$ 就是 12.7 节中方程 (2) 式的通解. 现在我们从微分方程的特点出发来找这两个特解.

由于 $y'' + py' + qy = 0$ 中的系数 p，q 为常数，所以它的解函数 y 与它的导函数 y'，y'' 必须是同一类函数的不同常数倍，这样的函数代入方程后，才可能成为恒等式. 函数 $y = \mathrm{e}^{rx}$ 的高阶导数仍为 $c\mathrm{e}^{rx}$ 形式，所以对适当的 r，$y = \mathrm{e}^{rx}$ 可以成为齐次线性方程的解.

对 $y = \mathrm{e}^{rx}$ 求导，得 $y' = r\mathrm{e}^{rx}$，$y'' = r^2 \mathrm{e}^{rx}$. 将 y，y'，y'' 代入 (2) 式，得

$$r^2 \mathrm{e}^{rx} + pr\mathrm{e}^{rx} + q\mathrm{e}^{rx} = 0$$

约去 $\mathrm{e}^{rx} \neq 0$，得

$$r^2 + pr + q = 0$$

由此可见，只要 r 满足方程 $r^2 + pr + q = 0$，则函数 $y = \mathrm{e}^{rx}$ 为微分方程 $y'' + py' + qy = 0$ 的解. 我们称 $r^2 + pr + q = 0$ 为齐次方程 $y'' + py' + qy = 0$ 的特征方程.

特征方程 $r^2 + pr + q = 0$ 是一个一元二次方程，它的解有三种不同情形：

(1) 当 $p^2 - 4q > 0$ 时，有两个不相等实根：

$$r_{1,2} = \frac{-p \pm \sqrt{p^2 - 4q}}{2}$$

此时可得两个线性无关特解：$y_1 = \mathrm{e}^{r_1 x}$，$y_2 = \mathrm{e}^{r_2 x}$，故 $y'' + py' + qy = 0$ 的通解为

$$y = c_1 \mathrm{e}^{r_1 x} + c_2 \mathrm{e}^{r_2 x}$$

(2) 当 $p^2 - 4q = 0$ 时，有两个相等实根 $r = r_1 = r_2 = -\dfrac{p}{2}$，此时仅得到一个特解为 $y_1 = \mathrm{e}^{rx}$，还需求出另一个特解 y_2，且要保证 $\dfrac{y_2}{y_1}$ 恒不等于常数.

设 $\dfrac{y_2}{y_1} = u(x)$，即 $y_2 = \mathrm{e}^{rx} u(x)$. 下求 $u(x)$.

对 y_2 求导，得

$$y_2' = \mathrm{e}^{rx}(u' + ru), \quad y_2'' = \mathrm{e}^{rx}(u'' + 2ru' + r^2 u)$$

将 y_2，y_2'，y_2'' 代入 (2) 式得

$$\mathrm{e}^{rx}\left[(u'' + 2ru' + r^2 u) + p(u' + ru) + qu\right] = 0$$

即

$$u'' + (2r + p)u' + (r^2 + pr + q) = 0$$

又 r 是特征方程 $r^2 + pr + q = 0$ 的二重根,故有 $r^2 + pr + q = 0$,且 $2r + p = 0$,于是 $u'' = 0$.

由于这里只要得到一个不为常数的解,所以不妨取 $u = x$,于是得微分方程(2)式的另一个解 $y_2 = x e^{rx}$.

故微分方程(2)式的通解为

$$y = c_1 e^{rx} + c_2 x e^{rx} = (c_1 + c_2 x) e^{rx}$$

(3) 当 $p^2 - 4q < 0$ 时,特征方程 $r^2 + pr + q = 0$ 有一对复根:

$$r_1 = \alpha + i\beta, \quad r_2 = \alpha - i\beta, \quad \beta \neq 0$$

此时,$y_1 = e^{(\alpha + i\beta)x}$,$y_2 = e^{(\alpha - i\beta)x}$ 是微分方程(2)式的两个解.

但它们是复值函数.为了求出实值函数,利用欧拉公式 $e^{(\alpha + i\beta)x} = e^{\alpha x}(\cos\beta x + i\sin\beta x)$,可得

$$\overline{y}_1 = \frac{y_1 + y_2}{2} = e^{\alpha x}\cos\beta x$$

$$\overline{y}_2 = \frac{y_1 - y_2}{2i} = e^{\alpha x}\sin\beta x$$

故微分方程(2)式的通解为

$$y = c_1\overline{y}_1 + c_2\overline{y}_2 = e^{\alpha x}(c_1\cos\beta x + c_2\sin\beta x)$$

综上所述,求二阶常系数线性微分方程 $y'' + py' + qy = 0$ 通解的步骤可总结为:

(1) 写出微分方程的特征方程 $r^2 + pr + q = 0$;

(2) 求出特征方程的特征根 r_1,r_2;

(3) 根据 r_1,r_2 的不同情况,按表 12.1 写出微分方程的通解.

表 12.1

特征方程 $r^2 + pr + q = 0$ 的根	微分方程的通解
两个不相等的实根 r_1,r_2	$y = c_1 e^{r_1 x} + c_2 e^{r_2 x}$
两个相等的实根 $r_1 = r_2 = r$	$y = (c_1 + c_2 x) e^{rx}$
一对共轭复根 r_1,$r_2 = \alpha \pm i\beta$	$y = e^{\alpha x}(c_1\cos\beta x + c_2\sin\beta x)$

例 1 求下列微分方程的通解.

(1) $y'' - 4y' + 3y = 0$;

(2) $y'' - 2y' + y = 0$;

(3) $y'' + 2y' + 3y = 0$.

解 (1) 特征方程为 $r^2 - 4r + 3 = 0$,其根为 $r_1 = 1$,$r_2 = 3$,故通解为

$$y = c_1 e^x + c_2 e^{3x}$$

(2) 特征方程为 $r^2 - 2r + 1 = 0$,其根为 $r_1 = r_2 = 1$,故通解为

$$y = c_1 e^x + c_2 x e^x$$

(3) 特征方程为 $r^2 + 2r + 3 = 0$,其根为 $r = -1 \pm \sqrt{2}i$,故通解为

$$y = e^{-x}(c_1\cos\sqrt{2}x + c_2\sin\sqrt{2}x)$$

对于更高阶常系数齐次线性微分方程,可采用类似于二阶常系数齐次线性微分方程求通解的方法得到通解.

设 n 阶常系数齐次线性微分方程为

$$y^{(n)} + p_1 y^{(n-1)} + \cdots + p_{n-1} y' + p_n y = 0$$

其特征方程为

$$r^n + p_1 r^{n-1} + \cdots + p_{n-1} r + p_n = 0$$

从代数学知识可知,n 次多项式在复数范围内有 n 个根(重根按重数算),而特征方程的每一个根都对应着通解的一项(见表 12.2),且每项给定一个任意常数,这样就得到 n 阶常系数齐次线性微分方程的通解:

$$y = c_1 y_1 + c_2 y_2 + \cdots + c_n y_n$$

表 12.2

特征方程的根	微分方程通解中的对应项
单实根 r	给出 1 项:$c e^{rx}$
一对单复根 $r_{1,2} = \alpha + i\beta$	给出 2 项:$e^{\alpha x}(c_1 \cos\beta x + c_2 \sin\beta x)$
k 重实根 r	给出 k 项:$e^{rx}(c_1 + c_2 x + \cdots + c_k x^{k-1})$
一对 k 重复根 $r_{1,2} = \alpha \pm i\beta$	给出 $2k$ 项:$e^{\alpha x}\big[(c_1 + c_2 x + \cdots + c_k x^{k-1})\cos\beta x + (d_1 + d_2 x + \cdots + d_k x^{k-1})\sin\beta x\big]$

例2 求下列微分方程的通解.

(1) $y^{(4)} + 5y'' - 36y = 0$;

(2) $y^{(4)} - 6y''' + 12y'' - 8y' = 0$;

(3) $y^{(4)} + 4y'' + 4y = 0$.

解 (1) 特征方程为 $r^4 + 5r^2 - 36 = 0$,即 $(r^2 - 4)(r^2 + 9) = 0$,其根为 $r_{1,2} = \pm 2$,$r_{3,4} = \pm 3i$,所求微分方程通解为

$$y = c_1 e^{2x} + c_2 e^{-2x} + c_3 \cos 3x + c_4 \sin 3x$$

(2) 特征方程为 $r^4 - 6r^3 + 12r^2 - 8r = 0$,即 $r(r-2)^3 = 0$,其根为 $r_1 = 0$,$r_{2,3,4} = 2$,所求微分方程通解为

$$y = c_1 + (c_2 + c_3 x + c_4 x^2)e^{2x}$$

(3) 特征方程为 $r^4 + 4r^2 + 4 = 0$,即 $(r^2 + 2)^2 = 0$,其根为 $r_{1,2} = \sqrt{2}i$,$r_{3,4} = -\sqrt{2}i$,所求微分方程通解为

$$y = (c_1 + c_2 x)\cos\sqrt{2}x + (c_3 + c_4 x)\sin\sqrt{2}x$$

《《《 习题 12.8 》》》

A

1. 验证函数 $y_1 = x^2$ 是 $x^2 y'' - 3xy' + 4y = 0$ 的一个特解,令 $y_2 = y_1 u(x) = x^2 u$,求此方程的通解.

2. 设 $y = e^x(c_1 \cos x + c_2 \sin x)$ 为某二阶常系数线性齐次微分方程的通解,求该方程.

3. 求下列微分方程的通解.

(1) $y'' + 4y' + 29y = 0$;　　　　(2) $y'' = 4y'$;

(3) $\dfrac{d^2 x}{dt^2} + \dfrac{dx}{dt} = 0$;　　　　(4) $y'' + 6y' + 13 = 0$;

(5) $4y'' - 20y' + 25y = 0$;　　　　(6) $\dfrac{d^2 \rho}{d\theta^2} - 4\dfrac{d\rho}{d\theta} + 5\theta = 0$;

(7) $y^{(4)} - y = 0$;　　　　(8) $y^{(4)} + 2y'' + y = 0$;

(9) $y^{(4)} + 5y'' - 36y = 0$;　　　　(10) $y^{(4)} - 2y''' + y'' = 0$.

4. 求下列微分方程满足初始条件的特解.

(1) $4y'' + 4y' + y = 0, y|_{x=0} = 2, y'|_{x=0} = 0$;

(2) $y'' + 2y' + 5y = 0, y|_{x=0} = 0, y'|_{x=0} = 1$;

(3) $y'' + 9y = 0, y|_{x=0} = 0, y'|_{x=0} = 3$;

(4) $y'' - 4y' + 3y = 0, y|_{x=0} = 6, y'|_{x=0} = 10$.

B

1. 一个单位质量的质点在数轴上运动,开始时刻在原点 O 处且速度为 v_0. 在运动过程中,它受到一个力的作用,这个力的大小与质点到原点的距离成正比(比例系数 $k_1 > 0$)而方向与初速度一致,又介质的阻力与速度成正比(比例系数 $k_2 > 0$). 求反映这质点运动规律的函数.

2. 设 $f(x)$ 是二次可微函数,且 $f''(x) + f'(x) - f(x) = 0$. 证明:若 $f(x)$ 在某不同两点处的函数值为 0,则 $f(x)$ 在两点之间恒为零.

12.9　常系数非齐次线性微分方程

本节着重讨论二阶常系数非齐次线性微分方程的解法.

二阶常系数非齐次线性微分方程的一般形式为

$$y'' + py' + qy = f(x) \tag{1}$$

其中,p, q 为常数,$f(x)$ 是已知的连续函数. 由 12.7 节的定理 3 可知,(1) 式的通解 y 等于它的特解 y^* 与对应齐次方程:

$$y'' + py' + qy = 0 \tag{2}$$

的通解 Y 之和,即 $y = Y + y^*$.

齐次方程的通解 Y 的求解在上节已经介绍过,因此,现在只需解决如何求非齐次线性方程的特解.

下面讨论 $y'' + py' + qy = f(x)$ 中 $f(x)$ 为如下两种类型时特解 y^* 的求法.

12.9.1　$f(x) = e^{\lambda x} P_m(x)$ 型($P_m(x)$ 为 m 次多项式)

设 (1) 式的右端函数为

$$f(x) = e^{\lambda x} P_m(x)$$

其中,λ 是常数,$P_m(x)$ 是已知的 m 次多项式.

由于(1)式右端的 $f(x)$ 是多项式 $P_m(x)$ 与指数函数的乘积,而多项式与指数函数乘积的导数仍是多项式与指数函数 $\mathrm{e}^{\lambda x}$ 的乘积,因而我们推测 $y^* = Q(x)\mathrm{e}^{\lambda x}$(其中 $Q(x)$ 是某个多项式)可能是(1)式的特解. 把 $y^*, y^{*\prime}, y^{*\prime\prime}$ 代入(1)式,然后考虑能否选取适当的多项式 $Q(x)$ 使 $y^* = Q(x)\mathrm{e}^{\lambda x}$ 满足(1)式. 为此,将

$$y^* = Q(x)\mathrm{e}^{\lambda x},$$
$$y^{*\prime} = \mathrm{e}^{\lambda x}[\lambda Q(x) + Q'(x)]$$
$$y^{*\prime\prime} = \mathrm{e}^{\lambda x}[\lambda^2 Q(x) + 2\lambda Q'(x) + Q''(x)]$$

代入(1)式并消去 $\mathrm{e}^{\lambda x}$,得

$$Q''(x) + (2\lambda + p)Q'(x) + (\lambda^2 + p\lambda + q)Q(x) = P_m(x) \tag{3}$$

下面分三种情况来讨论:

(1) 若 λ 不是特征方程的根,则 $\lambda^2 + p\lambda + q \neq 0$,因为 $P_m(x)$ 为 m 次多项式,所以为使(3)式成为恒等式,由(1)式可知 $Q(x)$ 应为 m 次多项式,故可令

$$Q_m(x) = a_m x^m + a_{m-1} x^{m-1} + \cdots + a_1 x + a_0$$

其中系数待定,$i = 0, 1, 2, \cdots, m$.

将 $y^* = Q_m(x)\mathrm{e}^{\lambda x}$ 代入原方程,用待定系数法求出系数 a_i,即可得 $Q_m(x)$,从而得

$$y^* = Q_m(x)\mathrm{e}^{\lambda x}$$

(2) 若 λ 是特征方程 $r^2 + pr + q = 0$ 的单根,则 $\lambda^2 + p\lambda + q = 0$,但 $2\lambda + p \neq 0$,要使(3)式两端恒等,那么 $Q'(x)$ 必须是 m 次多项式,此时可令 $Q(x) = xQ_m(x)$. 可用同样的方法来确定 $Q_m(x)$ 中的系数 $a_i(i = 0, 1, 2, \cdots, m)$.

(3) 若 λ 是特征方程 $r^2 + pr + q = 0$ 的重根,则 $\lambda^2 + p\lambda + q = 0$,且 $2\lambda + p = 0$,要使(3)式两端恒等,那么 $Q''(x)$ 必须是 m 次多项式,此时可令 $Q(x) = x^2 Q_m(x)$. 可用同样的方法来确定 $Q_m(x)$ 中的系数.

综上所述,可得如下结论:

对 $f(x) = \mathrm{e}^{\lambda x} P_m(x)$ 型常系数非齐次线性微分方程,其特解形式为

$$y^* = x^k Q_m(x)\mathrm{e}^{\lambda x}$$

其中 $Q_m(x)$ 为与 $P_m(x)$ 同次的标准多项式,而

$$k = \begin{cases} 0, & \lambda \text{ 不是特征方程的根} \\ 1, & \lambda \text{ 是特征方程的单根} \\ 2, & \lambda \text{ 是特征方程的二重根} \end{cases}$$

例 1 求微分方程 $y'' - 2y' - 3y = 3x + 1$ 的一个特解.

解 特征方程为 $r^2 - 2r - 3 = 0$,其根为 $r_1 = 3, r_2 = -1$.

这是二阶常系数非齐次线性微分方程,且 $f(x)$ 是 $P_m(x)\mathrm{e}^{\lambda x}$ 型.

由于 $\lambda = 0$ 不是特征方程的根,所以应设特解为

$$y^* = ax + b$$

把它代入原方程,得

$$-3ax - 2a - 3b = 3x + 1$$

比较两端系数,得

$$\begin{cases} -3a = 3 \\ -2a - 3b = 1 \end{cases}$$

由此得
$$a = -1, \quad b = \frac{1}{3}$$

于是求得一个特解为 $y^* = -x + \frac{1}{3}$.

例2 求微分方程 $y'' + \frac{1}{2}y' - \frac{1}{2}y = (x^2+1)e^x$ 的通解.

解 特征方程为 $r^2 + \frac{1}{2}r - \frac{1}{2} = 0$,其根为 $r_{1,2} = -1, \frac{1}{2}$,故对应齐次方程通解为
$$Y = c_1 e^{-x} + c_2 e^{\frac{1}{2}x}$$
因 $\lambda = 1$ 不是特征方程的根,故令 $y^* = (ax^2 + bx + c)e^x$.将 y^* 代入原方程,得
$$2a + \left(2 + \frac{1}{2}\right)(2ax + b) + \left(1 + \frac{1}{2} - \frac{1}{2}\right)(ax^2 + bx + c) = x^2 + 1$$
即
$$ax^2 + (5a + b)x + \left(2a + \frac{5}{2}b + c\right) = x^2 + 1$$
有
$$a = 1, \quad b = -5, \quad c = \frac{23}{2}$$
故特解为
$$y^* = \left(x^2 - 5x + \frac{23}{2}\right)e^x$$
综上,通解为
$$y = c_1 e^{-x} + c_2 e^{\frac{1}{2}x} + \left(x^2 - 5x + \frac{23}{2}\right)e^x$$

例3 求微分方程 $y'' - y' - 2y = (5-6x)e^{-x}$ 的通解.

解 特征方程为 $r^2 - r - 2 = 0$,其根为 $r_{1,2} = -1, 2$,故对应齐次方程通解为
$$Y = c_1 e^{-x} + c_2 e^{2x}$$
因 $\lambda = -1$ 是特征方程的单根,故令 $y^* = x(ax+b)e^{-x}$.将 y^* 代入原方程,即有
$$2a + [2 \times (-1) + (-1)](2ax + b) = 5 - 6x$$
或
$$-6ax + (2a - 3b) = -6x + 5$$
得 $a = 1, b = -1$.则特解为
$$y^* = (x^2 - x)e^{-x}$$
综上,通解为
$$y = c_1 e^{-x} + c_2 e^{2x} + (x^2 - x)e^{-x}$$

例4 求方程 $y'' - 4y' + 4y = (2x^2 + x + 1)e^{2x}$ 的一个特解.

解 特征方程为 $r^2 - 4r + 4 = 0$,其根为 $r_1 = r_2 = 2$.因 $\lambda = 2$ 为特征方程的二重根,故令 $y^* = x^2(ax^2 + bx + c)e^{2x}$.将 y^* 代入原方程,即有
$$12ax^2 + 6bx + 2c = 2x^2 + x + 1$$

得

$$a = \frac{1}{6}, \quad b = \frac{1}{6}, \quad c = \frac{1}{2}$$

故特解为

$$y^* = \left(\frac{1}{6}x^4 + \frac{1}{6}x^3 + \frac{1}{2}x^2\right)e^{2x}$$

12.9.2 $f(x) = P_m(x)e^{\lambda x}\cos\omega x$ 或 $P_m(x)e^{\lambda x}\sin\omega x$ 型

设(1)式的右端函数为

$$f(x) = P_m(x)e^{\lambda x}\cos\omega x \quad 或 \quad P_m(x)e^{\lambda x}\sin\omega x$$

其中 $P_m(x)$ 为 m 次多项式，λ ，ω 是常数.

根据欧拉公式，有

$$e^{(\lambda + i\omega)x} = e^{\lambda x}(\cos\omega x + i\sin\omega x)$$

即 $e^{\lambda x}\cos\omega x$，$e^{\lambda x}\sin\omega x$ 分别为 $e^{(\lambda + i\omega)x}$ 的实、虚部.

因此，可先求出 1 型方程 $y'' + py' + qy = P_m(x)e^{(\lambda + i\omega)x}$ 的特解 $\bar{y}^*$，然后再取实部或虚部即可得 2 型方程

$$y'' + py' + qy = P_m(x)e^{\lambda x}\cos\omega x \quad 或 \quad P_m(x)e^{\lambda x}\sin\omega x$$

的特解 y^*.

由第一种类型知，方程(∗)式的特例为

$$\bar{y}^* = x^k Q_m(x)e^{(\lambda + i\omega)x}$$

其中

$$k = \begin{cases} 0, & \lambda + i\omega \text{ 不是特征方程的根} \\ 1, & \lambda + i\omega \text{ 是特征方程的根} \end{cases}$$

而 $Q_m(x)$ 为复多项式，不妨令 $Q_m(x) = Q_{m_1}(x) + iQ_{m_2}(x)$，则有

$$\bar{y}^* = x^k[Q_{m_1}(x) + iQ_{m_2}(x)]e^{\lambda x}(\cos\omega x + i\sin\omega x)$$
$$= x^k[Q_{m_1}(x)\cos\omega x - Q_{m_2}(x)\sin\omega x]e^{\lambda x} + ix^k[Q_{m_2}(x)\cos\omega x + Q_{m_1}(x)\sin\omega x]e^{\lambda x}$$

取 $\bar{y}^*$ 的实部或虚部，即得原方程的特解 y^*.

综上所述，对类型 2，可令其特解为

$$y^* = x^k[M_m(x)\cos\omega x + N_m(x)\sin\omega x]e^{\lambda x}$$

其中，$k = \begin{cases} 0, \lambda + i\omega \text{ 不是特征方程的根} \\ 1, \lambda + i\omega \text{ 是特征方程的根} \end{cases}$，$M_m(x)$，$N_m(x)$ 是与 $P_m(x)$ 同次的待定多项式.将 y^* 代入原方程，用待定系数法求出 $M_m(x)$，$N_m(x)$，即可得特解 y^*.

例 5 求微分方程 $y'' + 4y = \sin 2x$ 的通解.

解 特征方程为 $r^2 + 4 = 0$，其根为 $r_{1,2} = \pm 2i$. 因 $\lambda + i\omega = 2i$ 是特征方程的单根，故令

$$y^* = x[M_0(x)\cos\omega x + N_0(x)\sin\omega x] = x(a\cos 2x + b\sin 2x)$$

将 y^* 代入原方程，得

$$4b\cos 2x - 4a\sin 2x = \sin 2x$$

$$a = -\frac{1}{4}, \quad b = 0$$

故原方程的通解为

$$y = c_1\cos2x + c_2\sin2x - \frac{1}{4}x\cos2x$$

例 7 求微分方程 $y'' + y = x\cos2x$ 的一个特解.

解 特征方程为 $r^2 + 1 = 0$,其根为 $r_{1,2} = \pm i$.因 $\lambda + i\omega = 2i$ 不是特征方程的根,故令

$$y^* = (ax + b)\cos2x + (cx + d)\sin2x$$

将 y^* 代入原方程,得

$$(-3ax - 3b + 4c)\cos2x - (3cx + 3d + 4a)\sin2x = x\cos2x$$

即有

$$\begin{cases} -3a = 1 \\ -3b + 4c = 0 \\ 3c = 0 \\ 4d + 4a = 0 \end{cases} \Rightarrow \begin{cases} a = -\frac{1}{3} \\ b = c = 0 \\ d = \frac{4}{9} \end{cases}$$

故一个特解为

$$y^* = -\frac{1}{3}x\cos2x + \frac{4}{9}\sin2x$$

例 7 求微分方程 $y'' - 2y' + 5y = e^x\cos2x$ 的通解.

解 特征方程为 $r^2 - 2r + 5 = 0$,其根为 $r_{1,2} = 1 \pm 2i$.因 $\lambda + i\omega = 1 + 2i$ 是特征方程的单根,故令

$$y^* = x(a\cos2x + b\sin2x)e^x$$

将 y^* 代入原方程,得

$$4b\cos2x - 4a\sin2x = \cos2x$$

得

$$a = 0, b = \frac{1}{4}$$

故原方程的通解为

$$y = e^x(c_1\cos2x + c_2\sin2x) + \frac{1}{4}xe^x\sin2x$$

《《《 **习题 12.9** 》》》

A

1. 求下列微分方程的通解.

(1) $y'' + 3y' + 2y = 3xe^{-x}$;

(2) $y'' + 2y' + 2y = e^{-x}\sin x$;

(3) $x'' + x = t + \cos t$;

(4) $y'' + y' = x^2 + e^{-x}$.

2. 求下列微分方程满足初始条件的特解.

(1) $y'' - y = 4x e^x$, $y|_{x=0} = 0$, $y'|_{x=0} = 1$;

(2) $y'' + y + \sin 2x = 0$, $y|_{x=\pi} = 1$, $y'|_{x=\pi} = 1$.

B

1. 求微分方程 $y'' + 4y' + 4y = e^{ax}$ 的通解,其中 a 为实数.

2. 已知 $y_1 = x e^x + e^{2x}$, $y_2 = x e^x + e^{-x}$, $y_3 = x e^x + e^{2x} - e^{-x}$ 是某个二阶常系数非齐次线性微分方程的三个解,求此方程.

12.10 欧拉方程

一般的高阶变系数线性微分方程是不易求解的,但有些特殊的变系数方程可以通过变量代换转化为常系数线性方程求解.欧拉方程就是其中一种.

我们把形如

$$x^n y^{(n)} + P_1 x^{n-1} y^{(n-1)} + \cdots + P_{n-1} x y^1 + P_n y = f(x) \tag{1}$$

的方程(其中 $P_1, P_2, \cdots, P_n$ 为常数)称为欧拉方程.

当 $x > 0$ 时,令 $x = e^t$ 或 $t = \ln x$,将自变量 x 换成 t,并定义微分符号

$$D = \frac{d}{dt}, \quad D^2 = \frac{d^2}{dt^2}, \quad \cdots, \quad D^n = \frac{d^n}{dt^n}$$

则有

$$\frac{dy}{dx} = \frac{1}{x} \frac{dy}{dt} = \frac{1}{x} Dy$$

$$\frac{d^2 y}{dx^2} = \frac{1}{x^2} \left(\frac{d^2 y}{dt^2} - \frac{dy}{dt} \right) = \frac{1}{x^2} D(D-1) y$$

$$\frac{d^3 y}{dx^3} = \frac{1}{x^3} \left(\frac{d^3 y}{dt^3} - 3 \frac{d^2 y}{dt^2} + 2 \frac{dy}{dt} \right) = \frac{1}{x^3} D(D-1)(D-2) y$$

$$\cdots\cdots$$

$$\frac{d^n y}{dx^n} = \frac{1}{x^n} D(D-1)\cdots(D-n+1) y$$

把高阶导数代入(1)式,便得到一个以 t 为自变量的常系数线性微分方程,求出这个方程的解后,把 t 换成 $\ln x$,即可得原方程的解.

对于 $x < 0$ 的情形,不妨做变换 $x = -e^t$,利用上面同样的方法,可得同样的结果.

今后为确定起见,认定 $x > 0$.但最后结果以 $t = \ln|x|$ 代入.

例1 求微分方程 $x^3 y''' + x^2 y'' - 4xy' = 3x^2$ 的通解.

解 令 $x = e^t$ 或 $t = \ln x$,原方程化为

$$D(D-1)(D-2)y + D(D-1)y - 4Dy = 3e^{2t}$$

即

$$D^3 y - 2D^2 y - 3Dy = 3e^{2t}$$

或

$$\frac{d^3 y}{dt^3} - 2\frac{d^2 y}{dt^2} - 3\frac{dy}{dt} = 3e^{2t} \qquad (2)$$

特征方程为 $r^3 - 2r^2 - 3r = 0$，其根为 $r_1 = 0, r_2 = -1, r_3 = 3$. 于是(2)式的对应齐次方程的通解为

$$\overline{y} = c_1 + c_2 e^{-t} + c_3 e^{3t}$$

由于对(2)式 $\lambda = 2$ 不是特征方程的根，故(2)式的特解形式是

$$y^* = Ae^{2t}$$

代入(2)式得

$$-6Ae^{2t} = 3e^{3t}$$

因此 $A = -\frac{1}{2}$. 从而 (2)式的通解为

$$y = c_1 + c_2 e^{-t} + c_3 e^{2t} - \frac{1}{2}e^{2t}$$

将 t 用 $\ln|x|$ 代换，得方程通解为

$$y = c_1 + \frac{c_2}{x} + c_3 x^3 - \frac{1}{2}x^2$$

习题 12.10

A

1. 求下列微分方程的通解.

(1) $x^2 y'' + 3xy' + y = 0$；

(2) $y''' + \dfrac{y''}{x} = 0$；

(3) $xy'' + 2y' = 12\ln x$；

(4) $x^2 y'' - 4xy' + 6y = x$.

2. 一艘质量为 m 的潜艇从水面由静止状态开始下沉,所受阻力与下沉速度成正比(比例系数为 k),求潜艇下沉深度与时间的函数关系.

B

1. 求下列微分方程的通解.

(1) $x^3 y''' + 2xy' - 2y = x^2 \ln x + 3x$；

(2) $(x+2)^2 y''' + (x+2)y'' + y' = 1$；

(3) $x^3 y''' + 3x^2 y'' - 2xy' + 2y = 0$；

(4) $x^2 y'' - 3xy' + 4y = x + x^2 \ln x$.

12.11　微分方程的幂级数解法

当微分方程的解不能用初等函数或者其积分式表示时,我们就要考虑有没有其他解法.常用的方法有幂级数解法和数值解法.这里只简单介绍微分方程的幂级数解法.

求一阶微分方程

$$\frac{\mathrm{d}y}{\mathrm{d}x} = f(x,y) \tag{1}$$

满足初始条件 $y\big|_{x=x_0} = y_0$ 的特解.

这里函数 $f(x,y)$ 是 $(x-x_0)$,$(y-y_0)$ 的多项式:

$$f(x,y) = a_{00} + a_{10}(x-x_0) + a_{01}(y-y_0) + \cdots + a_{lm}(x-x_0)^l(y-y_0)^m \tag{2}$$

其中,$a_1,a_2,\cdots,a_n,\cdots$ 是待定系数.

把(2)式代入(1)式,便得到一个恒等式,比较这个恒等式两端 $(x-x_0)$ 的同次幂的系数,就可以得到常数 $a_1,a_2,\cdots,a_n,\cdots$ 的值,以这些常数为系数得(2)式在其收敛区间就是(1)式满足初始条件 $y\big|_{x=x_0} = y_0$ 的特解.

例 1　求微分方程 $\frac{\mathrm{d}y}{\mathrm{d}x} = x + y^2$ 满足初始条件 $y\big|_{x=x_0} = 0$ 的特解.

解　由题意知 $x_0 = 0$,$y_0 = 0$,故设

$$y = a_1 x_1 + a_2 x^2 + \cdots + a_n x^n + \cdots$$

把 y,y' 的幂级数展开式代入原方程,得

$$a_1 + 2a_2 x + 3a_3 x^3 + 4a_4 x^4 + \cdots$$
$$= x + (a_1 x + a_2 x^2 + \cdots)^2$$
$$= x + a_1^2 + x^2 + 2a_1 a_2 x^3 + (a_2^2 + 2a_1 a_3)x^4 + \cdots$$

比较恒等式两端 x 的同次幂的系数,得

$$a_1 = 0, \quad a_2 = \frac{1}{2}, \quad a_3 = 0, \quad a_4 = 0, \quad a_5 = \frac{1}{20}, \quad \cdots$$

于是所求解的幂级数展开式的开始几项为

$$y = \frac{1}{2}x^2 + \frac{1}{20}x^5 + \cdots$$

关于二阶齐次线性方程 $y'' + P(x)y' + Q(x)y = 0$ 的幂级数求解问题,引入下列定理:

定理　若方程 $y'' + P(x)y' + Q(x)y = 0$ 中系数 $P(x)$ 与 $Q(x)$ 可在 $-R < x < R$ 内展开为 x 的幂级数,则在 $-R < x < R$ 内方程 $y'' + P(x)y' + Q(x)y = 0$ 必有形如 $y = \sum_{n=0}^{\infty} a_n x^n$ 的解.

例 2　求微分方程 $\frac{\mathrm{d}^2 y}{\mathrm{d}x^2} - xy^2 = 0$ 满足 $y\big|_{x=0} = 0$,$y'\big|_{x=0} = 1$ 的特解.

解　由题意知 $P(x) = 0$,$Q(x) = -x$ 在整个数轴上满足定理中的条件,因此所求解可在整个数轴上展开为 x 的幂级数:

$$y = a_0 + a_1 x + a_2 x^2 + \cdots + a_n x^n + \cdots = \sum_{n=0}^{\infty} a_n x^n \qquad (3)$$

由 $y|_{x=0}$，得 $a_0 = 0$. 对(3)式逐项求导，得

$$y' = \sum_{n=1}^{\infty} n a_n x^{n-1}$$

由 $y'|_{n=0} = 1$，得 $a_1 = 1$. 于是所求方程的幂级数解 y 及 y' 的形式为

$$y = x + a_2 x^2 + \cdots + a_n x^n + \cdots = x + \sum_{n=2}^{\infty} a_n x^n \qquad (4)$$

$$y' = 1 + 2 a_2 x + \cdots = 1 + \sum_{n=2}^{\infty} n a_n x^{n-1}$$

对(5)式求导，得

$$y'' = \sum_{n=2}^{\infty} n(n-1) a_n x^{n-2} \qquad (6)$$

把(4)式和(6)式代入方程，并按 x 的升幂集项，得

$$2a_2 + 3 \cdot 2 a_3 x + (4 \cdot 3 a_4 - 1) x^2 + (5 \cdot 4 a_5 - a_2) x^3$$
$$+ (6 \cdot 5 a_6 - a_3) x^4 + \cdots + [(n+2)(n+1) a_{n+2} - a_{n-1}] x^n + \cdots = 0$$

因为幂级数(3)式是方程的解，上式必是恒等式，因此方程左端各项系数必全为0，于是有

$$a_2 = 0, \quad a_3 = 0, \quad a_4 = \frac{1}{4 \cdot 3}, \quad a_5 = 0, \quad a_6 = 0, \quad \cdots$$

一般有

$$a_{n+2} = \frac{a_{n-1}}{(n+2)(n+1)}, \quad n = 3, 4, \cdots$$

由递推式可得

$$a_7 = \frac{a_4}{7 \cdot 6} = \frac{1}{7 \cdot 6 \cdot 4 \cdot 3}$$

$$a_8 = \frac{a_5}{8 \cdot 7} = 0$$

$$a_9 = \frac{a_6}{9 \cdot 8} = 0$$

$$a_{10} = \frac{a_7}{10 \cdot 9} = \frac{1}{10 \cdot 9 \cdot 7 \cdot 6 \cdot 4 \cdot 3}$$

一般有

$$a_{3m-1} = a_{3m} = 0$$
$$a_{3m+1} = \frac{1}{(3m+1) \cdot 3m \cdots 10 \cdot 9 \cdot 7 \cdot 6 \cdot 4 \cdot 3}, \quad m = 1, 2, \cdots$$

于是所求特解为

$$y = x + \frac{x^4}{4 \cdot 3} + \frac{x^7}{7 \cdot 6 \cdot 4 \cdot 3} + \frac{x^{10}}{10 \cdot 9 \cdot 7 \cdot 6 \cdot 4 \cdot 3} + \cdots$$
$$+ \frac{x^{3m+1}}{(3m+1) \cdot 3m \cdots 10 \cdot 9 \cdot 7 \cdot 6 \cdot 4 \cdot 3} + \cdots$$

习题 12.11

1. 试用幂级数求下列微分方程的解.

(1) $y' - xy - x = 1$；　　　　　　　　　(2) $y'' + xy' + y = 0$；

(3) $xy'' + (x + m)y' + my = 0$（$m$ 为自然数）；

(4) $(1 - x)y' = x^2 - y$；　　　　　　　(5) $(x + 1)y' = x^2 - 2x + y$.

2. 试用幂级数求下列微分方程满足初始条件的特解.

(1) $y' = y^2 + x^3$，$y|_{x=0} = \dfrac{1}{2}$；　　　　(2) $(1 - x)y' + y = 1 + x$，$y|_{x=0} = 0$.

阅读材料

香农——信息论创始人

克劳德·艾尔伍德·香农（Claude Elwood Shannon，1916 ～2001）是美国数学家，信息论的创始人.1940 年在麻省理工学院获得博士学位，1941 年进入贝尔实验室工作.香农提出了信息熵的概念，为信息论和数字通信奠定了基础.主要论文有：1938 年的硕士论文《继电器与开关电路的符号分析》，1948 年的《通讯的数学原理》和 1949 年的《噪声下的通信》.香农理论的重要特征是熵（entropy）的概念，他证明熵与信息内容的不确定程度有  等价关系.他是使我们的世界能进行即时通信的少数科学家和思想家之一.他的两大贡献，一是信息理论、信息熵的概念；另一是符号逻辑和开关理论.

复习题 12

1. 选择题.

(1) 微分方程 $y' = 2xy$ 的通解是（　　）.

A. $y = Ce^2$　　　　　　B. $y = e^{x^2}$　　　　　　C. $y = Cx^2$　　　　　　D. $y = Ce^{x^2}$

(2) 微分方程 $dx + xy dy = y^2 dx + y dy$ 满足初始条件 $y(0) = 2$ 的特解是（　　）.

A. $\dfrac{1}{2}\ln(y^2 - 1) = \ln(x - 1) + \dfrac{1}{2}\ln C$　　　　B. $y = 3(x - 1)^2 + 1$

C. $y^2 = 3(x - 1)^2 + 1$　　　　　　　　　　D. $y^3 = 3(x - 1)^2 + 1$

(3) 已知函数 $y(x)$ 满足微分方程 $xy' = y\ln\dfrac{y}{x}$，且在 $x = 1$ 时，$y = e^2$，则当 $x = -1$ 时，$y = $（　　）.

A. -1　　　　　B. 0　　　　　C. 1　　　　　D. e^{-1}

(4) 微分方程 $\sqrt{1 - y^2} = 3x^2 yy'$ 的通解是（　　）.

A. $\sqrt{1 - y^2} - \dfrac{1}{3x} = 0$　　　　　　　　B. $\sqrt{1 - y^2} - \dfrac{1}{x} + C = 0$

C. $\sqrt{1 - y^2} - \dfrac{1}{3x} + C = 0$　　　　　　D. $\sqrt{1 - y^2} - \dfrac{1}{3x} + C_1 = C_2$

(5) 下列微分方程中，通解是 $y = C_1 e^x + C_2 x e^x$ 的方程是（　　）.

A. $y'' - 2y' - y = 0$　　　　　　　　　B. $y'' - 2y' + y = 0$

C. $y'' + 2y' + y = 0$ D. $y'' - 2y' + 4y = 0$

(6) 微分方程 $y'' + y = x^2$ 的一个特解应具有形式(   ).

A. Ax^2 B. $Ax^2 + Bx$

C. $Ax^2 + Bx + C$ D. $x(Ax^2 + Bx + C)$

2. 计算题.

(1) 求微分方程 $yy' + e^{2x+y^2} = 0$ 满足初始条件 $y(0) = \sqrt{\ln 2}$ 的一个特解.

(2) 求微分方程 $\dfrac{dy}{dx} = \dfrac{y}{2x - y^2}$ 的通解.

(3) 求微分方程 $y' + y\cos x = e^{-\sin x}$ 的通解.

(4) 求微分方程 $y\ln y dx + (x - \ln y)dy = 0$ 的通解.

(5) 求微分方程 $y'' = xe^x$ 的通解.

(6) 求微分方程 $y'' = 1 + y'^2$ 的通解.

(7) 求微分方程 $y'' + 6y' + 13y = 0$ 的通解.

(8) 求微分方程 $y^{(4)} + 5y'' - 36y = 0$ 的通解.

(9) 求微分方程 $y'' + a^2 y = e^x$ 的通解.

(10) 求微分方程 $y'' + 3y' + 2y = 3xe^{-x}$ 的通解.

3. 综合题.

(1) 若 $y(1+x^2)^2 - \sqrt{1+x^2}$, $y = (1+x^2)^2 + \sqrt{1+x^2}$ 是微分方程 $y' + p(x)y = q(x)$ 的两个解, 求 $p(x), q(x)$.

(2) 设函数 $y = y(x)$ 是微分方程 $y'' + y' - 2y = 0$ 的解, 且在 $x = 0$ 处取得极值 3, 求 $y(x)$.

(3) 已知函数 $y = y(x)$ 满足微分方程 $x^2 + y^2 y' = 1 - y'$, 且 $y(2) = 0$, 求 $y(x)$ 的极大值和极小值.

(4) 设 $y = y(x)$ 为连续函数, 且满足 $y = e^x + e^x \int_0^x y^2 dx$, 求 $y = y(x)$ 的表达式.

(5) 设 $\varphi(x)$ 为连续函数, 且满足 $\varphi(x) = e^x + \int_0^x t\varphi(t)dt - x\int_0^x \varphi(t)dt$, 求 $\varphi(x)$ 的表达式.

(6) 设函数 $f(u)$ 具有二阶连续导数, $z = f(e^x\cos y)$ 满足 $\dfrac{\partial^2 z}{\partial x^2} + \dfrac{\partial^2 z}{\partial y^2} = (4z + e^x\cos y)e^{2x}$. 若 $f(0) = 0, f'(0) = 0$, 求 $f(u)$ 的表达式.

(7) 已知 $\varphi(\pi) = 1$, 求可导函数 $\varphi(x)$, 使曲线积分 $\displaystyle\int_L \dfrac{[\sin x - \varphi(x)]y}{x} dx + \varphi(x) dy$ 在不经过 x 轴的区域内与路径无关.

(8) 设函数 $y(x)$ 满足方程 $y'' + 2y' + ky = 0$, 其中 $0 < k < 1$. 证明反常积分 $\displaystyle\int_0^{+\infty} y(x)dx$ 收敛; 并在条件 $y(0) = 1, y'(0) = 1$ 下计算 $\displaystyle\int_0^{+\infty} y(x)dx$ 的值.

习题解答与提示

━━ ≪ **习题 8.1** ≫ ━━

A

1. (1) $\begin{cases} -3 \leqslant x \leqslant 0 \\ y \leqslant 0 \end{cases}$, $\begin{cases} 0 \leqslant x \leqslant 3 \\ y \geqslant 0 \end{cases}$; (2) $y^2 > 4(x-2)$;

(3) $|x| < +\infty, 0 \leqslant y < +\infty$; (4) $x \geqslant \sqrt{y}$ 且 $y \geqslant 0$;

(5) $r^2 < x^2 + y^2 \leqslant R^2$; (6) $xy > 1$.

2. $0 \leqslant x \leqslant 1, x^2 \leqslant y \leqslant \sqrt{x}$ 或 $0 \leqslant y \leqslant 1, y^2 \leqslant x \leqslant \sqrt{y}$.

3. $f\left(\dfrac{1}{2}, 3\right) = \dfrac{5}{3}, f(1, -1) = -2$.

4. $f(tx, ty) = t^2 f(x, y)$.

B

1. $\dfrac{x^2(1-y)}{1+y}$. 2. $2xy + 6x + 9y$.

━━ ≪ **习题 8.2** ≫ ━━

A

2. (1) 1; (2) 0; (3) ln2; (4) 0; (5) $-\dfrac{1}{4}$; (6) $\dfrac{1}{2}$.

3. 二重极限不存在,两个累次极限存在且分别为 $\lim\limits_{y \to 0}\left(\lim\limits_{x \to 0} \dfrac{x^2 - y^2}{x^2 + y^2}\right) = -1$ 和 $\lim\limits_{x \to 0}\left(\lim\limits_{y \to 0} \dfrac{x^2 - y^2}{x^2 + y^2}\right) = 1$.

4. (1) $(0,0)$点连续; (2) $(0,0)$点不连续.

B

1. $D = \{x > 0, \ y > -1/x\} \bigcup \{x < 0, y < -1/x\} \bigcup \{x = 0, -\infty < y < +\infty\}$.

2.(1) 间断点为 $\{(x,y)\mid x=k\pi$ 或 $y=k\pi,k\in\mathbf{Z}\}$.

(2) 函数在区域 $\{(x,y,z)\mid x^2+y^2+z^2\geqslant 1\}$ 无意义.

3. 提示：只要证明函数在直线 $x=0$ 上任一点连续即可.

《《 习题 8.3 》》

A

1.(1) $f_x(1,1)=1,f_y(1,1)=2\ln 2+1$;　　　　(2) $f_x(1,0)=1$;

(3) $\dfrac{\partial z}{\partial x}\Big|_{\substack{x=3\\y=4}}=\dfrac{2}{5}$;　　　　(4) $\dfrac{\partial z}{\partial x}\Big|_{y=1}=1$.

2.(1) $z_x=y+\dfrac{1}{y},z_y=x-\dfrac{x}{y^2}$;

(2) $z_x=3x^2-3y,z_y=3y^2-3x$;

(3) $z_x=-\dfrac{2y}{(x-y)^2}\sin\dfrac{x}{y}+\dfrac{x+y}{y(x-y)}\cos\dfrac{x}{y},z_y=\dfrac{2x}{(x-y)^2}\sin\dfrac{x}{y}-\dfrac{x(x+y)}{y^2(x-y)}\cos\dfrac{x}{y}$;

(4) $z_x=\dfrac{y\sqrt{x^y}}{2x(1+x^y)},z_y=\dfrac{\sqrt{x^y}\ln x}{2(1+x^y)}$;

(5) $z_x=\sqrt{y}-\dfrac{1}{3}x^{-\frac{4}{3}}y,z_y=\dfrac{1}{2}xy^{-\frac{1}{2}}+\dfrac{1}{\sqrt[3]{x}}$;

(6) $z_x=\dfrac{e^{xy}(ye^x+ye^y-e^x)}{(e^x+e^y)^2},z_y=\dfrac{e^{xy}(xe^x+xe^y-e^y)}{(e^x+e^y)^2}$;

(7) $z_x=\dfrac{y^2}{(x^2+y^2)^{3/2}},z_y=-\dfrac{xy}{(x^2+y^2)^{3/2}}$;

(8) $z_x=\dfrac{2}{y}\csc\dfrac{2x}{y},z_y=-\dfrac{2x}{y^2}\csc\dfrac{2x}{y}$.

3.(1) $z_x=2a\sin(ax+by)\cos(ax+by)=a\sin 2(ax+by)$,

$z_y=2b\sin(ax+by)\cos(ax+by)=b\sin 2(ax+by)$,

$z_{xx}=2a^2\cos 2(ax+by),z_{yy}=2b^2\cos 2(ax+by),z_{xy}=2ab\cos 2(ax+by)$.

(2) $z_x=y^{\ln x}\ln y,z_y=y^{\ln x-1}\ln x$,

$z_{xx}=\dfrac{(\ln y-1)\ln y}{x^2}y^{\ln x},z_{yy}=y^{\ln x-2}\ln x(\ln x-1),z_{xy}=\dfrac{\ln x\ln y+1}{xy}y^{\ln x}$.

(3) $z_x=yx^{y-1},z_y=x^y\ln x,z_{xx}=y(y-1)x^{y-2},z_{yy}=x^y\ln^2 x,z_{xy}=x^{y-1}(1+y\ln x)$.

(4) $z_x=\dfrac{1}{1+\left(\dfrac{x+y}{1-xy}\right)^2}\cdot\dfrac{1-xy+y(x+y)}{(1-xy)^2}=\dfrac{1}{1+x^2},z_y=\dfrac{1}{1+y^2}$,

$z_{xx}=-\dfrac{2x}{(1+x^2)^2},z_{yy}=-\dfrac{2y}{(1+y^2)^2},z_{xy}=z_{yx}=0$.

4. $z_x=\ln(xy)+1,z_{xx}=\dfrac{1}{x},z_{xy}=\dfrac{1}{y}$.

5. $z=\ln\left(\sqrt{x^2+y^2}\right)=\dfrac{1}{2}\ln(x^2+y^2),z_x=\dfrac{x}{x^2+y^2},z_y=\dfrac{y}{x^2+y^2}$,

$z_{xx}=\dfrac{y^2-x^2}{x^2+y^2},z_{yy}=\dfrac{x^2-y^2}{x^2+y^2},z_{xx}+z_{yy}=0$.

6. $\dfrac{\partial z}{\partial x}=\dfrac{1}{2}\cdot\dfrac{1}{\sqrt{x}+\sqrt{y}}\dfrac{1}{\sqrt{x}},\dfrac{\partial z}{\partial y}=\dfrac{1}{2}\cdot\dfrac{1}{\sqrt{x}+\sqrt{y}}\dfrac{1}{\sqrt{y}}$,

$$x \frac{\partial z}{\partial x} + y \frac{\partial z}{\partial y} = x \cdot \frac{1}{2} \cdot \frac{1}{\sqrt{x} + \sqrt{y}} \frac{1}{\sqrt{x}} + y \cdot \frac{1}{2} \cdot \frac{1}{\sqrt{x} + \sqrt{y}} \frac{1}{\sqrt{y}} = \frac{1}{2}.$$

7. $\frac{\partial z}{\partial x} = e^{xy^{-2}} y^{-2}, \frac{\partial z}{\partial y} = -2x e^{xy^{-2}} y^{-3}, 2x \frac{\partial z}{\partial x} + y \frac{\partial z}{\partial y} = 2x e^{xy^{-2}} y^{-2} + (-2x e^{xy^{-2}} y^{-2}) = 0.$

8. $\frac{\partial z}{\partial x} = e^x \cos y, \frac{\partial z}{\partial y} = -e^x \sin y, \frac{\partial^2 z}{\partial x^2} = e^x \cos y, \frac{\partial^2 z}{\partial y^2} = -e^x \cos y, \frac{\partial^2 z}{\partial x^2} + \frac{\partial^2 z}{\partial y^2} = 0.$

B

2. 提示：对 $f(tx, ty, tz) = t^k f(x, y, z)$ 两边关于 t 求导即可.

─── ≪ **习题 8.4** ≫ ───

A

1. $\Delta z = z(2.02, -1.01) - z(2, -1) \approx -0.204$,

$dz = z_x(2, -1) \Delta x + z_y(2, -1) \Delta y = -4 \cdot 0.02 - 12 \cdot 0.01 = -0.2.$

2. $\Delta z = z(2.1, 1.2) - z(2, 1) \approx 0.071, dz = z_x(2, 1) \Delta x + z_y(2, 1) \Delta y = -\frac{1}{4} \cdot 0.1 + \frac{1}{2} \cdot 0.2 = 0.075.$

3. (1) $dz = \frac{1}{y} dx - \frac{x}{y^2} dy$;　　(2) $dz = \frac{2x dx + 2y dy}{x^2 + y^2}$;

(3) $dz = \frac{y^2 dx - xy dy}{(x^2 + y^2)^{3/2}}$;　　(4) $dz = \frac{-y dx + x dy}{x^2 + y^2}$;

(5) $du = (xy)^z \left(\frac{z}{x} dx + \frac{z}{y} dy + \ln(xy) dz \right)$;

(6) $du = \frac{1}{yz} \left(\frac{x}{y} \right)^{\frac{1}{z} - 1} dx - \frac{x}{y^2 z} \left(\frac{x}{y} \right)^{\frac{1}{z} - 1} dy - \frac{1}{z^2} \left(\frac{x}{y} \right)^{\frac{1}{z}} \ln \left(\frac{x}{y} \right) dz.$

4. (1) $(10.1)^{2.03} \approx 108.908.$

(2) $\sqrt{(1.02)^3 + (1.97)^3} \approx 3 + \frac{1}{2} \cdot 0.02 - 2 \cdot 0.03 = 2.95.$

5. $\Delta r = \frac{1}{6} \approx 0.17 (\text{cm}).$

B

1. 连续, 偏导数等于零, 不可微, 偏导函数不连续.

2. 17.4533 cm^3.

─── ≪ **习题 8.5** ≫ ───

A

1. $\frac{\partial z}{\partial r} = \frac{\partial z}{\partial x} \cdot \frac{\partial x}{\partial r} + \frac{\partial z}{\partial y} \cdot \frac{\partial y}{\partial r} = (2xy - y^2) \cos\theta + (x^2 - 2xy) \sin\theta = 3r^2 \cos\theta \sin\theta (\cos\theta - \sin\theta),$

$$\frac{\partial z}{\partial \theta} = \frac{\partial z}{\partial x} \cdot \frac{\partial x}{\partial \theta} + \frac{\partial z}{\partial y} \cdot \frac{\partial y}{\partial \theta} = -(2xy - y^2)r\sin\theta + (x^2 - 2xy)r\cos\theta = r^3(\cos\theta + \sin\theta)\left(1 - \frac{3}{2}\sin 2\theta\right).$$

2. $\dfrac{\partial z}{\partial x} = \dfrac{\partial z}{\partial u} \cdot \dfrac{\partial u}{\partial x} + \dfrac{\partial z}{\partial v} \cdot \dfrac{\partial v}{\partial r} = 2u\ln v \cdot \left(-\dfrac{y}{x^2}\right) + \dfrac{u^2}{v} \cdot (-2) = -\dfrac{2y}{x}\left[\dfrac{y}{x^2}\ln(3y - 2x) + \dfrac{y}{x(3y - 2x)}\right],$

$\dfrac{\partial z}{\partial y} = \dfrac{\partial z}{\partial u} \cdot \dfrac{\partial u}{\partial y} + \dfrac{\partial z}{\partial v} \cdot \dfrac{\partial v}{\partial y} = 2u\ln v \cdot \left(\dfrac{1}{x}\right) + \dfrac{u^2}{v} \cdot 3 = \dfrac{y}{x}\left[\dfrac{2}{x}\ln(3y - 2x) + \dfrac{3y}{x(3y - 2x)}\right].$

3. $\dfrac{\partial z}{\partial x} = \dfrac{\partial z}{\partial u} \cdot \dfrac{\partial u}{\partial x} + \dfrac{\partial z}{\partial v} \cdot \dfrac{\partial v}{\partial x} = \mathrm{e}^v \cdot 2x + u\mathrm{e}^v \cdot \dfrac{x^2 - y^2}{x^2 y} = \mathrm{e}^{\frac{x^2+y^2}{xy}}\left(2x + \dfrac{x^4 - y^4}{x^2 y}\right),$

$\dfrac{\partial z}{\partial y} = \dfrac{\partial z}{\partial u} \cdot \dfrac{\partial u}{\partial y} + \dfrac{\partial z}{\partial v} \cdot \dfrac{\partial v}{\partial y} = \mathrm{e}^v \cdot 2y + u\mathrm{e}^v \cdot \dfrac{y^2 - x^2}{x^2 y} = \mathrm{e}^{\frac{x^2+y^2}{xy}}\left(2y + \dfrac{y^4 - x^4}{xy^2}\right).$

4. 由对数求导法则，$\ln z = (2x + y)\ln(2x + y)$.

两边对 x, y 求偏导：$\dfrac{z_x}{z} = 2\ln(2x + y) + 2$, $\dfrac{z_y}{z} = \ln(2x + y) + 1$.

求解得 $\dfrac{\partial z}{\partial x} = 2(2x + y)^{2x+y}[\ln(2x + y) + 1]$, $\dfrac{\partial z}{\partial y} = (2x + y)^{2x+y}[\ln(2x + y) + 1]$.

5. $u_x = u_\xi \xi_x + u_\eta \eta_x + u_\zeta \zeta_x$

$= \cos(\xi + \eta^2 + \zeta^3) + \cos(\xi + \eta^2 + \zeta^3) \cdot 2(xy + yz + zx) \cdot (y + z) + \cos(\xi + \eta^2 + \zeta^3) \cdot 3(xyz)^2 \cdot yz$

$= [1 + 2(xy + yz + zx)(y + z) + 3(xyz)^2 yz]\cos[x + y + z + (xy + yz + zx)^2 + (xyz)^3],$

$u_y = [1 + 2(xy + yz + zx)(x + z) + 3(xyz)^2 xz]\cos[x + y + z + (xy + yz + zx)^2 + (xyz)^3],$

$u_z = [1 + 2(xy + yz + zx)(x + y) + 3(xyz)^2 xy]\cos[x + y + z + (xy + yz + zx)^2 + (xyz)^3].$

6. $\dfrac{\mathrm{d}z}{\mathrm{d}t} = \dfrac{\partial z}{\partial x} \cdot \dfrac{\mathrm{d}x}{\mathrm{d}t} + \dfrac{\partial z}{\partial y} \cdot \dfrac{\mathrm{d}y}{\mathrm{d}t} = \dfrac{1}{\sqrt{1 - (x - y^2)^2}} \cdot 3 + \dfrac{-2y}{\sqrt{1 - (x - y^2)^2}} \cdot 8t = \dfrac{3 - 64t^3}{\sqrt{1 - [3t - (4t^2)^2]^2}}.$

7. $\dfrac{\mathrm{d}z}{\mathrm{d}t} = \dfrac{-2t^4 + 3t^3 - 4}{t^3}\sec^2\dfrac{-t^4 + 3t^3 + 2}{t^2}.$

8. $\dfrac{\mathrm{d}u}{\mathrm{d}t} = \dfrac{\partial u}{\partial x} \cdot \dfrac{\mathrm{d}x}{\mathrm{d}t} + \dfrac{\partial u}{\partial y} \cdot \dfrac{\mathrm{d}y}{\mathrm{d}t} + \dfrac{\partial u}{\partial z} \cdot \dfrac{\mathrm{d}z}{\mathrm{d}t} = f_x + \dfrac{1}{t}f_y + f_z \sec^2 t.$

9. $z_x = 2xf_1' + y\mathrm{e}^{xy}f_2'$, $z_y = -2yf_1' + x\mathrm{e}^{xy}f_2'$.

10. $z_x = -\dfrac{y^2}{x^2}f'\left(\dfrac{y}{x}\right)$, $z_y = f\left(\dfrac{y}{x}\right) + \dfrac{y}{x}f'\left(\dfrac{y}{x}\right)$.

11. (1) $z_{xx} = (y^2 f_{11} + 2xyf_{12})y^2 + (y^2 f_{12} + 2xyf_{22})2xy + 2yf_2$

$= y^4 f_{11} + 4xy^3 f_{12} + 4x^2 y^2 f_{22} + 2yf_2,$

$z_{xy} = (2xyf_{11} + x^2 f_{12})y^2 + 2yf_1 + (2xyf_{21} + x^2 f_{22})2xy + 2xf_2$

$= 2xy^3 f_{11} + 5x^2 y^2 f_{12} + 2x^3 yf_{22} + 2yf_1 + 2xf_2,$

$z_{yy} = (2xyf_{11} + x^2 f_{12})2xy + 2xf_1 + (2xyf_{21} + x^2 f_{22})x^2$

$= 4x^2 y^2 f_{11} + 4x^3 yf_{12} + x^4 f_{22} + 2xf_1;$

(2) $z_{xx} = f_{11} + \dfrac{1}{y}f_{12} + \dfrac{1}{y}\left(f_{21} + \dfrac{1}{y}f_{22}\right) = f_{11} + \dfrac{2}{y}f_{12} + \dfrac{1}{y^2}f_{22},$

$z_{xy} = -\dfrac{x}{y^2}\left(f_{12} + \dfrac{1}{y}f_{22}\right) - \dfrac{1}{y^2}f_2 = -\dfrac{x}{y^2}f_{12} - \dfrac{x}{y^3}f_{22} - \dfrac{1}{y^2}f_2,$

$z_{yy} = \dfrac{2x}{y^3}f_2 + \dfrac{x^2}{y^4}f_{22};$

(3) $z_{xx} = 2f' + 4x^2 f''$, $z_{xy} = 4xyf''$, $z_{yy} = 2f' + 4y^2 f'';$

(4) $z_{xx} = f_{11} + y^2 f_{22} + \dfrac{1}{y^2}f_{33} + 2yf_{12} + 2f_{23} + \dfrac{2}{y}f_{13},$

$z_{xy} = f_{11} + xyf_{22} - \dfrac{x}{y^3}f_{33} + (x + y)f_{12} + \left(\dfrac{1}{y} - \dfrac{x}{y^2}\right)f_{13} - \dfrac{1}{y^2}f_3 + f_2,$

$$z_{yy} = f_{11} + x^2 f_{22} + \frac{x^2}{y^4} f_{33} + 2xf_{12} - \frac{2x}{y^2} f_{13} - \frac{2x^2}{y^2} f_{23} + \frac{2x}{y^3} f_3.$$

B

2. $f'_1(x, f(x, f(x, x))) + f'_2(x, f(x, f(x, x))) \cdot [f'_1(x, f(x, x)) + f'_2(x, f(x, x)) \cdot (f'_1(x, x) + f'_2(x, x))].$

3. 提示：令 $u = x\sin x + \cos x, v = x\cos x - \sin x$ 即可.

4. $\frac{\partial^2 u}{\partial \xi \partial \eta} = 0.$

◁◁◁ **习题 8.6** ▷▷▷

A

1. (1) $\dfrac{\mathrm{d}y}{\mathrm{d}x} = -\dfrac{F_x}{F_y} = -\dfrac{y[\cos(xy) - \mathrm{e}^{xy} - 2x]}{x[\cos(xy) - \mathrm{e}^{xy} - x]};$

(2) $\dfrac{\mathrm{d}y}{\mathrm{d}x} = -\dfrac{y}{x};$

(3) $\dfrac{\mathrm{d}y}{\mathrm{d}x} = \dfrac{x+y}{x-y};$

(4) $\dfrac{\mathrm{d}y}{\mathrm{d}x} = -\dfrac{y(x\ln y - y)}{x(x - y\ln x)}.$

2. $\dfrac{\partial z}{\partial x} = -\dfrac{F_x}{F_z} = \dfrac{z}{x(z-1)}, \dfrac{\partial z}{\partial y} = -\dfrac{F_y}{F_z} = \dfrac{z}{y(z-1)}.$

3. $\dfrac{\partial z}{\partial x} = -\dfrac{F_x}{F_z} = \dfrac{yz}{xy + z^2 \cot \frac{z}{y}}, \dfrac{\partial z}{\partial y} = -\dfrac{F_y}{F_z} = \dfrac{z^3 \cot \frac{z}{y}}{y\left(xy + z^2 \cot \frac{z}{y}\right)}.$

4. (1) $y'(0) = -\dfrac{F_x}{F_y}\Big|_{(0,\mathrm{e})} = \mathrm{e} - \mathrm{e}^2;$

(2) $y'(0) = -\dfrac{F_x}{F_y}\Big|_{(0,1)} = -\dfrac{1}{\mathrm{e}};$

(3) $y'(0) = -\dfrac{F_x}{F_y}\Big|_{(0,\frac{1}{\mathrm{e}})} = \dfrac{1}{\mathrm{e}} - \dfrac{1}{\mathrm{e}^2};$

(4) $z_x(0,0) = -\dfrac{F_x}{F_z}\Big|_{(0,0,1)} = 0.$

5. (1) $\dfrac{\partial u}{\partial x} = \dfrac{(y+z) - (x+y)z_x}{(y+z)^2}, \dfrac{\partial u}{\partial y} = \dfrac{(y+z) - (x+y)(z_y + 1)}{(y+z)^2};$

(2) $\mathrm{d}z = z_x \mathrm{d}x + z_y \mathrm{d}y = \dfrac{x\mathrm{d}x + y\mathrm{d}y}{1 - z};$

(3) $\mathrm{d}z = \dfrac{-1}{xyF_2}\{[(1+y)F_1 + yzF_2]\mathrm{d}x + (xF_1 + xzF_2)\mathrm{d}y\}.$

6. $\dfrac{\mathrm{d}u}{\mathrm{d}x} = f_x + f_y \cos x - \dfrac{2x\varphi_1 + \mathrm{e}^y \cos x \cdot \varphi_2}{\varphi_3} f_z.$

10. (1) $z_{xx} = -\dfrac{2xy^3 z}{(z^2 - xy)^3}, z_{yy} = -\dfrac{2x^3 yz}{(z^2 - xy)^3}, z_{xy} = \dfrac{z(z^4 - 2xyz^2 - x^2 y^2)}{(z^2 - xy)^3};$

201

(2) $z_{xx} = \dfrac{z(2z-2-z^2)}{x^2(z-1)^3}$, $z_{yy} = \dfrac{z(2z-2-z^2)}{y^2(z-1)^3}$, $z_{xy} = \dfrac{-z}{xy(z-1)^3}$;

(3) $z_{xx} = \dfrac{(2-z)^2 + x^2}{(2-z)^3}$, $z_{yy} = \dfrac{(2-z)^2 + y^2}{(2-z)^3}$, $z_{xy} = \dfrac{xy}{(2-z)^3}$;

(4) $z_{xx} = z_{xy} = z_{yy} = 0$.

11. $u_x = -\dfrac{xu+yv}{x^2+y^2}$, $u_y = -\dfrac{-xv+yu}{x^2+y^2}$; $v_x = -\dfrac{xv-yu}{x^2+y^2}$, $v_y = -\dfrac{xu+yv}{x^2+y^2}$.

B

1. 提示：对于 $f(x,y,z) = F(u,v,\omega)$ 分别关于 x,y,z 求偏导.

2. $\dfrac{\mathrm{d}y}{\mathrm{d}x} = \dfrac{f_1 F_t - f_2 F_x}{f_2 F_y + F_t}$.

≪ 习题 8.7 ≫

A

1. $\dfrac{x - \frac{\pi}{2} + 1}{1} = \dfrac{y-1}{1} = \dfrac{z - 2\sqrt{2}}{\sqrt{2}}$, $x + y + \sqrt{2}z - \dfrac{\pi}{2} - 4 = 0$.

2. $\dfrac{x - \mathrm{e}}{\mathrm{e}} = \dfrac{y - \mathrm{e}^{-1}}{-\mathrm{e}^{-1}} = \dfrac{z - \sqrt{2}}{\sqrt{2}}$, $\mathrm{e}x - \mathrm{e}^{-1}y + \sqrt{2}z - \mathrm{e}^2 + \mathrm{e}^{-2} - 2 = 0$.

3. $\dfrac{x-1}{1} = \dfrac{y-1}{1/4} = \dfrac{z-1}{-1/2}$, $x + \dfrac{y}{4} - \dfrac{z}{2} - \dfrac{3}{4} = 0$.

4. $\dfrac{x-1}{2} = \dfrac{y-1}{1} = \dfrac{z-1}{4}$, $2x + y + 4z - 7 = 0$.

5. $x + y - 3z + 1 = 0$, $\dfrac{x-1}{-1} = \dfrac{y-1}{-1} = \dfrac{z-1}{3}$.

6. $4x + y - z = 0$, $\dfrac{x-1}{-4} = \dfrac{y+2}{-1} = \dfrac{z-2}{1}$.

7. $6x - 2y - 3z = 18$.

8. $x + 2y = 4$, $\dfrac{x-2}{1} = \dfrac{y-1}{2} = \dfrac{z}{0}$.

B

1. 提示：设曲面方程为 $z = f\left(\sqrt{x^2+y^2}\right)$, $f' \neq 0$, 求出曲面上任一点 (x_0, y_0, z_0) 处的法线.

≪ 习题 8.8 ≫

A

1. $u_x = \dfrac{x}{\sqrt{x^2+y^2+z^2}}$; $u_y = \dfrac{y}{\sqrt{x^2+y^2+z^2}}$; $u_z = \dfrac{z}{\sqrt{x^2+y^2+z^2}}$.

$$u_x \big|_{M_0} = \frac{\sqrt{2}}{2}, u_y \big|_{M_0} = 0, u_z \big|_{M_0} = \frac{\sqrt{2}}{2}.$$

(1) $e_l \big|_{M_0} = \left(\frac{1}{3}, \frac{2}{3}, \frac{2}{3} \right), \frac{\partial u}{\partial l} \big|_{M_0} = \frac{\sqrt{2}}{2} \cdot \frac{1}{3} + 0 \cdot \frac{2}{3} + \frac{\sqrt{2}}{2} \cdot \frac{2}{3} = \frac{\sqrt{2}}{2};$

(2) $e_l \big|_{M_0} = \left(\frac{1}{\sqrt{3}}, \frac{-1}{\sqrt{3}}, \frac{1}{\sqrt{3}} \right), \frac{\partial u}{\partial l} \big|_{M_0} = \frac{\sqrt{2}}{2} \cdot \frac{1}{\sqrt{3}} + 0 \cdot \frac{-1}{\sqrt{3}} + \frac{\sqrt{2}}{2} \cdot \frac{1}{\sqrt{3}} = \frac{\sqrt{6}}{3}.$

2. $u_x = y + z; u_y = x + z; u_z = x + y.$ $u_x \big|_M = 4, u_y \big|_M = 5, u_z \big|_M = 3.$

$\overrightarrow{MN} = (3, 4, 12), e_{\overrightarrow{MN}} = \left(\frac{3}{13}, \frac{4}{13}, \frac{12}{13} \right), \frac{\partial u}{\partial l} = \frac{3}{13} \cdot 4 + \frac{4}{13} \cdot 5 + \frac{12}{13} \cdot 3 = \frac{68}{13}.$

3. (1) $\mathrm{grad}u = u_x \boldsymbol{i} + u_y \boldsymbol{j} + u_z \boldsymbol{k} = 2xy^3 z^4 \boldsymbol{i} + 3x^2 y^2 z^4 \boldsymbol{j} + 4x^2 y^3 z^3 \boldsymbol{k};$

(2) $\mathrm{grad}u = u_x \boldsymbol{i} + u_y \boldsymbol{j} + u_z \boldsymbol{k} = 6x\boldsymbol{i} - 4y\boldsymbol{j} + 6z\boldsymbol{k}.$

4. $(3, -2, -6), (6, 3, 0)(-2, 1, 1).$

5. $\frac{\partial u}{\partial n} \big|_M = \mathrm{grad}u(M) \cdot \vec{n} \big|_M = \frac{9}{10}\sqrt{5}.$

B

1. $f_{xx} \cos^2 \alpha + f_{yy} \cos^2 \beta + f_{zz} \cos^2 \gamma + 2f_{xy} \cos\alpha\cos\beta + 2f_{xz} \cos\alpha\cos\gamma + 2f_{yz} \cos\beta\cos\gamma.$

《《 习题 8.9 》》

A

1. (1) 极大值 $f(2, -2) = 8;$

(2) 极小值 $f(-1, 1) = 0;$

(3) 极小值 $f(5, 2) = 30.$

2. 最大值 $\frac{64}{27}$, 最小值 $-18.$

3. (1) 极大值 $z\left(\frac{1}{2}, \frac{1}{2} \right) = \frac{1}{4};$

(2) 极大值 $z(\sqrt{2}, \sqrt{2}) = 6, z(-\sqrt{2}, -\sqrt{2}) = 6,$

极小值 $z(\sqrt{2}, -\sqrt{2}) = 2, z(-\sqrt{2}, \sqrt{2}) = 2.$

4. $\left(\frac{21}{13}, 2, \frac{63}{26} \right).$

5. $d_{\min} = \frac{\sqrt{2}}{8}.$

6. $\frac{8\sqrt{3}}{9} R^3.$

B

1. 利用数学模型 $V = \frac{4\pi}{3} \cdot \frac{p(p-x)(p-y)(p-z)}{x}$, 得当三边长为 $\frac{p}{2}, \frac{3p}{4}, \frac{3p}{4}$ 时, 体积最大.

2. 提示：将问题转化为求无条件极值.

≪≪复 习 题 8≫≫

1. (1) A；(2) A；(3) D；(4) A.

2. $(0,0)$ 点连续，偏导数存在但不可微.

4. $f_x - f_y \cdot \dfrac{\varphi_x}{\varphi_y} + \dfrac{f_z \sin(x-z)}{1+\sin(x-z)}$.

5. $\dfrac{\partial z}{\partial x} = \dfrac{y^2}{(x^2+y^2)^{3/2}}, \dfrac{\partial^2 z}{\partial x \partial y} = \dfrac{y(2x^2-y^2)}{(x^2+y^2)^{5/2}}, \dfrac{\partial^2 z}{\partial x^2} = \dfrac{3xy^2}{(x^2+y^2)^{5/2}}$.

6. $a = 3$.

7. $f_x = \mathrm{e}^x yz\left(z - 2\dfrac{1+yz}{1+xy}\right), f_y = \mathrm{e}^x z\left(z - 2y\dfrac{1+xz}{1+xy}\right)$.

9. (1) 上坡；(2) 沿方向 $\{-120,40\}$.

11. $\left(\dfrac{1}{9a^2}, \dfrac{1}{9b^2}, \dfrac{1}{9c^2}\right)$.

12. $(0,0,1),(0,0,-1)$.

14. 提示：用反证法.

15. 提示：利用方向导数的定义.

16. 由劳动力和原料与资金的函数为 $x+2y-300=0$，设 $L(x,y,\lambda)=60x^{\frac{3}{4}}y^{\frac{1}{4}}+\lambda(x+2y-300)$，有

$$
\begin{cases}
L_x(x,y,\lambda)=45x^{-\frac{1}{4}}y^{\frac{1}{4}}+\lambda=0 \\
L_y(x,y,\lambda)=15x^{\frac{3}{4}}y^{-\frac{3}{4}}+2\lambda=0, \text{解得唯一驻点 } x=225, y=37.5. \\
L_\lambda(x,y,\lambda)=2x+3y-300=0
\end{cases}
$$

又由于该实际问题的最大值存在，故当劳动力和原料分别为 $x=225, y=37.5$ 时，能使产品的产量最大.

≪≪习 题 9.1≫≫

A

1. $\displaystyle\iint\limits_{D}\mu(x,y)\mathrm{d}\sigma$.

3. (1) $\geqslant$；(2) $\leqslant$；(3) $\leqslant$.

4. (1) $0\leqslant I\leqslant 2$；(2) $36\pi\leqslant I\leqslant 100\pi$.

B

1. (1) $I_1=4I_2$；(2) $I_1=2I_2$；(3) $I_1=2I_2$.

2. $I_1<I_3<I_2$.

4. 1.

《 **习题 9.2（1）** 》

A

1. (1) $\dfrac{\sqrt{3}}{12}\pi - \dfrac{1}{2}\ln 2$；(2) $\dfrac{1}{2}(e^4 - e^2 - 2e)$；(3) $e - e^{-1}$；(4) $\dfrac{32}{15}$；(5) $\dfrac{1-\cos 1}{2}$；

(6) $\dfrac{1}{2}(1 - \cos 2)$；(7) $\dfrac{2}{5}$；(8) $\dfrac{9}{8}\ln 3 - \ln 2 - \dfrac{1}{2}$；(9) $\dfrac{11}{30}$；(10) $\dfrac{1}{2}a^4$.

2. (1) $\displaystyle\int_0^1 dx \int_{1-x}^1 f(x,y)dy + \int_1^2 dx \int_{\sqrt{x-1}}^1 f(x,y)dy$；

(2) $\displaystyle\int_0^1 dy \int_y^{2-y} f(x,y)dx$；

(3) $\displaystyle\int_{-1}^1 dx \int_0^{\sqrt{1-x^2}} f(x,y)dy$；

(4) $\displaystyle\int_{-1}^0 dy \int_{-2\arcsin y}^{\pi} f(x,y)dx + \int_0^1 dy \int_{\arcsin y}^{\pi-\arcsin y} f(x,y)dx$.

3. $\dfrac{7}{2}$.

4. $\dfrac{17}{6}$.

B

1. (1) 4；(2) $\dfrac{1}{3}(2\sqrt{2} - 1)$.

《 **习题 9.2（2）** 》

A

1. (1) $\displaystyle\int_0^{\frac{\pi}{4}} d\theta \int_0^{\sec\theta} f(r\cos\theta, r\sin\theta)r dr + \int_{\frac{\pi}{4}}^{\frac{\pi}{2}} d\theta \int_0^{\csc\theta} f(r\cos\theta, r\sin\theta)r dr$；

(2) $\displaystyle\int_{\frac{\pi}{4}}^{\frac{\pi}{3}} d\theta \int_0^{2\sec\theta} f(r\cos\theta, r\sin\theta)r dr$；

(3) $\displaystyle\int_0^{\frac{\pi}{2}} d\theta \int_{(\cos\theta+\sin\theta)^{-1}}^1 f(r\cos\theta, r\sin\theta)r dr$；

(4) $\displaystyle\int_0^{\frac{\pi}{4}} d\theta \int_{\sec\theta\tan\theta}^{\sec\theta} f(r\cos\theta, r\sin\theta)r dr$.

2. (1) $\dfrac{3}{4}\pi a^4$；(2) $\dfrac{1}{6}a^3\left[\sqrt{2} + \ln(1+\sqrt{2})\right]$；(3) $\sqrt{2} - 1$；(4) $\dfrac{1}{8}\pi a^4$.

3. (1) $\pi(e^4 - 1)$；(2) $\dfrac{\pi}{4}(2\ln 2 - 1)$；(3) $\dfrac{3}{64}\pi^2$；(4) $\dfrac{\pi}{2}$.

B

1. (1) $\dfrac{9}{4}$；(2) $\dfrac{\pi}{8}(\pi-2)$；(3) $2-\dfrac{\pi}{2}$；(4) $\dfrac{\pi}{6a}$.

2. $\dfrac{1}{2}a^4$.

≪≪ **习题 9.3** ≫≫

A

1. (1) $\displaystyle\int_0^1 \mathrm{d}x \int_0^{1-x} \mathrm{d}y \int_0^{xy} f(x,y,z)\mathrm{d}z$；

   (2) $\displaystyle\int_{-1}^1 \mathrm{d}x \int_{-\sqrt{1-x}}^{\sqrt{1-x}} \mathrm{d}y \int_{x^2+y^2}^1 f(x,y,z)\mathrm{d}z$；

   (3) $\displaystyle\int_{-1}^1 \mathrm{d}x \int_{-\sqrt{1-x}}^{\sqrt{1-x}} \mathrm{d}y \int_{x^2+y^2}^{2-x^2} f(x,y,z)\mathrm{d}z$.

2. $\dfrac{1}{364}$.

3. $\dfrac{1}{2}\left(\ln 2-\dfrac{5}{8}\right)$.

4. $\dfrac{1}{48}$.

5. 0.

6. 2π.

B

2. $\dfrac{\pi^2 a^2 b(3a^2+4b^2)}{2}$.

≪≪ **习题 9.4** ≫≫

A

1. $\dfrac{7}{12}\pi$.

2. $\dfrac{16}{3}\pi$.

3. $\dfrac{4}{5}\pi$.

4. $\dfrac{7}{6}\pi a^4$.

5. (1) $\dfrac{1}{8}$;(2) 8π;(3) 8;(4) $\dfrac{2}{15}(4\sqrt{2}-1)\pi$.

6. (1) $\dfrac{32}{3}\pi$;(2) $\dfrac{8(2-\sqrt{3})}{3}\pi a^3$;(3) $\dfrac{\pi}{6}$;(4) $\dfrac{2}{3}\pi(5\sqrt{5}-4)$.

B

1. $\dfrac{4}{3}f(0,0,0)$.

≪ 习题9.5 ≫

A

1. $2a^2(\pi-2)$.

2. $\sqrt{2}\pi$.

3. $16R^2$.

4. (1) $\left(\dfrac{3}{5}x_0,\dfrac{3}{8}y_0\right)$;(2) $\left(0,\dfrac{4b}{3\pi}\right)$;(3) $\left(\dfrac{b^2+ab+a^2}{2(a+b)},0\right)$.

5. $\left(\dfrac{2}{5}a,\dfrac{2}{5}a\right)$.

6. $\left(0,0,\dfrac{5}{4}R\right)$.

7. $\dfrac{1}{4}\pi a^3 b$.

8. (1) $\left(0,0,\dfrac{7}{15}a^2\right)$;(2) $\dfrac{112}{45}\rho a^6$.

B

1. $\sqrt{\dfrac{2}{3}}R$.

2. $y=\dfrac{64}{15}x^2$.

3. $t=\dfrac{1}{4}(1+\mathrm{e}^2)$时,$I(t)$最小.

4. $F=\left\{2G\rho\left(\ln\dfrac{R_2+\sqrt{R_2^2+a^2}}{R_1+\sqrt{R_1^2+a^2}}-\dfrac{R_2}{\sqrt{R_2^2+a^2}}+\dfrac{R_1}{\sqrt{R_1^2+a^2}}\right),0,\pi Ga\rho\left(\dfrac{1}{\sqrt{R_2^2+a^2}}-\dfrac{1}{\sqrt{R_1^2+a^2}}\right)\right\}$.

5. $F=\left\{0,0,-2\pi G\rho\left[\sqrt{(h-a)^2+R^2}-\sqrt{R^2+a^2+h}\right]\right\}$.

≪ 复习题9 ≫

1. (1) A;(2) C;(3) C;(4) B;(5) C;(6) D;(7) B;(8) D;(9) B;(10) A.

2. (1) $\frac{1}{2}(1-e^{-4})$；(2) $\int_0^1 dy \int_{1-\sqrt{1-y^2}}^1 f(x,y)dx$；(3) $\frac{1}{6}$；

    (4) $\frac{4}{3}$；(5) $\frac{28}{45}\pi$；(6) $\frac{3\sqrt{2}}{4}\pi$.

5. $\frac{1}{2}$.

6. $-\frac{2}{5}$.

8. $\frac{16}{9}(3\pi-2)$.

9. $\frac{49}{20}$.

10. 该球体的质心在通过 P_0 的球体的直径上，距 P_0 的距离 $\frac{5}{4}R$.

    或：以球心为坐标原点 O，射线 OP_0 为正 x 轴建立直角坐标系，则质心的位置为 $\left(-\frac{R}{4},0,0\right)$.

≪ 习题 10.1 ≫

A

1. (1) $I_x = \int_L y^2 \mu(x,y)ds,\ I_y = \int_L x^2 \mu(x,y)ds$；

    (2)  $\bar{x} = \dfrac{\int_L x\mu(x,y)ds}{\int_L \mu(x,y)ds},\ \bar{y} = \dfrac{\int_L y\mu(x,y)ds}{\int_L \mu(x,y)ds}$.

3. $2\pi a^{2n+1}$.

4. $\sqrt{2}$.

5. $\frac{1}{12}(5\sqrt{5}+6\sqrt{2}-1)$.

6. $e^a\left(2+\frac{\pi a}{4}\right)-2$.

7. $\frac{\sqrt{3}}{2}(1-e^{-2})$.

8. 9.

B

1. $\frac{256}{15}a^3$.

2. $2\pi a^3(1+2\pi^2)$.

3. $\frac{2ka^2\sqrt{1+k^2}}{1+4k^2}$.

4. $2\pi a^2$.

5. 质心在扇形的对称轴上且与圆心距离 $\dfrac{a\sin\varphi}{\varphi}$ 处.

6. (1) $I_z = \dfrac{2}{3}\pi a^2 \sqrt{a^2+k^2}(3a^2+4\pi^2 k^2)$;

    (2) $\bar{x}=\dfrac{6ak^2}{3a^2+4\pi^2 k^2}$, $\bar{y}=\dfrac{-6\pi ak^2}{3a^2+4\pi^2 k^2}$, $\bar{z}=\dfrac{3k(\pi a^2+2\pi^3 k^2)}{3a^2+4\pi^2 k^2}$.

7. $\left(\dfrac{4a}{3\pi}, \dfrac{4a}{3\pi}, \dfrac{4a}{3\pi}\right)$.

≪ 习题 10.2 ≫

A

3. (1) $-\dfrac{56}{15}$; (2) $\dfrac{2}{3}a^3$; (3) 0; (4) -2π; (5) $\dfrac{k^3\pi^3}{3}-a^2\pi$; (6) 13; (7) $\dfrac{1}{2}$; (8) $-\dfrac{14}{15}$.

B

1. (1) $\dfrac{34}{3}$; (2) 11; (3) 14; (4) $\dfrac{32}{3}$.

2. $-\dfrac{\pi}{4}a^3$.

3. $\dfrac{\pi}{8\sqrt{2}}$.

4. $-|F|R$.

5. $mg(z_2-z_1)$.

6. (1) $\displaystyle\int_\Gamma \dfrac{P(x,y)+Q(x,y)}{\sqrt{2}}\mathrm{d}s$;

    (2) $\displaystyle\int_\Gamma \left[\sqrt{2x-x^2}\,P(x,y)+(1-x)Q(x,y)\right]\mathrm{d}s$.

7. $\displaystyle\int_\Gamma \dfrac{P+2xQ+3yR}{\sqrt{1+4x^2+9y^2}}\mathrm{d}s$.

≪ 习题 10.3 ≫

A

1. (1) $\dfrac{1}{30}$; (2) $\dfrac{1-\mathrm{e}^\pi}{5}$; (3) 0; (4) $\dfrac{\pi^2}{4}$; (5) $\dfrac{\sin 2}{4}-\dfrac{7}{6}$.

2. (1) $\dfrac{3}{8}\pi a^2$; (2) 12π; (3) πa^2.

3. (1) $\dfrac{5}{2}$; (2) 236; (3) 5.

4. (1) $-\cos 2x \cdot \sin 3y$; (2) $x^3 y + 4x^2 y^2 - 12\mathrm{e}^y + 12y\mathrm{e}^y$;

(3) $y^2 \sin x + x^2 \cos y$.

B

1. (1) 0；(2) $-\pi$.

2. $2S$.

4. $\dfrac{\sqrt{x^2 + y^2}}{y} - \dfrac{\sqrt{x_0^2 + y_0^2}}{y_0}$.

5. $\dfrac{\pi - 1 - \cos x}{x}(x \neq 0)$；$\pi$.

≪ 习题 10.4 ≫

A

1. $I_x = \iint\limits_{\Sigma} (y^2 + z^2) \mu(x, y, z) \mathrm{d}S$.

3. 相等.

4. (1) $\dfrac{13\pi}{3}$；(2) $\dfrac{149\pi}{30}$；(3) $\dfrac{111\pi}{10}$.

5. 9π.

6. $4\sqrt{61}$.

7. $-\dfrac{27}{4}$.

B

1. $\pi a(a^2 - h^2)$.

2. $\dfrac{64\sqrt{2}}{15} a^4$.

3. $\left(\dfrac{10\sqrt{5}}{3} - \dfrac{2}{15}\right)\pi a^3$.

4. $\dfrac{\sqrt{2}}{2}\pi a^3$.

5. $\dfrac{2\pi}{15}(6\sqrt{3} + 1)$.

6. $\dfrac{4}{3}\rho_0 \pi a^4$.

7. $\left(0, 0, \dfrac{4a}{3\pi}\right)$.

A

3. $\dfrac{2\pi R^{7}}{105}$.

4. $\dfrac{3\pi}{2}$.

5. $\dfrac{1}{8}$.

B

1. $8a^{3}$.

2. $\dfrac{5}{32}\pi a^{5}$.

3. 4π.

4. $\dfrac{1}{4}-\dfrac{\pi}{6}$.

5. $\dfrac{1}{2}$.

≪ **习题 10.6** ≫

A

1. (1) $3a^{4}$;(2) $\dfrac{12}{5}\pi a^{5}$;(3) $\dfrac{2}{5}\pi a^{5}$;(4) 81π;(5) $\dfrac{3}{2}$.

2. $a^{3}\left(2-\dfrac{a^{3}}{6}\right)$.

3. (1) $\mathrm{div}\boldsymbol{A}=2x+2y+2z$;

   (2) $\mathrm{div}\boldsymbol{A}=y\mathrm{e}^{xy}-x\sin(xy)-2xz\sin(xz^{2})$;

   (3) $\mathrm{div}\boldsymbol{A}=2x$.

B

3. 16π.

<<< 习题 10.7 >>>

A

1. (1) $-\sqrt{3}\pi a^2$；(2) -20π；(3) 9π.

2. (1) $2\boldsymbol{i}+4\boldsymbol{j}+6\boldsymbol{k}$；

(2) $\boldsymbol{i}+\boldsymbol{j}$；

(3) $\left[x\sin(\cos z)-xy^2\cos(xz)\right]\boldsymbol{i}-y\sin(\cos z)\boldsymbol{j}+\left[y^2 z\cos(xz)-x^2\cos y\right]\boldsymbol{k}$.

3. (1) 0；(2) -4.

4. 2π.

6. 0.

B

2. -2.

3. e^{-2}.

4. $\arctan xyz+c$，$\dfrac{\pi}{12}$.

5. $x^2 yz+xy^2 z+xyz^2+c$.

6. $\mathrm{e}^{x(x^2+y^2+z^2)}+c$.

7. (1) 0；(2) 2π.

<<< 复习题 10 >>>

1. (1) $2\pi R^2$；(2) $-\pi$；(3) $\mu=\dfrac{1}{5}x^5+2x^2 y^3-y^5+c$；

(4) $\dfrac{17}{20}$；(5) -2；(6) $8\pi a^4$；(7) $\dfrac{4}{3}\pi$；(8) $2\pi\left(1-\dfrac{\sqrt{2}}{2}\right)R^3$.

2. (1) C；(2) A；(3) A；(4) D；(5) D；(6) B；(7) B；(8) C.

3. (1) $\dfrac{1}{3}\left((2+t_0^2)^{\frac{3}{2}}-2\sqrt{2}\right)$；

(2) $\dfrac{2}{3}(2\sqrt{2}-1)$；

(3) $(\dfrac{\pi}{2}+2)a^2 b-\dfrac{\pi}{2}a^3$；

(4) $\dfrac{\sqrt{2}}{16}\pi$.

4. (1) $2\pi\arctan\dfrac{H}{R}$；(2) $-\dfrac{\pi}{4}h^4$；(3) $2\pi R^3$；(4) $\dfrac{2}{15}$.

5. $\dfrac{1}{2}\ln(x^2+y^2)$.

7. (2) $\dfrac{c}{d} - \dfrac{a}{b}$.

8. $\dfrac{3}{2}\pi$.

9. 34π.

10. $\dfrac{e^x}{x}(e^x - 1)$.

11. -24.

12. (1) $2a + 2b + 2c$; (2) $\{a, -c, b\}$.

≪ 习题 11.1 ≫

A

1. (1) 收敛, $\dfrac{1}{2}$; (2) 发散; (3) 收敛, $-\dfrac{e}{3+e}$; (4) 收敛, 1.

2. (1) 收敛, $\dfrac{8}{3}$; (2) 发散; (3) 发散; (4) 收敛, 3; (5) 发散.

B

1. 先求出部分和 S_n, 然后判断 $\lim\limits_{x\to\infty} S_n$ 存在的结果.

2. 利用数列与子列的收敛关系即证.

≪ 习题 11.2 ≫

A

1. (1) 收敛; (2) 发散; (3) 发散; (4) 收敛; (5) 收敛; (6) $a=1$ 时发散, $a\neq 1$ 时收敛.

2. (1) 发散; (2) 收敛; (3) 收敛; (4) 发散; (5) 发散; (6) 收敛;
   (7) $b<a$ 时收敛, $b>a$ 时发散, $b=a$ 时不确定.

3. (1) 收敛; (2) 收敛; (3) 发散; (4) $\alpha>\dfrac{1}{2}$ 时收敛, $\alpha\leqslant\dfrac{1}{2}$ 时发散; (5) 收敛.

4. (1) 条件收敛; (2) 发散; (3) 条件收敛; (4) 绝对收敛; (5) 条件收敛.

B

1. (1) 当 $n\to\infty$ 时通项不趋于 0, 故发散; (2) 发散; (3) 收敛;
   (4) $p\leqslant 0$ 发散, $0<p\leqslant 1$ 时条件收敛, $p>1$ 时绝对收敛.

2. 由条件知 $a_n>0$ 且 $a_n\to 0\,(n\to 0)$.

   又因 $\lim\limits_{n\to\infty}\dfrac{\ln(1+a_n)}{a_n}=1$, 故 $\sum\limits_{n=1}^{\infty} a_n$ 收敛.

又由于 $\left| (-1)^n \sqrt{a_n a_{n+1}} \right| = \sqrt{a_n a_{n+1}} \leqslant \frac{1}{2}(a_n + a_{n+1})$，由比较判别法即证.

《《 **习题 11.3** 》》

A

1. (1) $R = +\infty, (-\infty, +\infty)$；　　(2) $R = \frac{1}{2}, \left[-\frac{1}{2}, \frac{1}{2} \right]$；

(3) $R = 1, [4,6)$；　　(4) $R = 1, [-1,1]$；

(5) $R = \frac{1}{3}, \left(-\frac{1}{3}, \frac{1}{3} \right)$；　　(6) $R = \frac{1}{6}, \left[-\frac{2}{3}, -\frac{1}{3} \right)$.

2. (1) $S(x) = -\ln(1-x), x \in [-1,1)$；

(2) $S(x) = \frac{1+x}{(1-x)^2}, x \in (-1,1)$；

(3) $S(x) = \begin{cases} -\dfrac{\ln(1-x)}{x}, & x \in [-1,0) \cup (0,1) \\ 1, & x = 0 \end{cases}$；

(4) $S(x) = \dfrac{x}{(1-x^2)^2}, x \in (-1,1)$.

3. (3) $\dfrac{1}{2}(e^x + e^{-x})$.

B

1. $S(x) = \dfrac{2+x^2}{(2-x^2)^2}, x \in (-\sqrt{2}, \sqrt{2})$；3.

2. (1) $(1,5]$；(2) 5.

3. $S(x) = 2x^2 \arctan x - x \ln(1+x^2), x \in [-1,1]$.

《《 **习题 11.4** 》》

1. (1) $\displaystyle\sum_{n=0}^{\infty} (-1)^n x^{2n}, x \in (-1,1)$；

(2) $\displaystyle\sum_{n=1}^{\infty} \frac{x^{2n-1}}{2n-1}, x \in (-\infty, +\infty)$；

(3) $\displaystyle\sum_{n=1}^{\infty} (-1)^{n-1} \frac{2^{2n-1} x^{2n}}{(2n)!}, x \in (-\infty, +\infty)$；

(4) $\dfrac{1}{3} \displaystyle\sum_{n=0}^{\infty} \left[(-1)^n + \frac{1}{2^{n+1}} \right] x^{n+1}, x \in (-1,1)$；

(5) $\displaystyle\sum_{n=1}^{\infty} \frac{(-1)^{n+1} - 2^n}{n} x^n, x \in \left(-\frac{1}{2}, \frac{1}{2} \right)$；

(6) $1 + \displaystyle\sum_{n=1}^{\infty} \frac{(2n-1)!!}{(2n)!!(2n+1)} x^{2n}, x \in (-1,1)$.

2. $\cos x = \dfrac{1}{2}\sum\limits_{n=0}^{\infty}(-1)^n\left[\dfrac{1}{(2n)!}\left(x+\dfrac{\pi}{3}\right)^{2n}+\dfrac{\sqrt{3}}{(2n+1)!}\left(x+\dfrac{\pi}{3}\right)^{2n+1}\right], x\in(-\infty,+\infty).$

3. $\ln\dfrac{x}{x+1}=-\ln 2+\sum\limits_{n=1}^{\infty}\dfrac{(-1)^n}{n}\left(1-\dfrac{1}{2^n}\right)(x-1)^n, x\in(0,2].$

4. $\dfrac{1}{x^2+3x+2}=\sum\limits_{n=0}^{\infty}\left(\dfrac{1}{2^{n+1}}-\dfrac{1}{3^{n+1}}\right)(x+4)^n, x\in(-6,-2).$

6. $0.9461.$

《《 习题 11.5 》》

1. (1) $f(x)=\pi^2+1+12\sum\limits_{n=1}^{\infty}\dfrac{(-1)^n}{n^2}\cos nx, x\in(-\infty,+\infty);$

(2) $f(x)=\dfrac{e^{2\pi}-e^{-2\pi}}{\pi}\left[\dfrac{1}{4}+\sum\limits_{n=1}^{\infty}\dfrac{(-1)^n}{n^2+4}(2\cos nx-n\sin nx)\right], x\neq(2n+1)\pi, n\in\mathbf{Z}.$

2. (1) $f(x)=\dfrac{2}{\pi}+\dfrac{4}{\pi}\sum\limits_{n=1}^{\infty}(-1)^{n+1}\dfrac{\cos nx}{4n^2-1}, x\in[-\pi,\pi];$

(2) $f(x)=\dfrac{e^x-1}{2\pi}+\sum\limits_{n=0}^{\infty}\dfrac{(-1)^n e^{\pi}-1}{(n^2+1)\pi}(\cos nx-n\sin nx), x\in(-\pi,\pi).$

3. $\dfrac{\pi-x}{2}=\sum\limits_{n=1}^{\infty}\dfrac{1}{n}\sin nx, x\in(0,\pi].$

4. $f(x)=\dfrac{h}{\pi}+\dfrac{2}{\pi}\sum\limits_{n=1}^{\infty}\dfrac{\sin nh}{n}\cos nx, x\in[0,h)\cup(h,\pi].$

5. $x^2=\dfrac{8}{\pi}\sum\limits_{n=1}^{\infty}\left\{\dfrac{(-1)^{n+1}}{n}+\dfrac{2}{n^3\pi^2}[(-1)^n-1]\right\}\sin\dfrac{n\pi x}{2}, x\in[0,2];$

$x^2=\dfrac{4}{3}+\dfrac{16}{\pi^2}\sum\limits_{n=1}^{\infty}\dfrac{(-1)^n}{n^2}\cos\dfrac{n\pi x}{2}, x\in[0,2].$

《《 复习题 11 》》

1. (1) D；(2) C；(3) B；(4) B；(5) $(-2,4)$；(6) $\dfrac{\pi^2}{2}$；(7) $\dfrac{2}{3}\pi.$

2. (1) 收敛；(2) 收敛；(3) 发散；(4) 收敛；(5) 发散；

(6) 发散；(7) (绝对)收敛；(8) $0<a\leqslant 1$ 时发散，$a>1$ 时收敛.

3. 由 $\sum\limits_{n=1}^{\infty}n(a_n-a_{n-1})$ 的部分和,得出 $\sum\limits_{n=1}^{\infty}a_n$ 的部分和,再取极限.

4. (1) $s(x)=\dfrac{1}{(1+x)^2}, x\in(-1,1);$

(2) $s(x)=x\arctan x, x\in[-1,1].$

5. 将 $y(x)$ 代入微分方程,结合初始条件,比较同次项系数即证.

6. $f(x)=\dfrac{1}{3}\sum\limits_{n=0}^{\infty}\left((-1)^{n+1}+\dfrac{1}{2^n}\right)x^n, x\in(-1,1).$

7. $\ln(2x+4)=\ln 2+\sum\limits_{n=1}^{\infty}\dfrac{(-1)^{n-1}}{n}(x+1)^n, x\in(-2,0].$

8. $f(x) = 1 - \dfrac{\pi^2}{3} + \sum\limits_{n=1}^{\infty} \dfrac{4(-1)^{n+1}}{n^2} \cos nx, \dfrac{\pi^2}{12}.$

9. (1) $\widetilde{a}_n = a_n \cos nk + b_n \sin nk (n = 0, 1, 2, \cdots), \widetilde{b}_n = b_n \cos nk - a_n \sin nk (n = 1, 2, \cdots);$

   (2) $A_0 = a_0^2, A_n = a_n^2 + b_n^2 (n = 1, 2, \cdots), B_n = 0 (n = 1, 2, \cdots).$

≪ 习题 12.1 ≫

A

1. (1) 一阶;(2) 二阶;(3) 三阶;(4) 一阶;(5) 二阶;(6) 一阶.

2. (1) 是;(2) 是;(3) 是;(4) 不是.

≪ 习题 12.2 ≫

A

1. (1) $y = \dfrac{1}{2} x^2 + \dfrac{1}{5} x^3 + c$;

   (2) $y = e^{cx}$;

   (3) $\arcsin y = \arcsin x + c$;

   (4) $\dfrac{1}{y} = a \ln |x + a - 1| + c$;

   (5) $\ln \left| \csc \dfrac{y}{2} - \cot \dfrac{y}{2} \right| - 2\cos \dfrac{x}{2} = c$;

   (6) $e^{-y} + e^x = c$;

   (7) $1 - e^{-y} = ce^x$;

   (8) $\sin x \cdot \sin y = c$;

   (9) $(x - 4) y^4 = cx$;

   (10) $3x^4 + 4 (y + 1)^3 = c.$

2. (1) $e^y = \dfrac{1}{2} (e^{2x} + 1)$;

   (2) $x^2 y = 4$;

   (3) $\cos x - \sqrt{2} \cos y = 0$;

   (4) $y = \dfrac{1}{2} (\arctan x)^2.$

B

1. (1) $y^2 = \dfrac{1}{2x \cdot (1 + cx)}$;

   (2) $y = \dfrac{1}{x \cdot (1 + cx)}.$

2. $t = -0.0305h^{\frac{5}{2}} + 9.64, 10 \text{ s}$.

=== **习题 12.3** ===

A

1. (1) $y + \sqrt{y^2 - x^2} = cx^2$;

(2) $\ln \dfrac{y}{x} = cx + 1$;

(3) $\cot\left(\dfrac{x+y}{2}\right) = cx$;

(4) $x^3 - 2y^3 = cx$.

2. (1) $\dfrac{x^2 + y^2}{x + y} = 1$;

(2) $y = xe^{1-x}$.

B

1. (1) $(x^2 + y^2 - 3) = c(x^2 - y^2 - 1)$;

(2) $e^{5y - 10x} = c(5x + 10y + 7)$;

(3) $e^{\frac{x-y}{2}} = c(x - 2y + 3)$;

(4) $\ln(4y^2 + (x-1)^2) + \arctan\dfrac{2y}{x+1} = c$.

=== **习题 12.4** ===

A

1. (1) $y = ce^x - \dfrac{1}{2}(\sin x + \cos x)$;

(2) $y = e^{-x}(x + c)$;

(3) $y = \left[\dfrac{1}{2}e^x(\sin x - \cos x) + c_1\right](1 + x)^n$;

(4) $x = \dfrac{1}{y^2 + 1}\left(\dfrac{1}{3}y^2 + c\right)$;

(5) $y = \dfrac{\sin x + c}{x^2 - 1}$;

(6) $3\rho = 2 + ce^{-3\theta}$;

(7) $2x\ln y = \ln^2 y + c$;

(8) $y = 2 + ce^{-x^2}$.

2. (1) $y = \sin x - 1$;

(2) $y = e^x(1 + x)^2$;

217

(3) $y = \dfrac{1}{x}(e^2 + e^x)$.

3. $y = 2(e^x - x - 1)$.

B

1. (1) $y = -x + \tan(x + c)$;

   (2) $(x - y)^2 = -2x + c$;

   (3) $y = \dfrac{1}{x}e^{cx}$;

   (4) $y^{-3} = \dfrac{1}{1 + \sin x}(-1 - \sin x + x\cos x + c\cos x)$.

2. (1) $x = ce^{\sin y} - 2(1 + \sin y)$;

   (2) $\dfrac{2}{\sin y} + \cos x + \sin x = ce^{-x}$;

   (3) $x(ce^{-0.5y^2} - y^2 + 2) = 0$;

   (4) $x = cy^2 e^{\frac{1}{x}} + y^2$.

≪≪ 习题 12.5 ≫≫

A

1. (1) $x^2 + 3x + y^2 - 2y = c$;

   (2) $y = \dfrac{c}{x} + 1$;

   (3) $x + ye^{\frac{x}{y}} = c$;

   (4) $ye^{x^2} - x^3 = c$.

2. (1) $\mu(x, y) = \dfrac{1}{x^2 + y^2}$, $\arctan\dfrac{y}{x} = \dfrac{1}{2}x^2 + c$;

   (2) $\mu(x, y) = e^{2x}$, $xye^{2x} + \dfrac{1}{2}y^2 e^{2x} = c$;

   (3) $\mu(x, y) = \dfrac{1}{x^2 + y^2}$, $\sqrt{x^2 + y^2} = ce^{\arctan\frac{y}{x}}$;

   (4) $\mu(x, y) = x^{-3}$, $y = cx - x\ln x$.

B

1. (1) $\dfrac{\sin^2 x}{y} + \dfrac{x^2 + y^2}{2} = c$;

   (2) $y\sin x + x^2 e^y + 2y = c$;

   (3) $\dfrac{x^2}{y^3} - \dfrac{1}{y} = c$;

   (4) $x^y = c$.

<<< **习题 12.6** >>>

A

1. (1) $y = \dfrac{1}{6} x^3 - \sin x + c_1 x + c_2$;

(2) $y = -\dfrac{1}{8} e^{-2x} + c_1 x^2 + c_2 x + c_3$;

(3) $y = x \arctan x - \dfrac{1}{2} \ln(1 + x^2) + c_1 x + c_2$;

(4) $y = \dfrac{1}{c_1} e^{c_1 x} + c_2$;

(5) $y = c_1 \ln |x| + c_2$;

(6) $y = c_1 e^x - \dfrac{1}{2} x^2 - x + c_2$;

(7) $c_1 y^2 - 1 = (c_1 x + c_2)^2$;

(8) $y = c_1 \operatorname{sh}\left(\dfrac{x}{c_1} + c_2\right)$.

2. (1) $y^3 = \dfrac{1}{2}\left(3x + \dfrac{1}{2}\right)^2$;

(2) $y = \sqrt{2x - x^2}$;

(3) $y = (0.5x + 1)^4$;

(4) $y = \dfrac{1}{a^3} e^{ax} - \dfrac{1}{2a} e^a x + \dfrac{e^a (a - 1)}{a^2} x + \dfrac{e^a (2a - a^2 - 2)}{2a^3}$

3. $y = \dfrac{1}{6} x^3 + \dfrac{1}{2} x + 1$.

B

1. (1) $y' > 1$ 时, $y = c_1 \operatorname{sh}\left(\dfrac{x}{c_1} + c_2\right)$; $y' < -1$ 时, $y = -c_1 \operatorname{sh}\left(\dfrac{x}{c_1} + c_2\right)$; $-1 < y' < 1$ 时, $y = c_1 \sin\left(\dfrac{x}{c_1} + c_2\right)$;

(2) $x = c_1 y^2 + c_2 y + c_3$;

(3) $y = -\sqrt{1 - (x + c_1)^2} + c_2$.

2. $y = -\dfrac{5}{8} (1 - x)^{\frac{4}{5}} + \dfrac{5}{12}\left(\dfrac{6}{5} - x\right)^{\frac{6}{5}} + \dfrac{5}{24}$, 当乙舰行驶至 $\left(1, \dfrac{5}{24}\right)$ 时被击中.

<<< **习题 12.8** >>>

A

1. $y = c_1 x^2 + c_2 x^2 \ln x$.

2. $y'' - 2y' + 2y = 0$.

3. (1) $y = e^{-2x}(c_1\cos5x + c_2\sin5x)$；

    (2) $y = c_1 + c_2e^{4x}$；

    (3) $x = c_1\cos t + c_2\sin t$；

    (4) $y = e^{-3x}(c_1\cos2x + c_2\sin2x)$；

    (5) $y = (c_1 + c_2 t)e^{\frac{5}{2}x}$；

    (6) $\rho = e^{2\theta}(c_1\cos2\theta + c_2\sin2\theta)$；

    (7) $y = c_1e^x + c_2e^{-x} + c_3\cos x + c_4\sin x$；

    (8) $y = (c_1 + c_2 x)\cos x + (c_3 + c_4 x)\sin x$；

    (9) $y = c_1e^{2x} + c_2e^{-2x} + c_3\cos3x + c_4\sin3x$；

    (10) $y = c_1 + c_2 x + (c_3 + c_4 x)e^x$

4. (1) $y = (2 + x)e^{-\frac{x}{2}}$；

    (2) $y = \frac{1}{2}e^{-x}\sin2x$；

    (3) $y = \sin3x$；

    (4) $y = 4e^x + 2e^{3x}$.

B

1. $y = \dfrac{v_0}{\sqrt{k_2^2 + 4k_1}}(1 - e^{-\sqrt{k_2^2 + 4kt}})e^{\left(-\frac{k_2}{2} + \frac{\sqrt{k_2^2 + 4k_1}}{2}\right)}$.

≪ 习题 12.9 ≫

A

1. (1) $y = c_1e^{-x} + c_2e^{-x} + x\left(\frac{1}{2}x - 3\right)e^{-x}$；

    (2) $y = -\frac{1}{2}e^{-x}\cos x + e^{-x}(c_1\cos x + c_2\sin x)$；

    (3) $x = \frac{1}{2}t\sin t + t + c_1\cos t + c_2\sin t$；

    (4) $y = c_1 + c_2e^{-x} + \frac{1}{3}x^3 - x^2 + 2x - xe^{-x}$.

2. (1) $y = e^x - e^{-x} + (x^2 - x)e^x$；

    (2) $y = -\cos x - \frac{1}{3}\sin x + \frac{1}{3}\sin2x$.

B

1. $y = \begin{cases} (c_1 + c_2 x)e^{-2x} + \dfrac{1}{(a+2)^2}e^{ax}, & a \neq -2 \\[2mm] \left(c_1 + c_2 x + \dfrac{1}{2}x^2\right)e^{-2x}, & a = -2 \end{cases}$.

2. $y'' - y' - 2y = e^x - 2xe^x$.

≪ **习题 12.10** ≫

A

1. (1) $y = \dfrac{c_1 \ln x}{x} + \dfrac{c_2}{x}$；

   (2) $y = c_1 + c_2 x + c_3 x \ln x$；

   (3) $y = c_1 + \dfrac{c_2}{x} + 6x \ln x - 9x$；

   (4) $y = c_1 x^2 + c_2 x^3 + \dfrac{1}{2} x$.

2. $x = \dfrac{mg}{k} t - \dfrac{m^2 g}{k^2} \left(1 - e^{-\frac{kt}{m}}\right)$.

B

1. (1) $y = c_1 x + x\left[c_2 \cos(\ln x) + c_3 \sin(\ln x) \right] + \dfrac{1}{2} x^2 \ln(x - 2) + 3x \ln x$；

   (2) $y = c_1 + (x + 2)\left[c_2 \cos\ln(x + 2) + c_3 \sin\ln(x + 2) \right] + x$；

   (3) $y = c_1 x + c_2 x \ln|x| + c_3 x^{-2}$；

   (4) $y = c_1 x^2 + c_2 x^2 \ln x + x + \dfrac{1}{6} x^2 \ln^3 x$.

≪ **习题 12.11** ≫

1. (1) $y = c e^{\frac{x^2}{2}} + \left[-1 + x + \dfrac{x^3}{1 \cdot 3} + \cdots + \dfrac{x^{2n-1}}{1 \cdot 3 \cdot 5 \cdots (2n-1)} + \cdots \right]$；

   (2) $y = a_0 e^{-\frac{x^2}{2}} + a\left[x - \dfrac{x^3}{1.3} + \dfrac{x^5}{1 \cdot 3 \cdot 5} \cdots + (-1)^{n-1} \dfrac{x^{2n-1}}{1 \cdot 3 \cdot 5 \cdots (2n-1) + \cdots} + \cdots \right]$；

   (3) $y = c_1 e^x + c_2 \displaystyle\sum_{k=0}^{m} \dfrac{x^k}{k!}$；

   (4) $y = c(1 - x) + x^3 \left[\dfrac{1}{3} + \dfrac{1}{6} x + \dfrac{1}{10} x^2 + \cdots + \dfrac{2}{(n+2)(n+3)} x^n + \cdots \right]$；

   (5) $y = c(1 + x) - x^2 + \dfrac{2}{3} x^3 - \dfrac{1}{3} x^4 + \dfrac{1}{5} x^5 - \dfrac{2}{15} x^6 + \cdots$.

2. (1) $y = \dfrac{1}{2} + \dfrac{1}{4} x + \dfrac{1}{8} x^2 + \dfrac{1}{10} x^3 + \dfrac{1}{3 \cdot 4} x^4 + \cdots$；

   (2) $y = x + \dfrac{1}{1 \cdot 2} x^2 + \dfrac{1}{2 \cdot 3} x^3 + \dfrac{1}{3 \cdot 4} x^4 + \cdots$.

≪ **复习题 12** ≫

1. (1) D；(2) C；(3) A；(4) C；(5) B；(6) C.

2. (1) $e^{-y^2} = e^{2x} - \dfrac{1}{2}$；

   (2) $x = e^{\int P(y)dy}\left(\int Q(y)e^{-\int P(y)dy}dy + C\right) = y^2(C - \ln|y|)$；

   (3) $y = (x + C)e^{-\sin x}$；

   (4) $2x\ln y = \ln^2 y + C$；

   (5) $y = xe^x - 3e^x + \dfrac{C_1}{2}x + C_2 x + C$；

   (6) $y = -\ln\cos(x + C_1) + C_2$；

   (7) $y = e^{-3x}(C_1\cos 2x + C_2\sin 2x)$；

   (8) $y = C_1 e^{2x} + C_2 e^{-2x} + C_3\cos 3x + C_4\sin 3x$；

   (9) $y = C_1\cos ax + C_2\sin ax + \dfrac{e^x}{1 + a^2}$（$a \neq 0$ 时），若 $a = 0$，解为 $y = e^x + c_1 x + c_2$；

   (10) $y = C_1 e^{-x} + C_2 e^{-2x} + e^{-x}\left(\dfrac{3}{2}x^2 - 3x\right)$.

3. (1) $p(x) = -\dfrac{x}{1 + x^2}, q(x) = 3x(1 + x^2)$；

   (2) $y(x) = e^{-2x} + 2e^x$；

   (3) 当 $x = 1$ 时，函数取得极大值 $y = 1$，当 $x = -1$ 时，函数取得极小值 $y = 0$；

   (4) $y(x) = \dfrac{2e^x}{3 - e^{2x}}$；

   (5) $\varphi(x) = \dfrac{1}{2}(\sin x + \cos x + e^x)$；

   (6) $f''(u) = 4f(u) + u, f(u) = \dfrac{1}{16}e^{2u} - \dfrac{1}{16}e^{-2u} - \dfrac{1}{4}u$；

   (7) $\varphi(x) = \dfrac{\pi - 1 - \cos x}{x}$；

   (8) $\displaystyle\int_0^{+\infty} y(x)dx = \dfrac{3}{k}$.

参 考 文 献

［1］ 同济大学数学系.高等数学[M].6 版.北京:高等教育出版社,2007.

［2］ 朱士信,唐烁,宁荣健.高等数学[M].北京:中国电力出版社,2007.

［3］ 薛利敏.高等数学[M].北京:教育科学出版社,2011.

［4］ 殷志祥,等.高等数学[M].合肥:中国科学技术大学出版社,2010.

［5］ 费定晖,周学圣.吉米多维奇数学分析习题集题解[M].3 版.济南:山东科学技术出版社,2005.

［6］ 西北工业大学高等数学教研室.高等数学专题分类指导[M].上海:同济大学出版社,1999.

［7］ 侯云畅.高等数学[M].北京:高等教育出版社,2010.

［8］ 周泰文.高等数学学习指导与习题解析[M].武汉:华中科技大学出版社,2005.

［9］ 萧树铁.大学数学[M].北京:高等教育出版社,2000.

［10］ 李心灿.高等数学应用 205 例[M].北京:高等教育出版社,1997.